高职高专"十二五"规划教材

21世纪全国高职高专土建系列技能型规划教材

PKPM 软件的应用

（第2版）

主　编　王　娜　梁利生　袁　帅

副主编　陈　鹏　李晓红

参　编　雷金钢　马志刚　贾宏伟　贾　隽

U0196767

北京大学出版社

PEKING UNIVERSITY PRESS

内 容 简 介

本书依据中国建筑科学研究院 PKPM 2010 新规范版本设计软件编写而成。本书的主要内容包括以下几个方面：PKPM 系列设计软件简介；结构平面计算机辅助设计软件 PMCAD；钢筋混凝土框架、排架及连续梁结构计算与施工图绘制软件 PK；多层及高层建筑结构空间有限元分析与设计软件 SATWE；多层及高层建筑结构三维分析与设计软件 TAT；绘制混凝土结构墙梁柱施工图；基础设计软件 JCCAD；楼梯计算机辅助设计软件 LTCAD；砌体结构辅助设计软件 QITI；PKPM 工程设计训练项目。

本书由一个工程案例贯穿教学内容。对软件的操作步骤进行了系统全面地讲解，突出了软件实际操作能力的培养。

本书既可以作为高职院校 PKPM 结构软件应用、建筑结构 CAD 课程的教材，也可作为建筑力学与结构课程进行计算机辅助设计应用能力训练的教材，还可以作为工程技术人员初学 PKPM 应用软件的参考用书。

图书在版编目(CIP)数据

PKPM 软件的应用/王娜，梁利生，袁帅主编. —2 版. —北京：北京大学出版社，2013.6
(21 世纪全国高职高专土建系列技能型规划教材)

ISBN 978-7-301-22625-4

Ⅰ. ①P⋯　Ⅱ. ①王⋯②梁⋯③袁⋯　Ⅲ. ①建筑结构—计算机辅助设计—应用软件—高等职业教育—教材　Ⅳ. ①TU311.41

中国版本图书馆 CIP 数据核字(2013)第 124497 号

书　　　名：PKPM 软件的应用(第 2 版)
著作责任者：王　娜　梁利生　袁　帅　主　编
策 划 编 辑：赖　青　杨星璐
责 任 编 辑：李　辉
标 准 书 号：ISBN 978-7-301-22625-4/TU・0333
出 版 发 行：北京大学出版社
地　　　址：北京市海淀区成府路 205 号　100871
网　　　址：http://www.pup.cn　新浪官方微博：@北京大学出版社
电 子 信 箱：pup_6@163.com
电　　　话：邮购部 62752015　发行部 62750672　编辑部 62750667　出版部 62754962
印 刷 者：北京虎彩文化传播有限公司
经 销 者：新华书店
　　　　　787 毫米×1092 毫米　16 开本　18 印张　411 千字
　　　　　2009 年 6 月第 1 版
　　　　　2013 年 6 月第 2 版　2019 年 12 月第 5 次印刷(总第 9 次印刷)
定　　　价：34.00 元

北大版 高职高专土建系列规划教材
专家编审指导委员会

第2版前言

《PKPM软件的应用》第1版自2009年出版以来，得到了土建类专业师生的欢迎。许多热心的教师对书中内容、体例等都提出了宝贵的意见和建议，在此编者表示由衷的感谢。

随着建筑结构系列新规范的颁布执行，为了紧密结合现行建筑结构规范，我们在第1版的基础上进行修订，编写了本书。同时为保证各校使用本书的连续性，本书在体系和内容方面不做大的改动，并保留第1版教材的特点和注意事项。本书针对第1版主要做了以下修订。

1. 依据中国建筑科学研究院PKPM 2010新规范版本设计软件，对本书各章节进行了修订。

2. 统一了各章的工程案例，由一个案例贯穿教材各章节。

3. 增加了砌体结构辅助设计软件QITI，增加了PKPM工程设计训练项目。

在编写本书的过程中，编者注重适应高等职业技术教育的特点，突出职业技能培养，在教材内容的组织和取舍上注意突出应用性和岗位针对性，侧重于使学生掌握用PKPM应用软件进行多层建筑结构设计的基本操作步骤和方法。

本书按新规范编写，与新技术同步，且注重技能培养，突出高等职业教育的岗位针对性，结合案例重点介绍应用PKPM软件进行多层建筑结构设计的基本方法和操作技巧。

本书既可以作为高职院校PKPM结构软件应用、建筑结构CAD课程的教材，也可作为建筑力学与结构课程进行计算机辅助设计应用能力训练的教材，还可以作为工程技术人员学习PKPM应用软件的参考用书。

相关院校可根据教学需要选择相关章节，建议采用30～50学时。

章　　节	授课学时	章　　节	授课学时
第1章　PKPM系列设计软件简介	2	第6章　绘制混凝土结构墙梁柱施工图	2
第2章　结构平面计算机辅助设计软件PMCAD	8	第7章　基础设计软件JCCAD	6
第3章　钢筋混凝土框架、排架及连续梁结构计算与施工图绘制软件PK	4	第8章　楼梯计算机辅助设计软件LTCAD	4
第4章　多层及高层建筑结构空间有限元分析与设计软件SATWE	6	第9章　砌体结构辅助设计软件QITI	4
第5章　多层及高层建筑结构三维分析与设计软件TAT	4	第10章　PKPM工程设计训练项目	10

《PKPM软件的应用(第2版)》由石家庄职业技术学院王娜、阳泉职业技术学院梁利生和山东城市建设职业技术学院袁帅任主编，泰州职业技术学院陈鹏和山东城市建设职业学

院李晓红任副主编，重庆机电职业技术学院雷金钢、开封大学马志刚、焦作大学贾宏伟、石家庄市建筑设计院贾隽参编。具体参加第 2 版的工作分工如下：重庆机电职业技术学院雷金钢编写了新增加的第 9 章，王娜在第 1 版的基础上修订了第 1～8 章、第 10 章。在此感谢参加第 1 版编写工作的编写人员。

由于编者水平有限，书中错误和不妥之处敬请读者指正。

编　者

2013 年 1 月

第 1 版前言

本书为 21 世纪全国高职高专土建系列专业技能型规划教材之一，根据高等职业教育建筑工程技术专业和建筑设计类专业对计算机辅助设计的应用能力要求，按照现行的中国建筑科学研究院 2005 版 PKPM 系列软件编写而成。

本书在编写过程中注重适应高等职业技术教育的特点，突出职业技能培养，在教材内容的组织和取舍上注意突出应用性和岗位针对性，侧重于学生掌握用 PKPM 应用软件进行多层建筑结构设计的基本操作步骤和方法。主要内容包括：PKPM 系列设计软件简介；结构平面计算机辅助设计软件 PMCAD；钢筋混凝土框架、排架及连续梁结构计算与施工图绘制软件 PK；多层及高层建筑结构三维分析与设计软件 TAT；多层及高层建筑结构空间有限元分析与设计软件 SATWE；绘制混凝土梁柱结构施工图；基础设计软件 JCCAD；楼梯计算机辅助设计软件 LTCAD；框架结构工程设计实例。

本书既可以作为高职院校"PKPM 结构软件应用"课程的教材，也可作为"建筑力学与结构"课程进行计算机辅助设计应用能力训练的教材，还可以作为工程技术人员学习 PKPM 应用软件的参考用书。可根据教学需要选择相关章节，建议采用 30～50 学时。

章　节	授课学时	章　节	授课学时
第 1 章　PKPM 系列设计软件简介	2	第 5 章　多层及高层建筑结构空间有限元分析与设计软件 SATWE	6
第 2 章　结构平面计算机辅助设计软件 PMCAD	12	第 6 章　基础设计软件 JCCAD	8
第 3 章　钢筋混凝土框架、排架及连续梁结构计算与施工图绘制软件 PK	4	第 7 章　楼梯计算机辅助设计软件 LTCAD	4
第 4 章　多层及高层建筑结构三维分析与设计软件 TAT	6	第 8 章　框架结构工程设计实例	8

本书由王娜、袁帅、李晓红主编。具体编写人员为：石家庄职业技术学院王娜(第 1 章、第 8 章、第 9 章)，山东城市建设职业技术学院袁帅、李晓红(第 2 章)，开封大学马志刚(第 3 章)，阳泉职业技术学院梁利生(第 4 章、第 6 章)，泰州职业技术学院陈鹏(第 5 章)，焦作大学贾宏伟(第 7 章)，石家庄市建筑设计院贾隽(第 7 章案例)。全书由王娜负责统稿和定稿工作。

由于编者水平有限，书中错误和不妥之处敬请读者指正。

编　者
2008 年 11 月

CONTENTS
目录

第1章

PKPM 系列设计软件简介

教学目标

通过本章的学习，了解 PKPM 系列结构类软件的组成、基本功能和应用范围；了解软件的特点；熟悉 PKPM 系列软件的操作界面。

教学要求

能力目标	知识要点	权重
了解 PKPM 系列结构类软件	(1) 了解软件的组成、基本功能和应用范围； (2) 了解软件的特点	50%
熟悉 PKPM 系列软件操作界面	(1) 熟练应用右侧功能菜单、菜单栏、工具栏或直接在窗口底部命令提示区输入命令完成一项操作； (2) 了解软件的装配方法	50%

随着计算机技术的发展和建筑结构分析理论的日臻完善，计算机辅助设计(CAD)系统在建筑设计领域的应用越来越广泛。中国建筑科学研究院是建筑行业计算机技术开发应用的最早单位之一，其开发的 PKPM 设计软件(又称 PKPMCAD)是一套集建筑、结构、设备(给排水、采暖、通风空调、电气)设计于一体的集成化 CAD 系统，该软件自 1987 年推广以来，紧跟行业需求和规范更新，经过多次改版，是目前国内建筑工程行业应用最广、用户最多的一套计算机辅助设计系统。可以说，PKPM 设计软件为我国设计行业实现甩掉图板、提高设计效率和质量做出了突出贡献，及时满足了全国建筑市场高速发展的需要。

1.1　PKPM 系列软件的组成

目前，PKPM 系列软件包含结构类、建筑类、设备类、节能类、造价类、施工类等。各类专业软件又包含若干相关的软件模块。本书重点介绍结构类专业软件常见模块的应用操作。结构类专业软件各模块包含软件及功能见表 1-1。

表 1-1　PKPM 系列结构类专业软件各模块包含软件及功能

模块	包含软件	功能
S-1	PMCAD	结构平面计算机辅助设计
	PK	钢筋混凝土框排架及连续梁结构计算与施工图绘制
	TAT(≤8 层)	多层建筑结构三维分析
	SATWE(≤8 层)	多层建筑结构空间有限元分析
	PMSAP(≤8 层)	复杂多层及高层建筑结构分析与设计
S-2	TAT(高层)	高层建筑结构三维分析
	TAT-D	高层建筑结构动力时程分析
	FEQ	高精度平面有限元框支剪力墙计算及配筋
S-3	SATWE(高层)	高层建筑结构空间有限元分析
	TAT-D	高层建筑结构动力时程分析
	FEQ	高精度平面有限元框支剪力墙计算及配筋
S-4	LTCAD	楼梯计算机辅助设计
	JLQ	剪力墙结构计算机辅助设计
	GJ	钢筋混凝土基本构件设计计算
S-5	JCCAD	基础(独基、条基、桩基、筏基)
BOX	箱形基础计算机辅助设计	
JCYT	基础与岩土工具箱	
STAT-S	面向结构设计人员的工程量统计工具	
EPDA	多层及高层建筑结构弹塑性动力时程分析	
PMSAP	特殊多、高层建筑结构分析与设计	
SLABCAD	复杂楼板分析与设计	
SLABFIT	楼板舒适度分析	
STS	钢结构计算和绘图	

续表

模块	包含软件	功能
STPJ	钢结构重型工业厂房设计	
STXT	钢结构详图设计	
STSL	钢结构算量	
GSCAD	温室结构设计	
PREC	预应力混凝土结构设计	
QITI	砌体结构辅助设计(原 QIK)	
JDJG	建筑抗震鉴定加固设计	
CHIMNEY	烟囱分析设计软件	
SILO	筒仓结构设计分析	

1. 结构平面计算机辅助设计软件(PMCAD)

PMCAD 是整个结构 CAD 的核心部分,该软件建立的全楼结构模型是 PKPM 各二维、三维结构计算软件的前处理部分,也是梁、柱、剪力墙、楼板等施工图设计软件和基础 CAD 的必备接口软件。PMCAD 也是建筑 CAD 与结构 CAD 的必要接口。

该软件采用人机交互方式输入工程各层结构平面布置和外加荷载信息;自动计算结构自重,并将自重和人机交互输入的荷载进行从楼板到次梁、次梁到承重梁的传导,形成整栋建筑的荷载数据库;计算现浇楼板内力与配筋;可绘制各种类型结构的结构平面图和楼板配筋图;多高层钢结构的三维建模从 PMCAD 扩展,包含了丰富的型钢截面和组合截面。

2. 钢筋混凝土框架、排架及连续梁结构计算与施工图绘制软件(PK)

PK 具有二维结构计算和钢筋混凝土梁柱施工图绘制两大功能。PK 模块本身提供一个平面杆系的结构计算软件,适用于工业与民用建筑中各种规则和复杂类型的框架结构、框排架结构、排架结构、剪力墙简化成的壁式框架结构及连续梁、拱形结构、桁架等结构内力分析和配筋计算。PK 软件可处理梁柱正交或斜交、梁错层、抽梁抽柱、底层柱不等高、铰接屋面梁等各种情况,可在任意位置设置挑梁、牛腿和次梁,可绘制十几种截面形式的梁,可绘制折梁、加腋梁、变截面梁,矩形、工字梁、圆形柱或排架柱,且柱箍筋形式多样。可按 2010 新规范要求做强柱弱梁、强剪弱弯、节点核心、柱轴压比、柱体积配箍率的计算与验算,还可进行罕遇地震下薄弱层的弹塑性位移计算、竖向地震力计算、框架梁裂缝宽度计算、梁挠度计算,并新增查看振形图功能。可按 2010 新规范和构造手册自动完成构造钢筋的配置。模块具有很强的自动选筋、层跨剖面归并、自动布图等功能,同时又给设计人员提供多种方式干预选钢筋、布图、构造筋等施工图绘制结果。PK 软件计算所需数据文件可与 PMCAD 软件连接自动导荷生成,也可以通过人机交互方式输入。

3. 多层及高层建筑结构三维分析与设计软件(TAT)

TAT 采用空间杆件、薄壁柱计算模型进行空间分析,适用于分析设计各种规则或复杂体型的多、高层建筑,可以计算钢筋混凝土结构,钢—混凝土混合结构,纯钢结构,井字梁、平框及带有支撑或斜柱结构;可计算框架结构、框剪和剪力墙结构、简体结构。对纯钢结构可做 $P\text{-}\Delta$ 效应分析;可以进行水平地震力、风力、竖向力和竖向地震力的计算和荷

3

载效应组合及配筋；程序可以与 PMCAD 连接生成 TAT 的几何数据文件及荷载文件，直接进行结构计算；可将计算结果传给施工图设计软件完成梁、柱、剪力墙等的施工图设计，并可为各类基础设计软件提供各荷载工况荷载；还可以进行动力时程分析，并可按时程分析结果计算结构的内力和配筋；对于框支剪力墙结构或转换层结构，可以与高精度平面有限元程序 FEQ 接力运行。

4. 多层及高层建筑结构空间有限元分析及设计软件(SATWE)

SATWE 是专门为多层及高层结构分析与设计开发的基于壳元理论的三维组合结构有限元分析软件。SATWE 用空间杆单元模拟梁、柱及支撑等杆件，并用在壳元基础上凝聚而成的墙元模拟剪力墙。对于楼板，可根据工程实际情况和分析精度要求简化为楼板整体平面内无限刚、分块无限刚、分块无限刚加弹性连接板带和弹性楼板。该软件适用于高层和多层钢筋混凝土框架、框架-剪力墙、剪力墙结构，以及高层钢结构或钢—混凝土混合结构；还可用于复杂体形的高层建筑、多塔、错层、转换层、短肢剪力墙、板柱结构及楼板局部开洞等特殊结构形式。SATWE 可完成建筑结构在恒、活、风、地震作用下的内力分析及荷载效应组合计算，对钢筋混凝土结构进行配筋计算或承载力验算；当 SATWE 完成计算后，可将计算结果传给施工图设计软件完成梁、柱、剪力墙等的施工图设计，并可为各类基础设计软件提供各荷载工况荷载，也可传给钢结构软件和非线性分析软件。SATWE 所需几何信息和荷载信息都从 PMCAD 建立的模型中自动提取生成，并有多塔、错层信息自动生成功能。

5. 基础 CAD 设计软件(JCCAD)

JCCAD 可完成柱下独立基础、墙下条形基础、弹性地基梁、带筋筏板、柱下平板(板厚可不同)、墙下筏板、柱下独立桩基承台基础、桩筏基础、桩格梁基础及单桩的设计，也可完成由上述多类基础组合起来的大型混合基础设计。基础的建模是接力上部结构与基础连接的楼层进行的，基础程序首先自动读取上部结构中与基础相连的轴线和各层柱、墙、支撑布置信息(包括异形柱、劲性混凝土截面和钢管混凝土柱)，并可在基础交互输入和基础平面施工图中绘制出来；自动读取多种 PKPM 上部结构分析程序传来的各单工况荷载标准值，有平面荷载(PMCAD 建模中导算的荷载或砌体结构建模中导算的荷载)、SATWE 荷载、TAT 荷载、PMSAP 荷载、PK 荷载等，程序自动按照荷载规范和地基基础规范的有关规定，在计算基础的不同内容时采用不同的荷载组合类型；提供直观快捷的人机交互方式输入地质资料，充分利用勘察设计单位提供的地质资料完成基础沉降计算和桩的各类计算；对于地质资料输入和基础平面建模等工作，程序提供以 AutoCAD 的各种基础平面图为底图的参照建模方式；程序自动读取、转换 AutoCAD 的图形格式文件，操作简便，充分利用周围数据接口资源，提高工作效率。施工图辅助设计可以完成软件中设计的各种类型基础的施工图，包括平面图、详图及剖面图。

6. 楼梯计算机辅助设计软件(LTCAD)

该软件适用于单跑、二跑、三跑的梁式及板式楼梯和螺旋及悬挑等各种异形楼梯，可完成楼梯的内力与配筋计算及施工图设计，能够画出楼梯平面图、竖向剖面图、楼梯板、楼梯梁及平台板配筋详图。LTCAD 数据信息可以交互输入，也可与 PMCAD 或 APM 连接使用，此时需指定楼梯间所在位置并提供楼梯布置数据就可以快速成图。

7. 剪力墙结构计算机辅助设计软件(JLQ)

该软件可完成的设计内容包括剪力墙平面模板尺寸、墙分布筋、墙柱、墙梁配筋。程序提供两种图纸表达方式，一种是剪力墙结构平面图、节点大样图与墙梁钢筋表达方式；另一种是截面注写方式。程序从 PMCAD 数据中生成剪力墙模板布置尺寸，从高层建筑计算程序 SATWE、TAT 或 PMSAP 中读取剪力墙配筋计算结果。

8. 箱形基础 CAD (BOX)

该软件可对 3 层以内不规则形状的箱形基础进行结构计算，并对四、四 B、五、六、六 B 级核武人防和五、六级常规武器人防进行设计计算，并绘制结构施工图。结构计算内容包括按箱形规程、人防规范和混凝土设计规范等要求，进行基础沉降与反力计算，箱基整体与局部的弯矩及配筋计算，墙体、洞口、过梁等内力及配筋计算。绘制结构施工图包括顶板、底板与墙体的配筋图，大样图，洞口图等。程序可与 PMCAD、TAT、SATWE 或 PMSAP 接力计算，数据共享。

9. 钢结构计算和绘图软件(STS)

STS 可以完成钢结构工程的模型输入、截面优化、结构分析和构件验算、节点设计与施工图绘制。它适用于门式刚架，多、高层框架，桁架，支架，框排架，空间杆系钢结构(如塔架、网架、空间桁架)等结构类型；还提供专业工具用于檩条、墙梁、隔撑、抗风柱、组合梁、柱间支撑、屋面支撑、吊车梁等基本构件的计算和绘图。STS 可以独立运行，也可以与 PKPM 系列其他软件数据共享，配合使用。

以上对 PKPM 系列结构类专业软件中常用软件的功能及适用范围进行了简单介绍。在设计中应根据工程的实际情况合理选用。例如，结构布置规则的多层建筑，应用 TAT 或 PK 即可满足工程精度要求，此时采用相对简单的分析软件效率更高；但对荷载分布不均匀、剪力墙布置变化大、存在框支剪力墙等复杂结构，应选用精度更高的分析软件(如 SATWE 等)才可满足要求。

1.2　PKPM 系列软件的特点

PKPM 系列软件是一套应用广泛的集建筑、结构、设备、造价及施工为一体的集成系统软件，主要有以下几个技术特点。

1. 数据共享

PKPM 系列软件具有良好的兼容性，可以在建筑、结构、设备、造价等各专业间实现数据共享。建筑工程设计方案开始建立的建筑物整体公用数据库及平面布置、柱网轴线等全部数据都可以实现共享，这样就可以避免重复输入数据，减小工作量和误差。

此外，结构专业中各个设计模块之间也同样实现了数据共享，可以对各种结构模型的建立、荷载统计、上部结构内力分析、配筋计算、绘制施工图、基础计算程序接力运行进行信息共享，最大限度地利用数据资源，提高工作效率。

2. 独特的人机交互输入方式

PKPM 系列软件输入时采用鼠标或键盘在窗口上勾画建筑模型，软件具有中文菜单指导用户操作，并提供了丰富的图形输入功能。用户可以通过右侧功能菜单、菜单栏、工具栏或直接在窗口底部的命令提示区输入命令完成操作。这种独特的人机交互输入方式避免了繁琐数据文件的填写，效率比传统的输入方法提高了十几倍。PKPM 系列软件都在同样的 CFG 支撑系统下工作，操作方法一致，只要会使用本系列中的一个软件，其他软件就很容易掌握。

3. 计算数据自动生成技术

PKPM 系列软件自动计算结构自重，自动传导恒、活荷载和风荷载，并且自动提取结构几何信息完成结构单元划分，可以自动把剪力墙划分成壳单元，使复杂计算模式简单实用化。在这些工作的基础上自动完成内力分析、配筋计算等并生成各种计算数据。基础程序自动接力上部结构的平面布置信息及荷载数据，完成基础的计算设计。

4. 计算方法的先进性

PKPM 系列软件紧密跟踪规范的更新而改进软件，结构计算及施工图辅助设计完全按照现行国家设计规范编制，使其能够及时满足国内设计需要。同时，PKPM 系列软件采用的平面杆系、矩形及异形楼板、薄壁杆系、高层空间有限元、高精度平面有限元、高层结构动力时程分析、梁板楼梯及异形楼梯、各类基础、砖混及底框抗震等分析方法为国内外最流行的计算方法，这些达到国际先进水平的计算方法保证了设计计算的合理性和精度要求。

5. 智能化的施工图辅助设计

PKPM 系列软件具有丰富的施工图辅助设计功能，可以自动选配钢筋，按全楼或层跨剖面进行归并，人机交互布置图纸版面等；能够完成结构平面、楼板配筋、框架、排架、连梁、节点大样、各类基础、楼梯、剪力墙等施工图绘制工作；可绘制钢结构平面图、梁柱及门式刚架施工详图、桁架施工图。

1.3 PKPM 系列软件的操作界面

PKPM 系列软件 Windows 版要求安装在可运行 Windows 95 以上版本的操作系统环境中。计算机内存不少于 32 MB，剩余硬盘空间不低于 60 MB，应有 USB 端口。

结构类软件与 PKPM 系列其他模块装在一张光盘上，用户可以按照光盘上的安装选项选择安装(安装全部结构或结构中的部分软件)。Windows 版安装时，运行光盘中的 Setup 命令即可启动安装向导，安装完成桌面出现 PKPM 快捷方式图标，双击该图标即可启动主程序。运行软件时，加密锁必须插在计算机 USB 端口上。

1. 主界面

启动 PKPM 系列任一款软件后，计算机进入程序的主界面，如图 1.1 所示。用户可以通过右侧功能菜单、菜单栏、工具栏或直接在窗口底部的命令提示区输入命令完成一项操作。

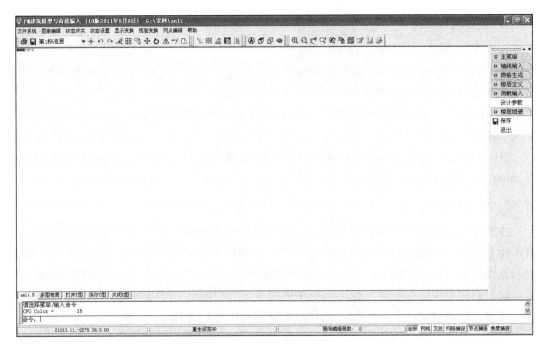

图 1.1　程序主界面

(1) 图 1.1 所示，窗口上部第一行为标题栏，显示正在运行的程序和文件名称。

(2) 第二行为菜单栏，鼠标指针放在某菜单上单击可弹出下一级菜单，如图 1.2 所示。PKPM 系列软件提供了多种选择模式和风格，用户可通过【图形编辑、打印及转换】程序【工具】下拉菜单中的【选项配置】命令进行更改。

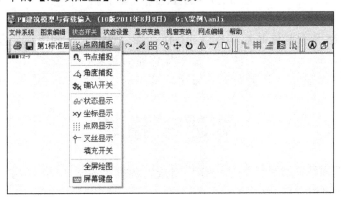

图 1.2　下拉菜单

(3) 第三行为水平工具栏，可通过在命令行输入"TO"显示或关闭工具栏。不同的界面风格，工具栏也略有不同。

(4) 中间最大的白色区域为绘图区。绘图区域背景是可调的，默认为黑色，用户可通过菜单栏中的【状态设置】下拉菜单中的【背景颜色】命令进行调整。

(5) 窗口右侧的菜单区为功能菜单区，用户可单击相应菜单进行操作。

(6) 窗口底部为命令提示区和状态行，用户在选择菜单命令后根据命令区提示进行输入或直接在命令区输入命令进行操作。

2. 鼠标指针状态

在程序运行中，鼠标指针有 3 种状态。

(1) 箭头：为输入数据、命令或选择菜单命令等待状态。这时可以通过键盘输入所需内容或移动鼠标指针单击菜单命令。

(2) 十字叉：为坐标定点状态。这时，移动鼠标指针至所选位置，按 Enter 键后便输入了一个坐标点。

(3) 方框：为靶区捕捉状态，用于捕捉一图素或一目标。这时，移动鼠标指针就位，按 Enter 键后便输入了一个捕捉点。

3. 命令的使用

PKPM 系列软件中的常用功能都有一个英文命令相对应，用户可以通过在命令区直接输入命令执行相应操作。例如在软件运行中，当窗口下方出现"命令："提示时，由键盘输入直线命令"Line"后按 Enter 键，命令区提示"输入第一点"，说明画直线命令开始执行。输入的命令可以是全名，也可以是简化命令，如"Line"可以简化为"L"。

若输入的命令是"？"，程序会列出所有命令供用户选择。

PKPM 系列软件的命令分为两级：一级为平台命令，为各软件通用，与菜单栏各命令的功能相同，存放于 CFG 目录下的文件 CFG.ALI 中，命令列表可参见说明书；二级为程序命令，每个程序自用，存放于运行程序所在子目录中，文件的名称与运行程序名基本相同，扩展名为.ALI。

本章小结

本章对 PKPM 系列软件的基本知识进行了介绍，包括软件的组成、各模块软件的基本功能和应用范围，软件的特点，软件的基本操作界面及装配方法。

本章的教学目标是在了解软件的基础上能够正确地选择应用 PKPM 系列软件。

思考题

1. PKPM 系列结构类软件由哪些模块组成？各模块的基本功能和适用范围是什么？
2. PKPM 系列软件的技术特点是什么？
3. 简述 PKPM 系列软件操作界面的构成。

第2章

结构平面计算机辅助设计软件 PMCAD

⊗ 教学目标

了解 PMCAD 的基本功能和应用范围,掌握以人机交互操作方式实现各楼面所有基本构件和荷载等信息输入的方法,并建立一套用于描述建筑物整体结构的数据,不仅能够完成现浇楼板的配筋计算和绘制结构平面图,而且能为结构 PK、SATWE、TAT 及建筑 APM 等其他辅助设计软件做好前期的信息数据准备工作。

⊗ 教学要求

能力目标	知识要点	权重
了解 PMCAD 的基本功能及应用范围	(1) 了解软件的应用范围,熟悉软件的基本构成和各部分的基本功能; (2) 能启动 PMCAD 软件	5%
熟练进行结构整体模型的输入	掌握交互式输入建模的步骤和方法,包括轴线输入、网格生成、楼层定义、荷载输入、设计参数、楼层组装	45%
熟练进行平面荷载的显示与校核	对所有结构基本构件承担的荷载,根据要求进行显示与校核	10%
掌握生成平面杆系程序计算数据文件(PK 文件)的方法	能够熟练生成平面上任意一榀框架的数据及任意一层上任意单跨或连续梁格式的计算文件	10%
掌握画结构平面施工图的方法	能够完成现浇楼板的内力配筋计算,并且熟练完成框架、框剪、剪力墙结构的结构平面图绘制	20%
熟练应用图形编辑工具包	能进行 T 图与 AutoCAD 图形的转换,能根据要求进行图形的编辑、打印	10%

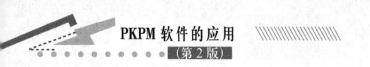
2.1 PMCAD 的基本功能与应用范围

2.1.1 PMCAD 的基本功能

PMCAD 采用人机交互方式，引导用户逐层地布置和输入各楼面的所有基本构件和荷载等信息，再输入层高，从而建立建筑物整体结构模型并形成相应的数据文件。

PMCAD 具有较强的荷载统计和传导计算能力，除计算结构自重外，还自动完成从楼板到次梁，从次梁到主梁，从主梁到承重的柱、墙，再从上部结构逐层往下一直传到基础的全部荷载计算，加上局部的外加荷载，通过 PMCAD 可方便地建立整栋建筑的荷载数据。

PMCAD 可完成现浇钢筋混凝土楼板的结构计算、配筋设计及结构平面施工图的绘制。

PMCAD 为各功能设计提供数据接口，通过 PMCAD 建立的整栋建筑的数据，是三维建筑设计软件 APM 与结构设计 CAD 相连接的必要接口。

2.1.2 PMCAD 的应用范围

PMCAD 适合于结构平面形式任意，平面网格可以正交，也可斜交成复杂体形的平面，并可处理弧墙、弧梁、圆柱、各类偏心、转角等。当然，这个范围也有所限制，主要要求如下。

(1) 层数≤120。

(2) 结构标准层和荷载标准层数≤120。

(3) 正交网格时，横向网格、纵向网格各≤100；斜交网格时，网格线条数≤5000。

(4) 网格节点总数≤6000。

(5) 标准柱截面数≤300；标准梁截面数≤160；标准洞口数≤160；标准墙截面数≤80；标准斜杆截面数≤80；标准荷载定义≤3000。

(6) 每层柱根数≤1800；每层梁根数(不包括次梁)≤8000(主菜单5限于4000)；每层墙数≤2500；每层房间总数≤3600；每层次梁总根数≤800；每个房间周围最多可以容纳的梁墙数<150；每节点周围不重叠的梁墙根数≤6；每层房间次梁布置种类数≤40；每层房间预制板布置种类数≤40；每层房间楼板开洞种类数≤40；每个房间楼板开洞数≤7；每个房间次梁布置数≤16。

2.1.3 PMCAD 主菜单及操作过程

1. PMCAD 主菜单

双击 Windows 桌面上的 PKPM 快捷方式图标，即启动了 PKPM 软件。在 PMPK 启动窗口上选择【结构】选项卡，选择当前工作目录，并随后单击窗口左侧的【PMCAD】按钮，即出现了 PMCAD 主菜单，如图 2.1 所示。

移动鼠标指针到相关菜单，双击或选中该菜单项后单击【应用】按钮即可启动。主菜单的第 1 项用来输入各类数据，第 2 项用于荷载检验校核。依次执行主菜单 1、2，即可建立该项工程的整体数据库，以备后续执行其他菜单。3～7 项用于完成各项功能。

图 2.1　PMCAD 主菜单界面

特 别 提 示

- 初学者在这里仅需大致了解 PMCAD 主菜单的组成和运行顺序即可。
- 执行主菜单 2，检查到荷载错误，并需要修改结构布置时，应返回主菜单 1 进行相应修改。主菜单 2 仅具有显示校核功能，不具有输入功能。

2．工作子目录

用户可以用选择驱动器路径的方法来建立工作子目录，名称任意(不得使用特殊字符，20 个英文字母、10 个汉字以内)。用户进入 PKPM 界面，如图 2.1 所示。单击【改变目录】按钮，从而指定当前工作目录，如图 2.2 所示。

特 别 提 示

- 不同的工程应严格地在不同的工作目录下运行。

确定工作目录后，双击主菜单 1【建筑模型与荷载输入】，在彩色背景下即出现如图 2.3 所示的界面。输入 PM 工程名称并单击【确定】按钮，便进入了结构建模的界面。图 2.4 所示为 PMCAD 建模的主界面。

图 2.2 【选择工作目录】对话框

图 2.3 PMCAD 建模输入界面

图 2.4 PMCAD 建模主界面

知识链接

(1) 右侧主菜单由名为 "WORK.MNU" 的文件支持；上侧下拉菜单由名为 "WORK.DGM" 的文件支持；命令提示区可输入各种命令，所有菜单都有与之对应的命令名，用户可以完全依靠输入命令方式完成所有操作。在 "命令:" 提示下键入 ALIAS 或 COMMAND 后按 Enter 键，可显示所有命令，这些命令由名为 "WORK.ALI" 的菜单文件所支持。以上 3 个文件一般安装在 PM 目录中，用户一般不用进行任何修改。如果进入程序后无法激活或不显示菜单、命令，需将这 3 个文件复制到当前工作目录。

(2) 下面详细介绍功能键的定义，初学者可以跳过。建议在学习完 2.2.2 节——轴线输入后回顾参阅，会发现这些功能键对绘图有很大的帮助，不仅体现在人机交互建模时，而且在其他任何图形状态下作用亦然。

鼠标左键＝Enter 键：用于确认、输入等。

鼠标右键＝Esc 键：用于否定、放弃、返回等。

Tab：用于功能转换，或在绘图时选取参考点等。

F1：帮助热键，用于提供帮助信息。

F2：坐标显示开关，交替控制光标坐标值是否显示。

Ctrl＋F2：点网显示开关，交替控制点网是否在屏幕背景上显示。

F3：点网捕捉开关，交替控制点网捕捉开关是否打开。

Ctrl＋F3：节点网捕捉开关，交替控制节点网捕捉方式是否打开。

F4：角度捕捉开关，交替控制角度捕捉方式是否打开。

Ctrl＋F4：十字准线显示开关，可以打开或关闭十字准线。

F5：重新显示当前图，刷新修改结果。

Ctrl＋F5：恢复上次显示。

F6：充满显示。

Ctrl＋F6：显示全图。

F7：放大一倍显示。

F8：缩小一倍显示。

Ctrl＋W：提示用户选窗口放大图形。

F9：设置捕捉值。

Ctrl＋←：左移显示图形。

Ctrl＋→：右移显示图形。

Ctrl＋↑：上移显示图形。

Ctrl＋↓：下移显示图形。

←：使光标左移一步。

→：使光标右移一步。

↑：使光标上移一步。

↓：使光标下移一步。

Page Up: 增加键盘移动光标时的步长。

Page Down: 减少键盘移动光标时的步长。

U: 绘图时，后退一步操作。

S: 绘图时，选择节点捕捉方式。

Ctrl＋A: 当重显过程较慢时，中断重显过程。

Ctrl＋P: 打印或绘出当前屏幕上图形。

Ctrl＋～: 具有多视窗时，顺序切换视窗。

Ctrl＋E: 具有多视窗时，将当前视窗充满。

Ctrl＋T: 具有多视窗时，将各视窗重排。

(3) 工作状态的配置: 主要是设置文件执行的前提条件，PMCAD 有一个程序自动配置文件 "WORK.CFG"，当它处于当前工作目录时，程序按其配置的条件执行; 如果工作目录中没有该文件，程序会按默认值自动创建。该文件一般安装在 PM 目录中，用户可以将其复制到当前工作目录，根据需要对其配置进行必要的修改。文件主要内容如下(仅为部分内容，后面数据为举例说明)。

'Bcolor'	10108	命令提示区、右侧功能菜单区和绘图区的背景颜色代表值
'Width'	60000.000	设定显示区域的宽度所表示的工程平面的长度值
'Height'	40000.000	设定显示区域的高度所表示的工程平面的宽度值
'Unit'	1	设定单位，其值为1，表示 1mm，用户不应修改
'Ratio'	100.000	设定图比例，该值暂不使用
'Xorign'	0.000	用户坐标系原点距屏幕左端的距离
'Yorign'	0.000	用户坐标系原点距屏幕下端的距离
'Status'	0	状态显示开关
'Coord'	1	坐标显示开关，记忆和设置 F2 键状态
'Snap'	0	点网捕捉开关，记忆和设置 F3 键状态
'Dsnap'	0	角度捕捉开关，记忆和设置 F4 键状态
'Target'	11	捕捉靶大小设定值，记忆和设置 Ctrl＋F9 键状态
'Xsnap'	500.000	点网捕捉值，记忆和设置 F9 键状态
'Ysnap'	500.000	(同上)
'Zsnap'	500.000	(同上)
'Xsnapm'	0.000	(同上)
'Ysnapm'	0.000	(同上)
'Zsnapm'	0.000	(同上)
'Distan'	100.000	角度捕捉值，记忆和设置 F10 键状态
'Degree'	−60.000	(同上)
'Degree'	−45.000	(同上)
'Degree'	−30.000	(同上)
'Degree'	0.000	(同上)
'Cfgend'	0	配置文件结束

特别提示

● 文件"WORK.CFG"一般不需要改动上述数值，如果遇到特殊情况，设计工程平面需要改动，如显示区域的宽度(Width)、高度(Height)必须做出增大、减小或原点位置(Xorign，Yorign)变动，可在建模初始时完成，其他数值的改动可在程序操作过程中随时进行。

本章 PMCAD 软件的操作结合【应用案例 2-1】进行学习。

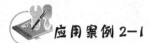

某综合楼工程设计任务书

1. 设计项目资料

(1) 工程名称：某单位综合楼。

(2) 工程概况：主体 4 层，局部 5 层。底层层高为 4.5m，其余层层高均为 3.6m，平面形状呈反"L"形，平面外轴线尺寸为 45.30m×29.70m，建筑面积 3841.40m²，建筑总高 20.35m；建筑平面如图 2.5、图 2.6 及图 2.7 所示。

(3) 基本风压：$w_0=0.35kN/m^2$，地面粗糙度 C 类。

(4) 基本雪压：$S_0=0.3 kN/m^2$，$\mu_r=1.0$。

(5) 地震条件：本工程抗震设防烈度 7°，设计基本地震加速度 0.1g，设防地震分组第二组，抗震等级三级，场地土类别为二类。

(6) 材料选用：主要构件框架柱、梁、板，混凝土 C30，钢筋 HPB300、HRB400。隔墙为加气混凝土砌块墙。

(7) 结构选型与布置：采用钢筋混凝土框架结构体系。结构主体采用现浇框架，现浇钢筋混凝土楼板，构件尺寸及平面布置详见【例 2-3】及【例 2-4】，加气混凝土砌块隔墙内墙厚 200mm，外墙厚 250mm，外墙面砖墙面，内墙抹灰墙面。

(8) 荷载信息：楼面(现浇板以外)恒载标准值卫生间 2.6kN/m²，其余房间 1.0kN/m²，活载标准值走廊 2.5kN/m²，其余房间 2.0kN/m²。屋面(现浇板以外)恒载标准值 2.5kN/m²，活载标准值 0.5kN/m²。

2. 设计项目任务书

(1) 完成 PMCAD 主菜单 1、2 项(建筑模型与荷载输入、平面荷载显示校核)。

(2) 完成第一层的结构平面图绘制。

(3) 形成一榀框架的 PK 文件。

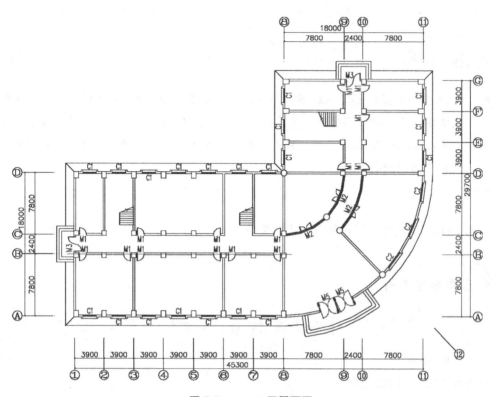

图 2.5　一、二层平面图

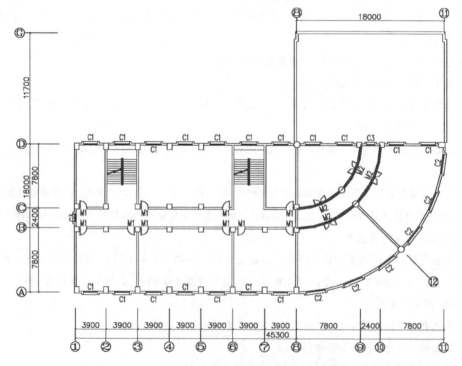

图 2.6　三、四层平面图

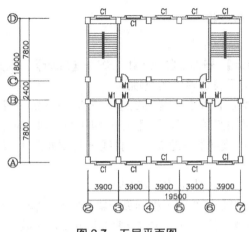

图 2.7   五层平面图

2.2   建筑模型与荷载输入

2.2.1   概述

如前所述，双击 Windows 桌面上的 PKPM 快捷方式图标即启动了 PKPM 软件，随后指定当前工作子目录，接下来顺序执行主菜单 1、2，即可建立该项工程的整体数据库。

执行 PMCAD 主菜单 1【建筑模型与荷载输入】，采用人机交互方式输入各层平面数据，完成结构整体模型的输入。在图 2.4 所示的 PMCAD 界面执行窗口右侧的 6 个功能菜单，它们分别如下。

(1)【轴线输入】：利用各种菜单命令输入平面定位轴线。程序要求平面上布置的构件一定要放在轴线或网格线上，因此凡是有构件布置的地方一定首先完成它的轴线或网格线的布置。轴线方式有直线、圆弧及正交网格等。

(2)【网格生成】：程序自动计算生成由轴线组成的节点和网格，两节点之间的轴线称为网格线。

(3)【楼层定义】：先行定义建筑物全部构件的截面尺寸，而后自下而上进行所有平面的各种结构构件的布置。构件可以设置对于网格和节点的偏心。

(4)【荷载输入】：定义各标准层的恒载、活载，包括梁间、柱间、墙间、节点、次梁荷载等及楼板恒、活荷载。

(5)【设计参数】：输入该工程的结构体系、材料强度、抗震信息等设计参数。

(6)【楼层组装】：在录入各标准层上述基本信息的同时，应随时单击【保存】，确保输入内容不丢失。最后，在该项菜单中组装成全楼模型。

2.2.2   轴线输入

轴线输入有两类方式：一类是用在绘图区上直接绘制基本图素的方式形成轴线网格，基本图素主要是节点、直线、辐射线、折线、圆环、圆弧等；另一类是以参数定义的方式直接形成正交或弧线轴线网格。无论哪类方式，在显示红色的轴线交织后，轴线端点、交点或弧线的圆心都产生一个白色的"节点"，将轴线分割成"网格"。

1. 以绘图方式完成轴线输入

(1)【节点】：用于绘制单个节点。

操作步骤：单击【节点】→输入【Insert】! XY→【Enter】，即按指定坐标值输入一节点。

(2)【两点直线】：用于表达零散的直轴线。

操作步骤：单击【两点直线】→【Insert】! X_1Y_1→【Insert】! X_2Y_2→【Enter】。

(3)【平行直线】：常用来绘制实际工程中一组平行的轴线网格。

操作步骤：单击【平行直线】→绘制一条直线→复制间距 1，次数→(重复)复制间距 2，次数→……→【Esc】结束。

(4)【圆弧】：用于绘制一组同心圆弧轴线。

操作步骤：单击【圆弧】→绘制一根圆弧→输入圆心→输入半径、起始角度、终止角度→绘制第二根同心圆弧→复制间距 1，次数→复制间距 2，次数→重复……→【Esc】结束。

(5)【辐射线】：用于绘制一组放射状直轴线。

操作步骤：单击【辐射线】→指定旋转中心→绘制沿中心旋转的第一条直线→复制角度增量 1，次数→复制角度增量 2，次数→重复……→【Esc】结束。

要求：用绘图方式完成【应用案例 2-1】中一、二层平面轴线网格的输入。

操作步骤：

(1) ①轴输入：单击【两点直线】→【Insert】! 0，0→【Enter】→【Insert】! 0，18000→【Enter】。

(2) 绘制②～⑧轴：单击【平行直线】→用光标捕捉靶锁定①轴下端点，【Tab】，【Home】3900，0→【Enter】(②轴下端点)→【Home】0，18000→【Enter】(②轴上端点定位并绘出②轴线)→3900，6(复制间距，次数)→【Enter】。

(3) 绘制 A～D 轴：单击【平行直线】→用光标捕捉靶锁定①轴下端点，用光标捕捉靶锁定⑧轴下端点，完成 A 轴绘制→7800，1(复制间距，次数)，B 轴绘制完成→2400，1(复制间距，次数)，C 轴绘制完成→7800，1(复制间距，次数)D 轴绘制完成→【Esc】，如图 2.8 所示。

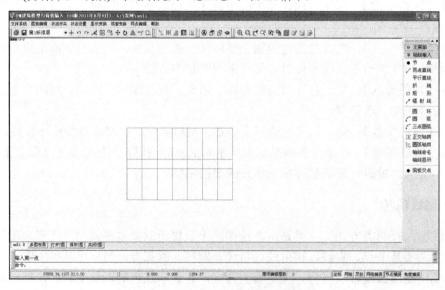

图 2.8 ①～⑧平行直线轴网绘制窗口

(4) 绘制弧轴: 单击【圆弧】→光标靶锁定⑧、D 轴交点(输入圆弧圆心)→[I]直接输值, 弹出窗口输入半径 18000, 起始角度−90, 终止角度 0, 最外侧弧形轴线输入完成→−7800, 1(复制间距, 次数), B 轴延长弧轴线绘制完成→−2400, 1(复制间距, 次数), C 轴延长弧轴线绘制完成→【Esc】(结束)。

(5) 绘制放射状直轴线: 单击【辐射线】→光标靶锁定⑧、D 轴交点(输入旋转中心坐标)→光标靶锁定⑧、C 轴交点或【Home】0, −7800(输入第一点与旋转中心的距离)→光标靶锁定⑧、A 轴交点或【Home】0, −18000(输入第二点与旋转中心的距离)→45, 1(复制角度增量, 次数), 完成。

(6)【平行直线】绘制 E~G 轴范围轴网(略)。

完成的轴网如图 2.9 所示。

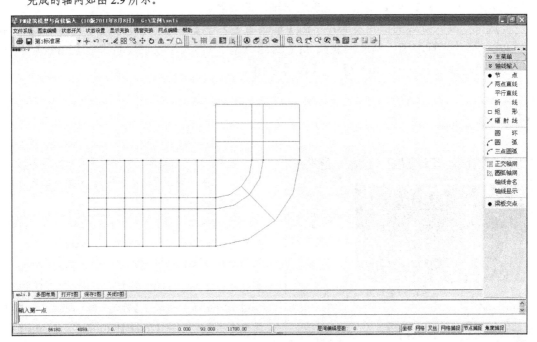

图 2.9　一、二层平面轴网窗口

● 特 别 提 示 ●

- 键盘热键【Tab】用来设定当前点为参考点;【Home】用来输入点的相对坐标值。
- 关于键盘输入点的坐标有两种方式, 一种是绝对直角坐标! X, Y, Z 或! X, Y, 相对直角坐标 X, Y, Z 或 X, Y; 另一种是绝对极坐标输入! R<A, 相对极坐标 R<A。

2. 以参数定义方式完成轴线输入

这种输入方式的菜单命令有【正交轴网】和【圆弧轴网】。

(1)【正交轴网】: 首先从左往右连续定义所有开间, 然后从下往上连续定义所有进深。跨度数值可用光标从常见数据表中选取, 也可从键盘输入。

操作步骤: 单击【正交轴网】→对话框录入轴网数据(下开间, 左进深, 上开间, 右进深)→左下基点插入轴网(命令提示改变插入角度和基点)→【Esc】结束。

(2)【圆弧轴网】：首先定义环向开间，然后定义径向进深。

操作步骤：单击【圆弧轴网】→对话框录入圆弧轴网数据(圆弧开间角，进深，内半径，旋转角)→轴网输入→指定基点插入点→【Esc】结束。

3. 轴线命名

【轴线命名】：通过【Tab】转换可以实现"逐根"和"成批"两种输入方式。

"逐根"输入方式的操作步骤：单击【轴线命名】→选择轴线→输入轴线名→(重复)选择新的轴线……→【Esc】结束，完成逐根轴线的命名。

"成批"输入方式的操作步骤：单击【轴线命名】→【Tab】(光标捕捉方式转换)选择起始轴线→移动光标取消不标的轴线命名(【Esc】没有)→输入起始轴线名称→【Enter】→(重复)选择起始轴线→……【Enter】→【Esc】结束。

 例 2-2

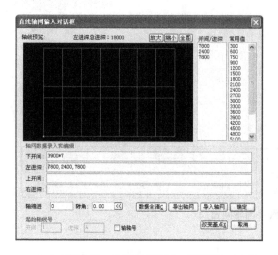

图 2.10　直线轴网输入对话框

要求：用参数定义方式完成【应用案例 2-1】工程中一、二层平面轴线网格的输入，并进行轴线命名。

操作步骤：

(1) ①～⑧轴输入：单击【正交轴网】→对话框：下开间录入 3900 * 7，上开间录入 3900 * 7 (注：同下开间可省略)，左进深录入 7800，2400，7800，右进深录入 7800，2400，7800 (注：同左进深可省略)，如图 2.10 所示。→单击【确定】(命令提示插入轴网的方式及插入点)→【Insert】! 0，0，→【Enter】。

(2) 弧形轴网绘制：单击【圆弧轴网】→对话框：圆弧开间角录入 2* 45→对话框：进深录入 1*7800，1*2400，1*7800，内半径 0，旋转角 270，【确定】→输入径向和环向端部延伸数 0，【确定】→输入圆弧

圆心插入点，【Insert】! 27300，18000 或光靶直接捕捉⑧、D 轴交点。参数设置如图 2.11 所示。

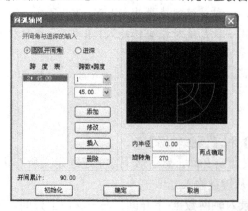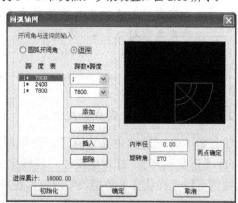

图 2.11　【圆弧轴网】对话框参数设置

(3)【正交轴网】绘制 E~G 轴网绘制(略)。

(4) 轴线命名：单击【轴线命名】→【Tab】(光标捕捉方式转换)，选择①轴线→去掉不标的轴线命名，【Esc】没有→输入起始轴线名称 1，按【Enter】键。

单击【轴线命名】→直接选择⑫轴线，输入轴线名称 12，按【Enter】键。

单击【轴线命名】→【Tab】(光标捕捉方式转换)→选择 A 轴线→去掉不标的轴线命名，【Esc】→输入起始轴线名称 A，按【Enter】键。完成的图形如图 2.12 所示。

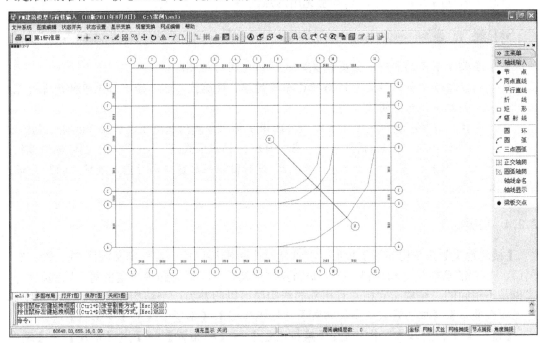

图 2.12　轴线输入窗口

2.2.3　网格生成

其子菜单命令主要有【轴线显示】、【形成网点】、【平移网点】等。

(1)【轴线显示】：单击可交替显示(关闭)建筑轴线，并标注轴线号及轴线间距。

(2)【形成网点】：将已经输入的轴线线条转变成下一步楼层布置需用的白色节点和红色网格线，同时命令提示区显示节点数、网格等相关信息数据。

(3)【平移网点】：在不改变构件布置的情况下，对轴线、节点间距进行调整。

(4)【删除轴线】：对多余轴线的轴线名进行删除。轴线名删除，未使用的无名轴线将在生成网点时自动滤除。

(5)【删除节点】：对多余的节点进行删除。

(6)【删除网格】：对多余的网格进行删除。

(7)【网点查询】：查询网点的有关数据。

操作步骤：单击【网点查询】→选择目标节点，显示网点有关数据→单击【确定】返回。

(8)【网点显示】：图形显示每条网格线的长度和网格节点的坐标数值。

操作步骤：单击【网点显示】→数据显示→显示网格长度/显示节点坐标→字符放大/字符缩小/返回？(Y【Enter】)/A【Tab】/N【Esc】)。

(9)【节点距】：输入节点最小距离，该距离内节点视为同一个节点，程序默认 50。

(10)【节点对齐】：将上面各标准层的节点与第一层的相近节点对齐，归并的距离就是"节点距离"中输入的数值，用于纠正上面各层网格节点输入不准的情况。

(11)【上节点高】：本层在层高处节点的高度，程序隐含为楼层的层高，改变上节点高，也就改变了该节点处的柱高、墙高和与之相连的梁的坡度，用该菜单可更方便地处理坡屋顶。

(12)【清理网点】：用于清理本层无用网点。

● **特 别 提 示**

● 在删除节点的同时，某些相关联的网格也同时被删除。

● 删除过程中如果节点或网格被已布置的墙、柱遮挡，可选择下拉菜单并用【填充】开关把其改为非填充状态。

● 在操作过程有提示关于 Tab 键转换选择目标的方式的状态下，可按 Tab 键：光标方式(方形小窗口出现)捕捉单一"点"目标；轴线方式(菱形小窗口出现)沿轴线捕捉"线"目标；窗口方式(十字光标出现)先后截取矩形窗口两对角，捕捉"面"目标。

2.2.4 楼层定义

【楼层定义】是平面布置的核心，在选定一个标准层以后，首先定义构件(柱、梁、墙、洞口、支撑)的截面尺寸和材料，接下来布置这些构件。布置时的参照定位对不同的构件方式也是不相同的。结构布置相同且相邻的结构层可以归并为一个结构标准层。主要子菜单有【换标准层】、【柱布置】、【主梁布置】、【楼板生成】、【本层修改】、【层编辑】等。

【楼层定义】的基本工作步骤：【换标准层】→【柱布置】→【主梁布置】→【墙布置】→【洞口布置】→【斜杆布置】→【次梁布置】→【本层信息】→【本层修改】→【楼板生成】→【层编辑】等。

1. 换标准层

指定一个当前标准层，而后所有构件布置、修改均针对该当前层。

操作步骤：单击【换标准层】→弹出【选择/添加标准层】对话框，若第一次进入该对话框，首先选择标准层 1；若第一标准层布置好，可选择添加新标准层进行下一标准层布置，新标准层可全部或部分复制原有标准层的信息，如图 2.13 所示。最后单击【确定】。

图 2.13 【选择/添加标准层】对话框

2. 基本构件的布置

(1)【柱布置】。柱布置在节点上，一个节点只能布置一根柱。操作时先完成柱的定义，再布置柱。

操作步骤：单击【柱布置】，弹出【柱截面列表】对话框，如图 2.14 所示，单击【新建】→弹出图 2.15 所示柱基本参数对话框，单击【截面类型】后弹出柱截面类型窗口，如图 2.16 所示，单击选择柱截面形状；之后在图 2.15 所示对话框中输入柱截面尺寸，单击【确定】按钮，一个柱定义完成，然后单击【新建】继续定义。可依次将所有柱全部定义，也可以用到时随时补充定义。柱定义完成后布置柱：在图 2.14 所示窗口中选择柱，单击【布置】按钮，选择布置输入方式(光标/轴线/窗口/围栏，用 Tab 键转换)→柱定位，在图 2.17 所示的对话框中输入偏心、轴转角等信息，对柱进行准确定位→柱布置，移动光标(或选轴线或画窗口或围栏)指定位置布置柱……直至本层所有柱布置完成。

图 2.14　【柱截面列表】对话框

图 2.15　柱基本参数对话框

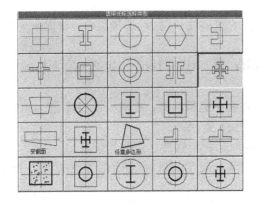

图 2.16　柱截面类型窗口

图 2.17　偏心信息

(2)【主梁布置】。主梁布置在网格上。操作时先完成梁定义，再进行梁布置。

操作步骤：单击【主梁布置】→弹出梁截面列表对话框→新建→梁定义(含次梁)→选择梁，定位，布置主梁→……直至本层所有梁布置完成。其中，梁截面类型、尺寸定义，梁的偏心定位及梁的布置方式等操作方法与柱类似，不再重述。

(3)【墙布置】。墙布置在网格上。

操作步骤：单击【墙布置】→弹出【墙截面列表】对话框→新建→墙定义→选择墙，定位，布置墙……具体操作方法与梁、柱类似。

(4)【洞口布置】。洞口布置在网格的墙上。

操作步骤：单击【洞口布置】→弹出【洞口截面列表】对话框→新建→洞口定义，在弹出的窗口中选择截面类型，输入洞口参数【宽度和高度】→选择【洞口】、【布置】(定位窗口如图 2.18 所示)→布置洞口……直至所有洞口布置完成。

图 2.18　洞口定位对话框

特　别　提　示

- 洞口布置时，一段可布置多个洞口。
- 定位方式键入 0 则表示洞口居中。"＋、－"符号分别表示洞口居左、右侧，"＋1、－1"分别表示洞口紧贴左、右节点。

(5)【斜杆布置】。斜杆布置注意所在的节点之间不一定必须有网格线。

操作步骤：单击【斜杆布置】→弹出【斜杆截面列表】对话框→新建→斜杆参数定义→选择斜杆→布置弹出图 2.19 所示的【斜杆布置参数】对话框，可以选择按节点布置/按网格布置。

① 节点布置：光标分别捕捉第 1、2 节点定位→(重复)选择斜杆，布置……【Esc】返回。

② 网格布置：光靶(可连续)捕捉要布斜杆的网格线→(重复)选择斜杆，布置……【Esc】返回。

(6)【次梁布置】。对于次梁布置，注意所在的节点之间也不一定必须有网格线。次梁的定义和主梁采用同一套截面定义数据。

操作步骤：单击【次梁布置】→梁截面列表→选择次梁，布置→节点定位：光标先后捕捉第 1、2 节点，输入复制间距、次数→【Esc】返回。

(7)【本标准层信息】。用于设置本层的板厚、材料强度、层高等信息。

操作步骤：单击【本标准层信息】→弹出本标准层信息对话框(图 2.20)，逐一填写，再单击【确定】按钮。

图 2.19　【斜杆布置参数】对话框

图 2.20　【本标准层信息】对话框

(8)【构件删除】。用于删除柱、主梁、次梁、门窗洞口、悬挑板等。

操作步骤：单击【构件删除】→在弹出构件删除对话框中选择删除构件的种类、删除方式(光标、轴线、窗口、围区)→(捕捉)删除→【Esc】结束。

(9)【材料强度】。用于指定局部柱、主梁、次梁、门窗洞口、悬挑板等材料的强度。

操作步骤：单击【材料强度】→在弹出构件材料设置对话框中选择构件类别、材料种类级别、捕捉方式(光标、轴线、窗口、围区)→(捕捉)设置→【Esc】结束。

例 2-3

要求：将【例 2-2】完成的第一标准层轴线形成网格，并按【应用案例 2-1】工程要求进行楼层定义。

操作步骤：

(1) 形成网格：单击【网格形成】→单击【形成网点】→形成白色网点和红色网格，完成。

(2) 柱布置概述：在所绘制轴网中完成柱布置，沿走廊的内柱截面(柱宽×柱高)为 600mm×600mm，沿外墙的边柱截面(柱宽×柱高)为 600mm×800mm，柱偏心布置考虑使柱外缘一侧与外墙及走廊外皮保持平齐；扇形平面中间沿⑫轴布置 4 根直径为 800mm 的圆柱。

柱定义：单击【楼层定义】→单击【柱布置】→弹出【柱截面列表】对话框→单击【新建】→单击【形状】，选择截面类型"矩形"(回到【标准截面】对话框)→在图 2.15 所示的窗口中录入第一标准柱参数柱宽×柱高=600×600，截面类型 1，材料 6(混凝土)，第一标准柱定义完成→【确定】(回到【柱截面列表】对话框，此时显示柱 1 截面参数数据已录入表中)→单击【新建】，录入第二标准柱参数→单击形状，选择截面类型"矩形"(回到【标准截面】对话框)→录入柱宽×柱高=600×800，截面类型 1，材料 6(混凝土)，第二标准柱定义完成→【确定】(回到【柱截面列表】对话框此时显示柱 1、2 截面参数数据已录入表中)→单击【新建】，录入第三标准柱(圆柱)参数→单击【截面类型】，圆形→录入圆柱直径：800，截面类型 3，材料 6(混凝土)，第三标准柱定义完成→【确定】(回到【柱截面列表】对话框，参考图 2.14，此时显示柱 1、2、3 截面参数已录入表中)→【Esc】返回。

沿 B 轴②～⑧走廊内柱布置：单击【柱布置】→从【柱截面列表】对话框中选择矩形柱 1，单击【布置】→选择布置输入方式——光标/轴线/窗口/围栏(光标)→沿轴偏心 0，偏轴偏心－200，转角 0→光标靶逐一捕捉 B 轴与②～⑧轴交点。

沿 C 轴②～⑧走廊内柱布置：操作步骤方法同 B 轴→沿轴偏心 0，偏轴偏心 200，转角 0→光标靶逐一捕捉 C 轴与②～⑧轴交点。

沿 A 轴②～⑧外墙边柱布置：单击【柱布置】→从【柱截面列表】对话框中选择矩形柱 2，单击【布置】→选择布置输入方式——光标/轴线/窗口/围栏(光标)→沿轴偏心 0，偏轴偏心 275，转角 0→光标靶逐一捕捉 A 轴与②～⑧轴交点。

沿 D 轴②～⑦外墙边柱布置：操作步骤方法同 A 轴→沿轴偏心 0，偏轴偏心－275，转角 0→光标靶逐一捕捉 D 轴与②～⑦轴交点。

沿①轴 A～D 外墙边柱布置：单击【柱布置】→从【柱截面列表】对话框中选择矩形柱 2，单击【布置】→选择布置输入方式——光标/轴线/窗口/围栏(光标)→沿轴偏心 175，偏轴偏心 275，转角 0→光标靶捕捉 A 轴与①轴交点→其余同前，沿轴偏心 175，偏轴偏心－275，转角 0→光标靶捕捉 D 轴与①轴交点→从【柱截面列表】对话框中选择矩形柱 1，单击【布置】→其余同前，沿轴偏心 175，偏轴偏心－200，转角 0→光标靶捕捉 B 轴与①轴交点→其余同前，沿轴偏心 175，偏轴偏心 200，转角 0→光标靶捕捉 C 轴与①轴交点。

扇形平面中间沿⑫轴 4 根圆柱布置：单击【柱布置】→从【柱截面列表】对话框中选择圆形柱 3，单击【布置】→选择布置输入方式——光标/轴线/窗口/围栏(光标)→沿轴偏心 0，偏轴偏心 0，转角 0→光标靶逐一捕捉⑫轴与 A、B、C、D 轴交点。

布置⑧～⑪轴、D～G 轴范围内 15 根柱，参照前面所述方法操作(略)。

柱布置完成后平面图如图 2.21 所示。

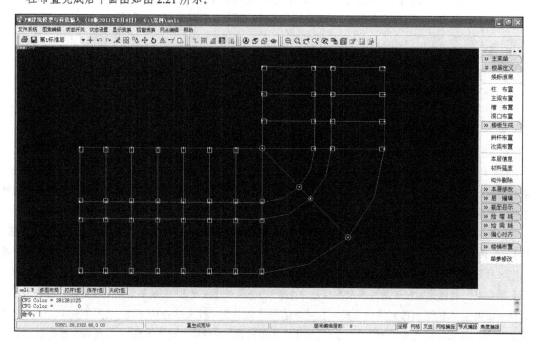

图 2.21　柱布置平面图窗口

特 别 提 示

● 柱布置偏心方向由输入沿轴(柱宽方向)偏心和偏轴(柱高方向)偏心数值正负决定，正值表示往右、往上偏心，负值则表示往左、往下偏心。

● 柱布置转角方向由输入轴转角度数值的正负决定，正值表示逆时针旋转，负值则表示顺时针旋转。

● 同一节点重复柱布置，后来布置的柱将覆盖已有的柱。

(3) 梁布置概述：在所绘制轴网中完成主梁布置，横向框架主梁截面(梁宽×梁高)为 250mm×600mm，纵向联系梁截面(梁宽×梁高)为 250mm×400mm，扇形平面大、中、小弧梁截面(梁宽×梁高)分别为 250mm×900mm、250mm×800mm、250mm×600mm。

主梁定义：单击【主梁布置】→弹出【梁截面列表】对话框→单击【新建】→单击【形状】，选择截面类型 "矩形"(回到【标准截面】对话框)录入第一标准梁参数，梁宽×梁高为 200×300，截面类型 1，材料 6(混凝土)，第一标准梁定义完成→【确定】(回到【梁截面列表】对话框，此时显示梁 1 截面参数数据已录入表中)→重复上述操作，完成所有标准梁定义。最终【梁截面列表】对话框如图 2.22 所示。

沿①、②、③、④、⑤、⑥、⑦、⑫、E、F、G 轴主梁布置：单击【主梁布置】→从【梁截面列表】

对话框中选择矩形梁 2→单击【布置】→选择布置输入方式——光标/轴线/窗口/围栏(轴线)→输入“偏轴距离 0，梁顶标高(1)0，梁顶标高(2)0”→光标靶逐一捕捉①、②、③、④、⑤、⑥、⑦、⑫、E、F、G 轴。

序号	形状	参数	材料
1	矩形	200*300	混凝土
2	矩形	250*600	混凝土
3	矩形	250*800	混凝土
4	矩形	250*900	混凝土
5	矩形	250*400	混凝土

图 2.22　【梁截面列表】对话框

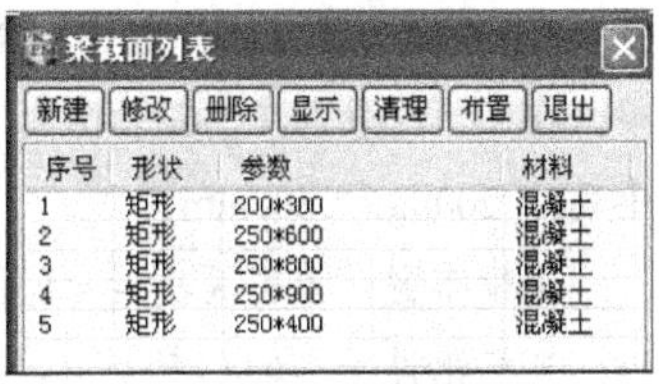

沿扇形平面弧梁主梁布置：单击【主梁布置】→从【梁截面列表】对话框中选择矩形梁 2→单击【布置】→选择布置输入方式——光标/轴线/窗口/围栏(光标)→输入“偏轴距离 0，梁顶标高(1)0，梁顶标高(2)0”→光标靶捕捉内圈第一根弧梁 2 跨→从【梁截面列表】对话框中选择矩形梁 3→其余同前，光标靶捕捉中圈第二根弧梁 2 跨→从【梁截面列表】对话框中选择矩形梁 4→其余同前，光标靶捕捉外圈第三根弧梁 2 跨。

A—D 轴间⑧轴、⑧—⑪轴间 D 轴主梁布置：单击【主梁布置】→从【梁截面列表】对话框中选择矩形梁 2→单击【布置】→选择布置输入方式——光标/轴线/窗口/围栏(光标)→输入“偏轴距离 0，梁顶标高(1)0，梁顶标高(2)0”→光标靶逐一捕捉 A—D 轴间⑧轴、⑧—⑪轴间 D 轴网格线。

剩余全部纵向主梁和部分横向主梁布置：从【梁截面列表】对话框中选择矩形梁 5，布置所有剩余待布置纵向框架梁，方法同前。

主梁布置完成后的平面图如图 2.23 所示。

图 2.23　主梁布置平面图窗口

特别提示

- 梁布置时偏心输入绝对值，偏心方向：光标在网格的哪一边，梁即偏向那一边。
- 梁顶标高 1、2 分别表示梁所在左右节点的标高，输入相对值；斜梁不得超越本标准层高度。
- 布梁时可交换使用【光】、【轴】、【围】、【窗】4 种捕捉网格的方式，显著提高布图效率。

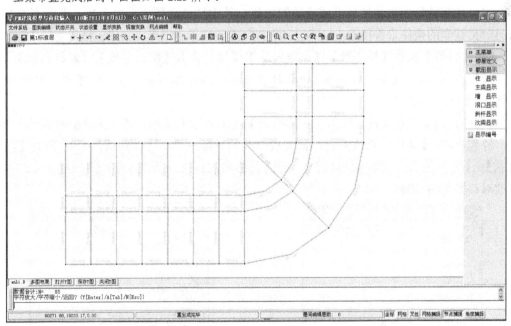

(4) 次梁布置概述：在①、②轴与 C、D 轴围成的区域，距离 C 轴上方 1.8m 的位置布置一道横向次梁；在⑧、⑨轴与 F、G 轴围成的区域，距离⑨轴左方 1.8m 的位置布置一道横向次梁；次梁截面(梁宽×梁高)为 200mm×300mm。

次梁布置：单击【次梁布置】→从【梁截面列表】对话框中选择矩形梁 1→单击【布置】→输入第一点：光标靶置于①轴 C 轴交点，【Tab】，0，1800→输入第二点：【Tab】，3600，0→【Esc】，该次梁布置完成→继续输入第二根次梁第一点……次梁布置完成。

(5) 本层信息：单击【本层信息】→弹出【本层信息】对话框并输入数值，如图 2.20 所示。

第一标准层定义完成。

知 识 链 接 ··

在例题中尝试做次梁布置前，建议运用已学的轴线输入知识，在①～②及 F～G 轴范围内离 C 轴线和⑨轴线 1800 处输入单根网格，为次梁布置做准备。

··

3. 【本层修改】

对已经布置好的构件做替换或查改的操作，其中替换就是把平面上某一类截面的构件用另一类截面的构件来替换。

【构件替换】包括【柱替换】、【主梁替换】、【墙替换】、【洞口替换】、【斜杆替换】等。

操作步骤：单击【某构件替换】→选择要被替换的目标，【确定】→选择替换的构件(新构件)→【Esc】结束。

【构件查改】包括【柱查改】、【主梁查改】、【墙查改】、【洞口查改】、【斜杆查改】等。

操作步骤：【某构件查改】→选择要被查改的目标→弹出【构件信息】对话框(【布置信息】/【定义信息】/【扩展属性】)，检查及必要的修改→【确定】/【取消】。柱、主梁查改对话框如图 2.24 所示。

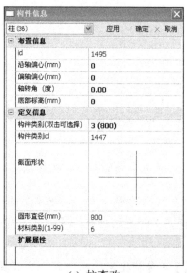

(a) 柱查改

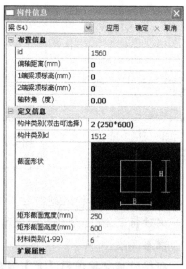

(b) 主梁查改

图 2.24　柱、主梁查改对话框

4.【楼板生成】

【楼板生成】主要子菜单有【生成楼板】、【楼板错层】、【修改板厚】、【板洞布置】、【布悬挑板】、【布预制板】等。

单击【楼板生成】，弹出图 2.25 所示的对话框。选择"是"，则按照图 2.20 所示的【本层信息】对话框中输入的板厚自动生成楼板；选择"否"，则不自动生成楼板，可以进入下级用【生成楼板】子菜单继续生成楼板。

(1)【生成楼板】。单击则按照【本层信息】对话框中输入的板厚生成楼板。

(2)【楼板错层】。当个别房间的楼层标高不同于本层楼层标高时，即出现了楼板错层。这里可以做出相应的调整，以适应错层带来的构造上的变化。

操作步骤：单击【楼板错层】→弹出【楼板错层】对话框，如图 2.26 所示→输入楼板错层(下沉/提升)值，选择捕捉方式(光标、窗口、围区) →捕捉楼板错层房间→继续输入新的楼板错层值，捕捉需错层房间……→【Esc】退出。

图 2.25　楼板自动生成对话框　　　　图 2.26　【楼板错层】对话框

(3)【修改板厚】。当个别房间的楼板厚度不同于本层其他房间时，则需要修改板厚。这里可以做出相应的调整。其操作方法与【楼板错层】类似。

操作步骤：单击【修改板厚】→弹出【修改板厚】对话框→输入板厚度值，选择捕捉方式(光标、窗口、围区)→捕捉需修改板厚的房间→继续输入新的楼板厚度值，捕捉房间……→【Esc】退出。

(4)【板洞布置】。用于布置楼板上开设的各种洞口。

操作步骤：单击【板洞布置】→弹出图 2.27 所示的【楼板洞口截面列表】对话框→单击【新建】按钮，弹出图 2.28 所示的【板洞参数】对话框→单击【截面类型】按钮，选择截面形状，输入洞口尺寸，【确定】，完成一个洞口的定义→逐个完成所有类型洞口的定义，也可以随用随定义→在图 2.27 所示【楼板洞口截面列表】对话框中，选择已经定义的洞口，单击【布置】按钮→在弹出的对话框中输入"沿轴偏心"、"偏轴偏心"、"轴转角"→【Tab】转换光靶捕捉方式(光标、窗口)，捕捉目标→继续输入新的洞口……→【Esc】退出。

(5)【全房间洞】。沿某一指定房间内边界开一个大洞口，对非矩形房间也可全房间开洞。

操作步骤：单击【全房间洞】→【Tab】转换光靶捕捉方式(光标、窗口)，捕捉目标→【Esc】退出。

(6)【板洞删除】。操作步骤：单击【洞口删除】→选择需删除洞口的房间(洞口消失)→可继续选择需删除洞口的房间→【Esc】退出。

图 2.27　【楼板洞口截面列表】对话框

图 2.28　板洞参数对话框

（7）【布悬挑板】。在平面外围的墙或梁上，可按需要设置现浇悬挑板，输入板厚和荷载标准值，如果该项荷载输入"0"，程序将自动取相邻房间楼面荷载值。

操作步骤：单击【布悬挑板】→弹出图 2.29 所示的【悬挑板截面列表】对话框→单击【新建】按钮，弹出图 2.30 所示的【悬挑板参数】对话框→单击【截面类型】按钮，选择截面形状，输入悬挑板参数，【确定】，完成一个悬挑板的定义→逐个完成所有类型悬挑板的定义，也可以随用随定义→在图 2.29 所示的【悬挑板截面列表】对话框中，选择已经建立的悬挑板，单击【布置】按钮→在弹出的对话框中输入定位参数→【Tab】转换光靶捕捉方式(光标、窗口)，捕捉目标→继续输入新的悬挑板……→【Esc】退出。

图 2.29　【悬挑板截面列表】对话框

图 2.30　【悬挑板参数】对话框

(8)【删悬挑板】。操作步骤：单击【删悬挑板】→选择需删除悬挑板的房间(悬挑板消失)→可继续选择需删除悬挑板的房间→【Esc】退出。

(9)【布预制板】。操作步骤：单击【布预制板】→弹出图 2.31 所示【预制板输入】对话框→输入相关参数值，【确认】→选择需要布置预制板的房间……→【Esc】退出。

(10)【删预制板】。操作步骤：单击【删预制板】→选择需删除预制板的房间→可继续选择需删除预制板的房间→【Esc】退出。

(11)【层间复制】。操作步骤：单击【层间复制】，弹出图 2.32 所示的【楼板层间复制目标层选择】对话框，勾选【楼板开洞】、【现浇板厚】等复选框，并选择目标标准层，即可在本标准层复制目标标准层的相应布置信息。

图 2.31　【预制板输入】对话框　　　　图 2.32　【楼板层间复制目标层选择】对话框

要求：在【例 2-1】～【例 2-3】所绘制的各个房间里生成楼板，在卫生间楼板开设 260mm×500mm 的矩形洞口，卫生间结构标高低于本层结构标高 80mm；扇形房间外围板厚改为 140mm，一层顶走廊①轴、G 轴处设悬挑板。

操作步骤：

(1) 楼板生成：单击【楼板生成】→在弹出的图 2.25 所示对话框中选择"是"，则楼板自动生成，如图 2.33 所示，全部板厚均为 120mm。

(2) 楼板错层：单击【楼板错层】→按图 2.26 所示输入数值→光标选择一个卫生间单击，选择另一个卫生间单击→【Esc】退出。

(3) 修改板厚：单击【修改板厚】→弹出【修改板厚】对话框，输入板厚度"140"→光标选择弧形房间外围两个房间，此时选择房间板厚显示"140"→弹出【修改板厚】对话框，输入板厚度"0"→光标选择 3 个楼梯间，此时选择房间板厚显示"0"→【Esc】退出。

(4) 楼板开洞：单击【板洞布置】→弹出【楼板洞口截面列表】对话框→单击【新建】→弹出图 2.28 所示的对话框，截面类型 1 矩形，宽度 260mm，高度 500mm，【确定】→洞口定义完成，如图 2.27 所示→选中该洞口单击【布置】→弹出定位窗口，"沿轴偏心－600"，"偏轴偏心－650"，"轴转角 0"，光标捕捉②轴和 D 轴交点，单击确认→定位窗口，"沿轴偏心 650"，"偏轴偏心－750"，"轴转角 90"，光标捕捉⑧轴和 G 轴交点，单击确认→【Esc】退出。

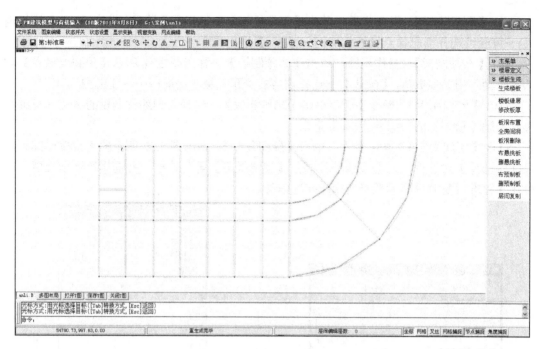

图 2.33　楼板自动生成窗口

（5）布悬挑板：单击【布悬挑板】→弹出【悬挑板截面列表】对话框→单击【新建】→弹出窗口按图 2.31 所示输入参数，【确定】→悬挑板定义完成，如图 2.30 所示→选中该悬挑板单击【布置】→弹出定位窗口，"定位距离 0"，"顶部标高 0"，光标捕捉①轴和 B、C 轴之间轴线，单击确认→光标捕捉 G 轴和⑨、⑩轴之间的轴线，单击确认，此时显示两块悬挑板布置完成→【Esc】退出。

第一标准层楼板布置完成，如图 2.34 所示。

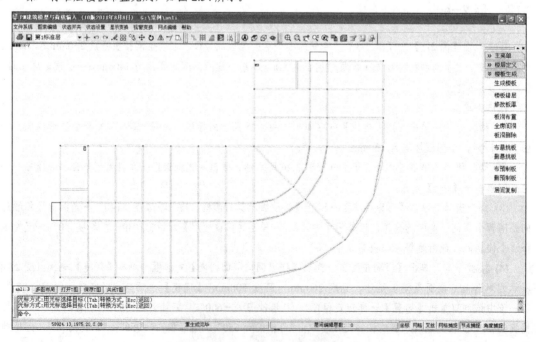

图 2.34　第一标准层楼板布置窗口

特 别 提 示

● 对于楼梯间可用 3 种方法处理：①全房间洞口，导荷时其洞口范围的荷载将被扣除，此时，楼梯荷载通过【荷载输入】菜单单独输入；②将楼梯所在房间的楼板厚度改为 "0"，这样楼梯间的恒活荷载可以传递，误差较小；③在楼层定义的子菜单【楼梯布置】引导下布置楼梯，此种方法在接力 SATWE 等的结构计算中考虑楼梯构件的影响，符合《建筑抗震设计规范》(GB 50011—2010)第 3.6.6-1 条规定。同学们可以尝试这 3 种方法输入，进行比较。

5.【层编辑】

【层编辑】主要子菜单有【删标准层】、【插标准层】、【层间编辑】、【层间复制】、【单层拼装】和【工程拼装】。

(1)【删标准层】用来删除不需要的标准层。

操作步骤：单击【删标准层】，弹出【选择删除标准层】对话框(图 2.35)→选择要删除的标准层→【确定】/【取消】。

(2)【插标准层】用来在指定位置插入一个新的标准层。

操作步骤：单击【插标准层】，弹出插标准层对话框(图 2.36)→选择插在哪层前→选择全部/局部/只复制网格→【确定】，完成插入一个新的标准层。

(3)【层间编辑】：通过该命令可同时在几个或所有标准层上进行同一个操作，例如加设一根梁或删除某个洞口。

操作步骤：单击【层间编辑】，弹出【层间编辑设置】对话框(图 2.37)→选择添加/修改/插入，选定编辑标准层，【确定】→进入构件正常布置/见编辑操作(同前)。

图 2.35　【选择删除标准层】对话框

图 2.36　插标准层对话框

(4)【层间复制】：通过该命令可将当前层的目标对象向其他目标层进行复制。该操作和新建及插入标准层中的局部复制相似，但实际上还是明显有所不同的。

操作步骤：单击【层间编辑】→提示本操作复制结果将不能用 Undo 恢复，继续→弹出【层间复制目标层设置】对话框(图 2.38)→选择添加/修改/插入，选定标准层，【确认】→选择当前标准层中被复制的目标→【Esc】退出选择(确认/重新/返回)(重复)→选择当前标准层中被复制的新目标→【Esc】退出选择(确认/重新/返回)→【Esc】结束。

图 2.37 【层间编辑设置】对话框

图 2.38 【层间复制目标层设置】对话框

(5)【单层拼装】将来自另外一个工程的标准层图全部或局部的目标对象，拼接在当前标准层上。

操作步骤：单击【单层拼装】→弹出待拼装的工程文件路径(选择文件名)(图 2.39)→显示工程标准层列表→选定标准层，选择整体拼装/局部拼装(Y/N)。

(1)→整体拼装(Y)→选定拼装目标图形基准点→输入后旋转角度→指定当前标准层插入点。

(2)→局部拼装(N)→选择目标(确认/重新/返回)→选择复制目标，确定选定拼装目标图形基准点→输入后旋转角度→指定当前标准层插入点。

图 2.39 【选择工程名】对话框

【工程拼装】是利用建模输入好的工程，相互拼装在一起成为一个新的工程，从而大大简化建筑模型的输入。

6.【截面显示】

通过【截面显示】可随时在平面图上把相应构件和构件的相关数据显示出来，6 种主要构件分别是柱、主梁、墙、洞口、斜杆和次梁；显示数据如截面尺寸、偏心和标高等。

7.【绘墙线、绘梁线】

可绘直墙、直梁线，也可绘平行、辐射、圆弧、三点弧梁线、墙线。

8.【偏心对齐】

在柱柱、梁梁、墙墙等主要构件之间，以及柱、梁、墙三者之间，如果上下层截面尺寸不同，结构平面布置中就有构件"边对齐"或"中对齐"之类的问题。

操作步骤：单击【某种构件上下对齐】→选择边对齐/中对齐/退出(Y/A/N？)。

(1)→边对齐(Y)→【Tab】转换光靶捕捉方式→选择目标→选择参考轴线→光标指示对齐边。

(2)→中对齐(N)→【Tab】转换光靶捕捉方式→选择目标→选择参考轴线。

9. 【楼梯布置】

【楼梯布置】包含【楼梯布置】、【楼梯修改】、【楼梯删除】、【层间复制】4 个子菜单。单击【楼梯布置】子菜单→选择楼梯间 4 个角节点，【ESC】→弹出楼梯智能设计对话框，可进行楼梯类型、踏步单元设计、布置位置设定。此菜单操作可在四边形房间输入二跑或对折的三跑、四跑楼梯。程序可自动将楼梯转化成折梁，此后接力 SATWE 等的结构计算即包含了楼梯构件的影响。需要注意的是，程序给出的楼梯计算模型主要考虑楼梯对结构整体的影响，对于楼梯构件本身的设计，用户应使用专门的楼梯设计软件 LTCAD 完成。

10. 【单参修改】

该菜单可以对个别构件的参数进行修改。

操作步骤：单击【单参修改】→弹出【修改布置参数】对话框→选择需修改的构件类型(墙、门窗、柱、梁等)→并输入修改后的参数→选择捕捉方式(光标、轴线、框选、围区)→选择目标→【Esc】结束。

例 2-5

要求：在【例 2-4】完成的第一标准层定义的基础上，按【应用案例 2-1】工程要求完成其余标准层楼层定义。

操作步骤：

(1) 概述：因为各层结构布置均不相同，所以共设 5 个标准层。楼层 1 层为标准层 1，楼层 2 层为标准层 2，楼层 3、4 层为标准层 3、4，楼层 5 层为标准层 5。通过换标准层，新建立一个标准层，全部或部分复制上一个标准层，修改相关信息。

(2) 楼层 2 定义：单击楼层定义下的子菜单【换标准层】，弹出类似图 2.13 所示的标准层列表对话框(此时有一个标准层)→选择/添加新标准层，全部复制，(此时标准层 1 为当前层，标准层 2 将以其为原型修改而来)，【确定】→当前层变为标准层 2，全部复制了标准层 1→单击【构件删除】→弹出窗口选择"次梁"、"光标选择"，光标捕捉⑨轴左侧，F、G 轴之间次梁，【Esc】返回→单击【构件删除】→弹出窗口选择"悬挑板"、"楼板洞口"、"光标窗口选择"，窗口捕捉扇形平面以上部分，【Esc】，返回→单击【楼板错层】→弹出【楼板错层】对话框，输入楼板错层值 0，光标选择⑧、⑨轴和 F、G 轴围成的房间，【Esc】，返回。→单击【修改板厚】→弹出【修改板厚】对话框，输入板厚度值"120"，光标选择⑧、⑨轴和 E、F 轴围成的房间，【Esc】，返回→单击【删悬挑板】→光标选择①轴和 B、C 之间轴线，悬挑板删除，【Esc】，返回。楼层定义完成后如图 2.40 所示。

(3) 楼层 3 定义：单击楼层定义下的子菜单【换标准层】，弹出类似图 2.13 的标准层列表对话框(此时有两个标准层)→选择添加新标准层，全部复制，(此时标准层 2 为当前层，标准层 3 将以其为原型修改而来)，【确定】→当前层变为标准层 3，全部复制了标准层 2→单击【构件删除】→弹出窗口选择"柱"、"梁"、"次梁"、"楼板"，捕捉方式为"窗口选择"，窗口捕捉扇形平面以上部分，【Esc】返回。楼层定义完成后如图 2.41 所示。

(4) 楼层 4 定义：单击楼层定义下的子菜单【换标准层】，弹出类似图 2.13 的标准层列表对话框(此时有两个标准层)→选择添加新标准层，全部复制，(此时标准层 3 为当前层，标准层 4 将以其为原型修改而来)，【确定】→当前层变为标准层 4，全部复制了标准层 3→单击【构件删除】→弹出窗口选择"次梁"、"楼板洞口"，窗口捕捉 C、D 轴和 1、2 轴之间的部分，【Esc】，返回，次梁、楼板洞口删除完成→单击【楼板错层】→弹出【楼板错层】对话框，输入楼板错层值"0"，光标选择①、②轴和 C、D 轴围成的房间，

【Esc】，返回。楼层 4 定义完成后如图 2.42 所示。

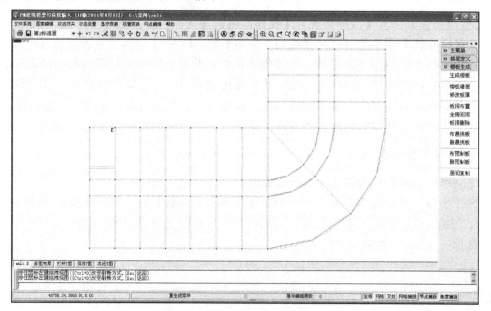

图 2.40　楼层 2(标准层 2)定义窗口

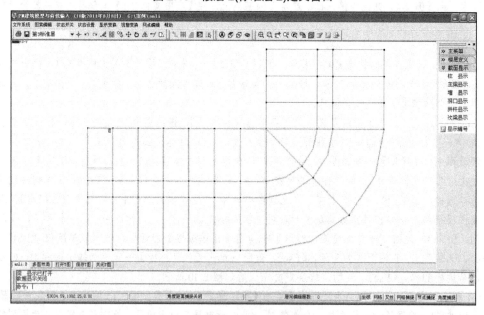

图 2.41　楼层 3(标准层 3)定义窗口

(5) 楼层 5 定义：单击【换标准层】，弹出图 2.13 所示的对话框→选择添加新标准层，局部复制，确定→【Tab】切换光靶捕捉方式(选窗口)→光标靶捕捉②~⑦轴范围(目标颜色变红)→【Esc】返回，显示新标准层平面，如图 2.43 所示→单击【修改板厚】→弹出【修改板厚】对话框，输入板厚度值 "120"，光标选择②、③轴和 C、D 轴围成的房间→继续选择⑥、⑦轴和 C、D 轴围成的房间【Esc】，返回。

此时 5 个标准层定义完成，可通过【换标准层】来查看 5 个标准层。

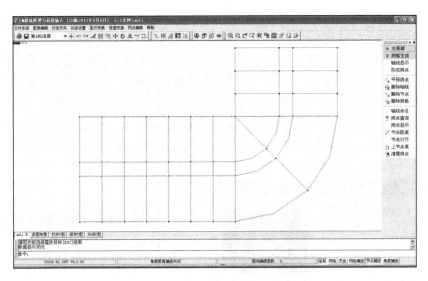

图 2.42　楼层 4(标准层 4)定义窗口

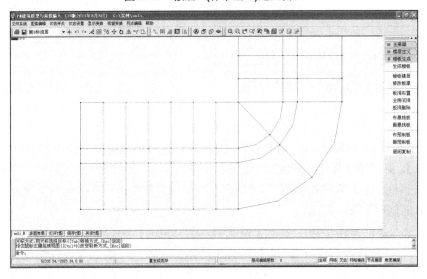

图 2.43　楼层 5(标准层 5)定义窗口

2.2.5　荷载输入

荷载的输入由两部分组成，一部分是非楼面传来的荷载，有梁间、柱间、墙间和节点荷载等，荷载取标准值；而另一部分是楼面的恒载、活载。当模型杆件发生复制或删除等修改时，其上荷载是随之联动的。

各类荷载(梁间、柱间、墙间、节点荷载等)主要设有【××定义】、【恒载输入】和【活载输入】等子菜单，重点介绍【××定义】和【恒载输入】，而【活载输入】与【恒载输入】步骤操作完全相同。

1. 【梁间荷载】

【梁荷定义】的操作步骤：单击【梁荷定义】，弹出梁荷载对话框(图 2.44)→单击【添加】，弹出【选择荷载类型】对话框(图 2.45)，单击选择的荷载类型→在弹出的【荷载参数】

对话框中输入数值和参数，单击【确定】→……重复操作至所有荷载类型定义完成，或在荷载输入时随时定义→退出。

【恒载输入】的操作步骤：单击【恒载输入】，弹出【选择要布置的梁荷载】对话框→选择要输入的梁荷载，单击【布置】→【Tab】转换光靶捕捉方式→定位，布置梁荷载。

梁间荷载的修改、显示、删除与复制等操作比较简单，在此简单概括：单击子菜单命令【显示/修改/删除等】→选择荷载目标，【Tab】转换捕捉方式→弹出荷载详细信息，修改、选择或确定→……→【Esc】返回。如果是荷载的复制，注意首先选择被复制的承担荷载的梁，再去选择复制目标的那根梁。

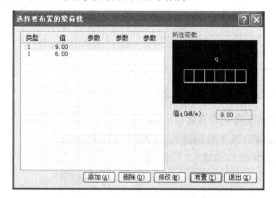

图 2.44 【选择要布置的梁荷载】对话框

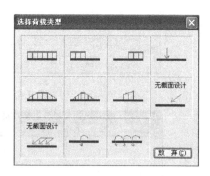

图 2.45 【选择荷载类型】对话框

2. 【柱间荷载】

【柱荷定义】的操作步骤：单击【柱荷定义】，弹出【选择要布置的柱荷载】对话框(图 2.46)→单击【添加】，弹出【选择柱的荷载类型】对话框(图 2.47)，单击选择荷载类型→在弹出的【荷载参数】对话框中输入数值和参数"，【确定】→……重复操作至所有荷载类型定义完成，或在荷载输入时随时定义→退出。

【恒载输入】的操作步骤：单击【恒载输入】，弹出【选择要布置的柱荷载】对话框→选择要输入的柱荷载，布置→【Tab】转换光靶捕捉方式→定位，布置柱荷载。

【柱间荷载】的修改、显示、删除与复制等操作与【梁间荷载】类似，在此不再赘述。

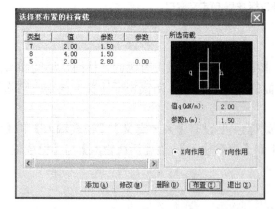

图 2.46 【选择要布置的柱荷载】对话框

图 2.47 【选择柱的荷载类型】对话框

3.【墙间荷载】

【墙间荷载】主要子菜单有【墙荷定义】、【恒载输入】和【活载输入】子菜单,其操作方法与【梁间荷载】类似,在此不再详细介绍。

4.【节点荷载】

【节点荷载(定义)】的操作步骤:单击【节点荷载】,弹出【选择要布置的节点荷载】对话框(图 2.48)→单击【添加】按钮,弹出【输入节点荷载值】对话框(图 2.49)→输入节点荷载数值,【确定】→完成一个节点荷载定义,重复操作可进行多个定义→全部完成单击【退出】。

【恒载输入】的操作步骤:单击【恒载输入】,弹出【选择要布置的节点荷载】对话框→选择要输入的节点荷载,布置→【Tab】转换光靶捕捉方式→定位,布置节点荷载。

节点荷载的修改、显示、删除与复制,在此不做介绍。

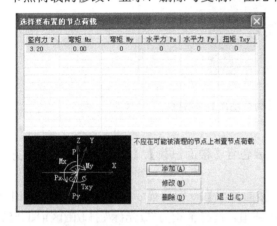

图 2.48 【选择要布置的节点荷载】对话框

图 2.49 【输入节点荷载值】对话框

5.【次梁荷载】

【次梁荷载】的输入分为荷载定义和荷载布置,其操作步骤与梁间荷载输入方法类似,不再赘述。

⬤ 特 别 提 示 ··

- 无论梁间、柱间还是节点荷载在进入【荷载输入】命令后,都有恒载活载两组,应分别输入,方法相同,学生应尝试操作相应的简单的修改、显示、删除等基本编辑功能,而且编辑的结果,可以随时打开【数据开关】查看。

6. 楼面恒载、活载的输入

楼面荷载的输入由【恒活设置】和【楼面荷载】子菜单完成。PM 系统首先假定每一个标准层上所有房间的恒载活载都是统一的(取多数房间的荷载值),该荷载值在【恒活设置】菜单输入。对于实际存在的不同房间,可在【楼面荷载】的子菜单中进行修改。

1) 【恒活设置】

操作步骤：单击【设置】→弹出【荷载定义】对话框(图 2.50)→输入本标准层大部分房间的恒载、活载标准值，勾选【自动计算现浇板自重】复选框，选中则程序自动计算现浇楼板自重，不选则需输入楼板自重，【确定】。

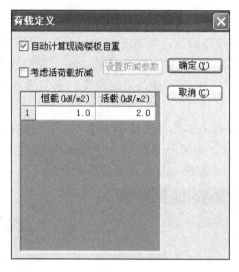

图 2.50 【荷载定义】对话框

2) 【楼面荷载】

单击【楼面荷载】，显示操作界面，主要包含【楼面恒载】、【楼面活载】、【导荷方式】、【调屈服线】4个子菜单。

(1) 【楼面恒载】。操作步骤：单击【楼面恒载】→窗口显示房间楼面恒载，同时弹出【修改恒载】对话框，输入需修改的新的恒载值，选择捕捉方式(光标/窗口/围区)(图 2.51)→【Tab】转换光靶捕捉方式，选择需处理恒载的房间→(重复)对话框继续输入需修改的新的恒载值→选择房间……→【Esc】结束。

(2) 【楼面活载】。菜单功能和操作同【楼面恒载】，在此从略。

(3) 【导荷方式】。程序将楼面荷载向房间周围传导方式主要有 3 种，如图 2.52 所示。

① 对边传导方式，单向现浇板和预制板多采用该方式。

② 梯形三角形方式，双向现浇板多采用该方式。

③ 沿周边布置方式，非矩形房间程序自动采用该方式。

操作步骤：单击【导荷方式】→弹出图 2.52 所示的【导荷方式】对话框→选择其中一种导荷方式→光标选择要指定导荷方式的房间(如果是对边传导，则还需要指定受力/非受力边)→【Esc】结束。

(4) 【调屈服线】。针对梯形三角形方式导算荷载的房间，当需要对屈服线角度特殊设定时，可以用此命令，程序默认值为 45°，以实现房间两边、三边受力等状态。

操作步骤：单击【调屈服线】→选择需调整铰线的房间→弹出【调屈服线】对话框，设定新的塑性角 1、塑性角 2(图 2.53)，【确定】→(重复)继续选择需调整铰线的房间……→【Esc】结束。

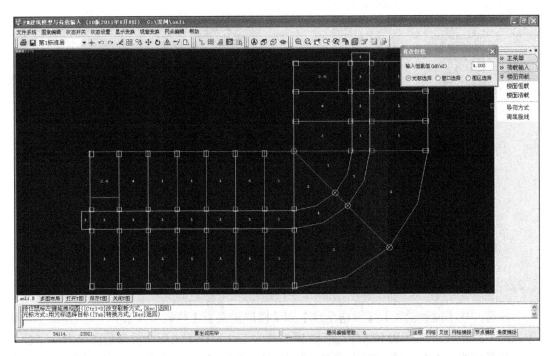

图 2.51 楼面恒载窗口

图 2.52 【导荷方式】对话框

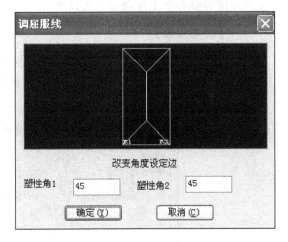

图 2.53 【调屈服线】对话框

7.【层间复制】

通过【层间复制】，可以将目标标准层的荷载信息复制到当前标准层。

操作步骤：单击【层间复制】→弹出【荷载层间拷贝】对话框(图 2.54)→勾选需要拷贝的荷载类型→选择目标标准层→确定。

2.2.6 设计参数

【设计参数】的操作步骤：单击【设计参数】→弹出设计参数对话框(图 2.55)→按照工程设计要求逐一输入，总信息→材料信息→地震信息→风荷载信息→绘图参数。

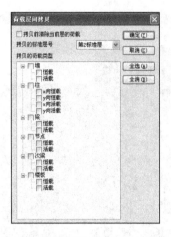

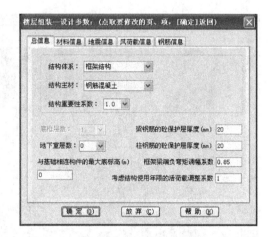

图 2.54　【荷载层间拷贝】对话框　　　　　图 2.55　设计参数对话框

2.2.7　楼层组装

此前，从【轴线输入】、【网格生成】到【楼层定义】、【荷载输入】，一步步完成了结构体系的平面布置。这是 PMCAD 交互建模的基本工作，接下来所做的楼层组装要完成的是这个体系的纵向布局，通过它能够把已经定义的结构标准层和荷载标准层对应起来，输入层高后组装到各个工程楼层上去。

1．【楼层组装】

【楼层组装】的操作步骤：单击【楼层组装】→弹出【楼层组装】对话框(图 2.56)→依次选择复制层数、标准层、层高→增加/修改/插入/删除/全删除/查看标准层→【确定】，楼层组装完成。

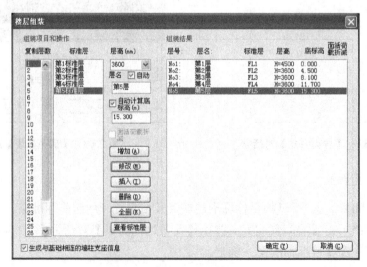

图 2.56　【楼层组装】对话框

2．【整楼模型】

以三维透视的方式，观看全楼组装后的空间模型。

操作步骤：单击【整楼模型】→弹出【组装方案】对话框→选择组装方式。

(1) →整体组装，观看全楼整体模型。

(2) →分层组装，观看任意指定范围楼层组装。

2.2.8　保存文件和退出程序

1. 保存

选择【保存】菜单可以随时保存文件，可防止因程序意外中断而造成输入数据的丢失。

2. 退出

图 2.57　选择后续操作对话框

单击【退出】，弹出对话框提示【存盘退出】和【不存盘退出】两种选项，如果选择后者，本次操作不被保存而直接退出交互建模程序；正常操作选择前者，之后弹出图 2.57 所示的对话框，依工程具体需要进行选择，确定后退出交互建模程序。

　**例 2-6**

要求：在之前工作的基础上，完成【应用案例 2-1】工程的荷载和设计参数输入，并进行楼层组装。

操作步骤：

1. 荷载输入

(1) 荷载输入概述：梁间荷载主要考虑梁上墙体荷载。外墙 250mm 厚加气混凝土砌块，考虑外墙贴面砖及内墙抹灰后，按 9kN/m 输入；内墙 200mm 加气混凝土砌块考虑双侧抹灰后按 6kN/m 输入。

(2) 第一标准层梁间荷载输入：单击【梁间荷载】→单击【梁荷定义】，弹出梁荷载列表对话框→单击【添加】，弹出【选择荷载类型】对话框，选择【均布】→弹出第 1 类型(均布)荷载对话框→输入线荷载 q(kN/m)：9，【确定】→返回梁墙荷载列表(此时梁荷载参数已显示表中)→单击【添加】，弹出【选择荷载类型】对话框，选择【均布】命令→弹出第 1 类型(均布)荷载对话框→输入线荷载 q(kN/m)：6，【确定】→返回梁墙荷载列表(此时梁荷载参数已显示在表中) →【退出】。

梁间荷载布置：单击【梁间荷载】→单击【恒载输入】→弹出要布置梁荷载列表对话框(图 2.44)→选择荷载类型 1，【布置】→【Tab】转换光靶捕捉方式(选光标)→逐一单击设置有外横墙、外纵墙的轴线处，A 轴圆弧处外墙考虑开门窗较大，输入线荷载适当减小，按 6kN/m 输入【Esc】，返回梁荷载列表→选择类型 2，【布置】→【Tab】转换光靶捕捉方式(选光标)→逐一单击设置有内墙的轴线处及 A 轴圆弧处外墙→【Esc】返回，布置平面图如图 2.58 所示。

(3) 第一标准层次梁荷载输入：单击【梁间荷载】→单击【次梁荷载】→弹出要布置梁荷载列表对话框(图 2.44)→选择荷载类型 2，【布置】→【Tab】转换光靶捕捉方式(选光标)→逐一单击卫生间的两道次梁→【Esc】返回。

(4) 第一标准层楼面荷载输入：单击【恒活设置】→弹出【荷载定义】对话框→输入恒载 1.0kN/m²、活载 2.0kN/m²，勾选【自动计算现浇楼板自重】复选框，【确定】→单击【楼面荷载】、【楼面恒载】→弹出【修改恒载】对话框→输入恒载 2.6kN/m²→光标逐一选择两个卫生间→输入恒载 4kN/m²→光标逐一选择楼梯间(楼梯间考虑踏步引起自重增大)→【Esc】返回→单击【楼面活载】→弹出【修改活载】对话框→输入活载 2.5kN/m²→光标逐一选择所有走廊→【Esc】返回→单击【楼面活载】→弹出【修改活载】对话框→输入活载 1kN/m²→光标逐一选择两块悬挑板→【Esc】返回确定,第一标准层楼面活载布置如图 2.59 所示。

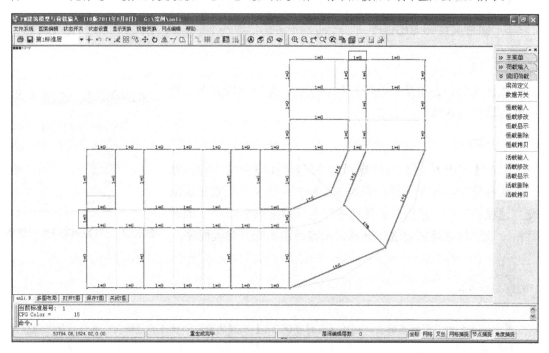

图 2.58　第一标准层梁间荷载布置平面图窗口

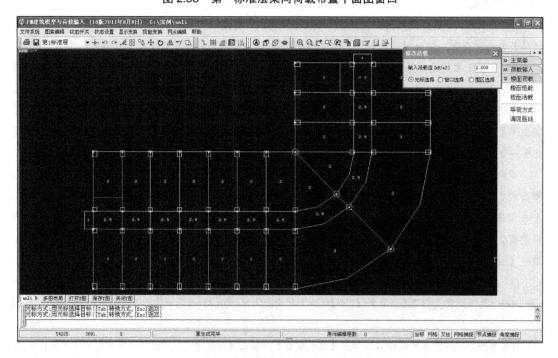

图 2.59　第一标准层楼面活载布置平面图窗口

(5) 第二标准层荷载输入：采用复制第一层再修改的方法完成荷载输入。将第二标准层置为当前层，单击【层间复制】→弹出图 2.54 所示【荷载层间拷贝】对话框，勾选【梁恒载】、【次梁恒载】、【楼板恒载】、【楼板活载】复选框，复制的标准层号为第一标准层，【确定】。

梁间荷载修改：单击【梁间荷载】、【恒载删除】→【Tab】转换光靶捕捉方式(选光标)→逐一单击 D—G 轴与 8—11 轴之间所有梁，梁上的恒载消失→【Esc】返回→单击【恒载布置】→梁荷载列表→选择类型 1，【布置】→单击 D 轴上 8—11 轴间梁，完成类型 1 布置→梁荷载列表→选择类型 2，【布置】→【Tab】转换光靶捕捉方式(选光标)→单击 B 轴处 8—9 轴之间轴线，→【Esc】返回→单击【梁荷定义】，弹出梁荷载列表对话框→单击【添加】，弹出【选择荷载类型】对话框，选择【均布】→弹出第 1 类型(均布)荷载对话框→输入线荷载 $q(kN/m)$: 2【确定】→单击【恒载布置】，将 D 轴上方 8、11 轴处及 G 轴处梁间恒载设为 2kN/m。该部分设置主要考虑女儿墙的自重影响→【Esc】返回。

楼面荷载修改：【确定】→单击【楼面荷载】、【楼面恒载】→弹出【修改恒载】对话框→输入恒载 2.5kN/m² 光标逐一选择 D 轴以上所有房间→【Esc】返回→单击【楼面活载】→弹出【修改活载】对话框→输入活载 0.5kN/m² →光标逐一选择 D 轴以上所有房间→【Esc】返回。

(6)采用类似方法，依据工程实际，完成标准层 3～5 的荷载输入，在此不再赘述。

2. 设计参数输入

按工程实际情况输入相关设计参数，如图 2.60 所示。

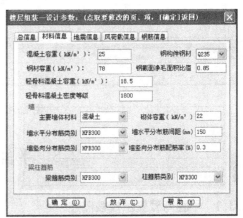

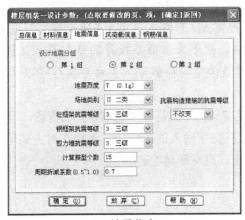

(a) 总信息 (b) 材料信息

(c) 地震信息 (d) 风荷载信息

图 2.60 设计参数输入对话框

3. 楼层组装

单击【楼层组装】，弹出【楼层组装】对话框→按图2.56所示完成组装参数输入，确定。

单击【整体模型】→弹出【组装方案】对话框，选择【整体组装】，所得整体模型如图2.61所示。

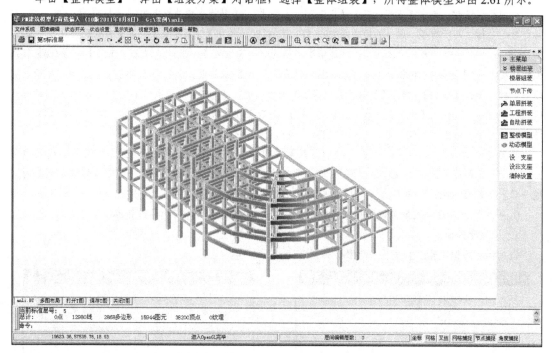

图 2.61   整楼模型窗口

2.3   平面荷载显示校核

2.3.1   平面荷载显示校核概述

回顾已完成的操作：首先双击 Windows 桌面上的 PKPM 快捷方式图标即启动 PKPM 软件，随后指定当前工作子目录，接下来执行 PMCAD 右侧主菜单1【建筑模型与荷载输入】命令，至此整个建模的主要工作已经完成。接下来本节要执行的是主菜单2【平面荷载显示校核】命令，它必须在主菜单1【建筑模型与荷载输入】命令执行完以后才能进行。

主菜单2【平面荷载显示校核】命令校核两类荷载：一类是程序自动导算的荷载，即楼面传导到梁、墙上的自重及荷载；另一类则是人机交互输入的荷载。主菜单2对主菜单1导算的荷载，只进行检验，不具有对结果进行修正、重写等功能。

2.3.2   平面荷载显示校核的操作

本节的操作在上节【例2-1】～【例2-6】的基础上进行，即在【应用案例2-1】的【主菜单1建筑模型与荷载输入】命令之后进行，所显示图片的校核结果均为【应用案例2-1】

的结果，不再用例题说明。在 PMCAD 主菜单下双击主菜单 2【平面荷载显示校核】，进入程序主界面，如图 2.62 所示，右侧显示十几个功能菜单，主要有【选择楼层】、【荷载选择】、【字符大小】、【移动字符】、【退出】等。

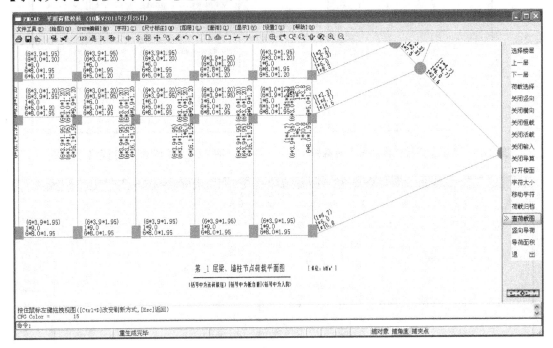

图 2.62 荷载显示校核工作窗口

1. 【选择楼层】

单击【选择楼层】，弹出【请选择校验楼层号】对话框，如图 2.63 所示；选择层号，单击【确定】按钮，则屏幕显示图 2.62 所示的所选楼层的荷载平面图。

2. 【上一层】、【下一层】

【上一层】、【下一层】菜单可向上、向下一结构层的窗口转换显示，显示内容同上条。所选实例的第 1 标准层荷载显示如图 2.62 所示，其余标准层的校核可自行校验。

3. 【荷载选择】

单击【荷载选择】，弹出【荷载校核选项】对话框，如图 2.64 所示，根据需要选择后确定；程序进入荷载显示界面，窗口绘图区域显示荷载数据，标注于构件一侧。如图 2.64 所示，由于打开了梁、柱、墙、楼板几乎所有构件的荷载显示，所以画面会如图 2.62 所示相当凌乱。为了清楚地校核某类荷载，可以只选择该类荷载。例如只勾选【恒载】、【活载】、【交互式输入荷载】、【楼面荷载】、【楼板自重】复选框，则屏幕显示如图 2.65 所示，小括号内为活荷载，中括号内为板自重。显示内容为主菜单 1 中人机交互输入的楼面恒、活载和程序自动计算的楼板自重。在此用户可以仔细检查，如果发现错误，应该返回主菜单 1【建筑模型与荷载输入】命令进行修改。

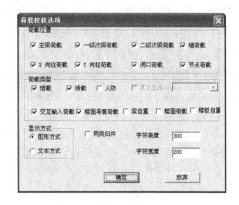

图 2.63　【请选择校验楼层号】对话框　　　　图 2.64　【荷载校核选项】对话框

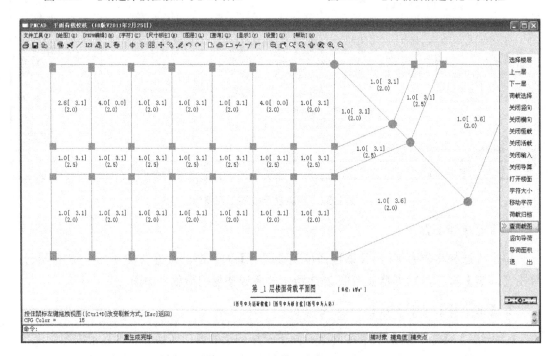

图 2.65　第 1 层楼面荷载显示窗口

4. 关闭、打开荷载显示

主界面右侧菜单栏有【关闭/打开横向】、【关闭/打开纵向】、【恒载打开】等 7 个功能菜单，用于交替打开或关闭某类荷载显示，以避免画面太过凌乱影响校核。

【关闭/打开横向】：单击则交替显示或不显示横向荷载数据。

【关闭/打开纵向】：单击则交替显示或不显示纵向荷载数据。

【关闭/打开恒载】：单击则交替显示或不显示恒载数据。

【关闭/打开活载】：单击则交替显示或不显示活载数据。

【关闭/打开输入】：单击则交替显示或不显示人机交互输入的荷载数据。

【关闭/打开导算】：单击则交替显示或不显示程序自动导算的荷载数据。

【关闭/打开楼面】：单击则交替显示或不显示楼面荷载数据。

5. 【字符大小】

单击【字符大小】→在弹出的对话框中输入字符高度，按 Enter 键，窗口数据字符的大小变化。

6. 【移动字符】

当出现荷载显示数据拥挤甚至重叠时，通过【字符移动】命令可以将字符移开一定距离，从而使画面清晰可辨。

7. 【荷载归档】

单击【荷载归档】→弹出【荷载归档选项】对话框，按实际需要勾画选项，【确定】→弹出【选择归档楼层】对话框，选择需归档的楼层号，【确定】→荷载的文档会保存到当前工作目录。

8. 【选荷载图】

此项操作必须在荷载归档后才能进行。单击【选荷载图】→弹出下级菜单→单击【选图】，弹出【选择图名】对话框，按实际需要选择图名、荷载类型，【确定】→窗口显示相应的荷载图。

9. 【竖向导荷】

单击【竖向导荷】，弹出【传导竖向荷载选项】对话框，如图 2.66 所示。它可以算出作用于任一层柱或墙上的由其上层传来的恒、活荷载。计算结果表达方式有两种：一是以荷载图形式反映该层每根柱或每片墙上的荷载竖向传导结果，另一种是以表格形式反映该层荷载总值，如图 2.67 所示。

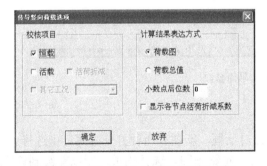

图 2.66 【传导竖向荷载选项】对话框

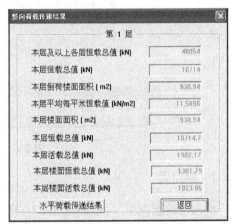

图 2.67 【竖向荷载传递结果】对话框

10. 【导荷面积】

单击【导荷面积】，图上显示每个房间的导荷面积，窗口命令行上边显示该层总导荷面积和总未导荷面积。

11.【退出】

由于本节操作没有新的数据修改或添加，所以各结构层荷载显示校核完成后，无须保存，单击【退出】直接返回 PMCAD 主操作界面。

2.4　画结构平面施工图

本节介绍 PMCAD 主菜单 3【画结构平面图】，它是 PMCAD 重要的辅助设计内容之一，主要完成框架、框剪、剪力墙结构的结构平面图绘制，还可以完成现浇楼板的配筋计算，可以选取任一楼层进行绘制，每层绘制于一张图纸，图形文件名称为 PM*.T，其中"*"代表层号，存放于工作目录下的施工图文件夹。

在 PMCAD 主菜单中，双击【画结构平面图】，进入画结构平面图主界面，如图 2.68 所示，其中第三行水平工具栏最右侧为【楼层选择】工具条，通过该工具条选择相应楼层进行结构平面图绘制。图 2.68 所示，右侧有【绘新图】、【计算参数】、【楼板计算】、【楼板钢筋】等 9 个功能菜单，下边分别进行介绍。

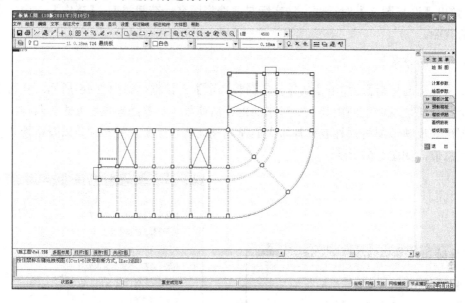

图 2.68　画结构平面窗口

2.4.1　绘新图

单击【绘新图】，可以弹出图 2.69 所示选择对话框，新图有两种打开方式可供选择。

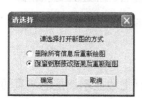

图 2.69　绘新图选择对话框

（1）删除选有信息后重新画图。选择该项，则以前绘制该层结构平面图时在【计算参数】、【楼板计算】、【楼板钢筋】等菜单中操作所产生的信息将被删除，完全重新画图。

（2）保留钢筋修改结果后重新画图。选择该项，则在【楼板钢筋】菜单中所做的钢筋修改可以保留，在保留钢筋修改的基础上重新画图。

2.4.2　参数定义

1.【计算参数】

操作步骤：单击【计算参数】，弹出【楼板配筋参数】对话框，如图 2.70 所示。

(1) 选择【配筋计算参数】选项卡，如图 2.70(a)所示→填表或选择→【确定】→返回。

(2) 选择【钢筋级配表】选项卡，该表列出了常用钢筋直径/间距下钢筋混凝土楼板每米宽的钢筋截面面积→可以添加、替换或删除→【确定】→返回。

(3) 选择【连板及挠度参数】选项卡，如图 2.70(b)所示→填表或选择→【确定】→返回。

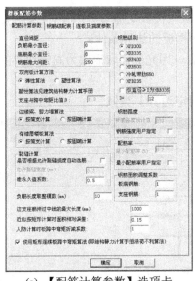

(a)【配筋计算参数】选项卡

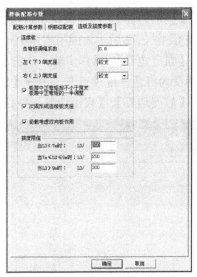

(b)【连板及挠度参数】选项卡

图 2.70　【楼板配筋参数】对话框

2.【绘图参数】

操作步骤：单击【绘图参数】，弹出【绘图参数】对话框，如图 2.71 所示→填表或选择→【确定】→返回。

2.4.3　楼板计算

程序可以对每个房间的楼板板底和支座进行内力和配筋等一系列计算。在图 2.68 所示的窗口右侧单击【楼板计算】，显示诸多功能菜单，如【计算参数】、【修改板厚】、【边界显示】、【连板计算】、【弯矩】、【裂缝】、【剪力】、【改 X 向筋】等。

1. 计算参数、板厚及荷载修改

1) 计算参数修改

单击【计算参数】，弹出图 2.70 所示的【楼板配筋参数】对话框，可以对参数进行修改。

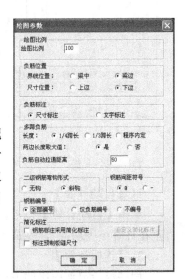

图 2.71　【绘图参数】对话框

2）板厚修改

操作步骤：单击【修改板厚】→弹出【修改板厚度】对话框，输入新的板厚度数值→【Tab】转换选择方式，选择目标→【Esc】返回。

3）荷载修改

【荷载修改】用于修改楼面的恒载、活载，其操作方法与【修改板厚】类似，不再赘述。

2. 边界条件

通过菜单命令【显示边界】、【固定边界】、【简支边界】、【自由边界】，可以实现对程序默认的楼板支座边界条件的调整。

(1)【显示边界】。选择该菜单，窗口显示程序默认楼板支座边界(红色代表固支，蓝色代表简支)，图2.72所示为应用案例中一层结构平面楼板的边界条件。

(2)【固定边界】。操作步骤：单击【固定边界】→用光标点取需改为固定边界的板边→所选目标变为红色→继续点取……→【Esc】返回。

(3)【简支边界】、【自由边界】操作方法与【固定边界】类似。

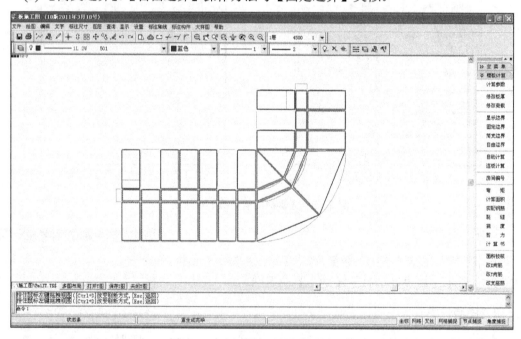

图2.72 一层楼板边界条件窗口

3. 楼板计算

1)【自动计算】

单击【自动计算】以后，程序按各自独立的房间进行板的内力及配筋计算，命令提示"正在计算……房间"，完成后窗口显示配筋面积计算结果，如图2.73所示。

2)【连板计算】

程序沿指定连板串的方向进行计算，在重新单击【自动计算】之后此选择才会取消。

操作步骤：单击【连板计算】→提示：光标指定连续板串起点，选定→提示：光标指定连续板串的终点，选定→提示：光标指定连续板串起点，选定……(重复)→【Esc】返回。

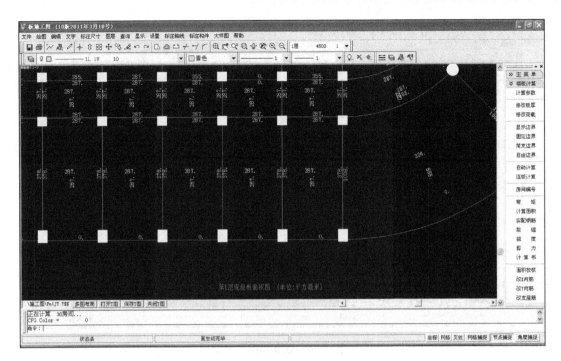

图 2.73　一层楼板配筋面积窗口

4.【房间编号】

选择此菜单，可显示各房间编号。

5. 计算结果

通过菜单命令【弯矩】、【计算面积】、【实配钢筋】、【裂缝】、【挠度】、【剪力】，可以实现对计算结果的显示。分别选择上述 6 个菜单，程序将按照需要分别显示相应的计算结果图，图 2.73 所示即为单击【计算面积】后显示的一层楼板计算配筋。注意：在裂缝宽度或挠度值计算结果显示中，数字为红色显示超出规范规定，需调整。

单击【计算书】→用光标点取房间→屏幕打开 slabcal.rtf 写字板，显示所选房间的楼板计算书。计算书以文字、符号方式详细列出指定板的计算过程，按弹性理论计算现浇板，包括内力、配筋、裂缝和挠度等。

知 识 链 接

● 当板配筋 HPB300 级与 HRB335 级混合采用时，配筋面积按 HPB300 级一种出结果，如果按此面积实际混合配置钢筋，配筋量略微偏大。

6. 钢筋修改

(1)【面积校核】。选择此菜单，图形显示钢筋实配面积与计算面积的比值。

(2)【改 X 向筋】、【改 Y 向筋】、【改支座筋】。选择此 3 个菜单，程序自动显示板跨中 X、Y 两向和支座的钢筋直径和间距，可依据提示进行人工干预做出修改。图 2.74 所示为将两个弧形大房间支座钢筋由 A14@150 改为 A12@110 之后的显示窗口。

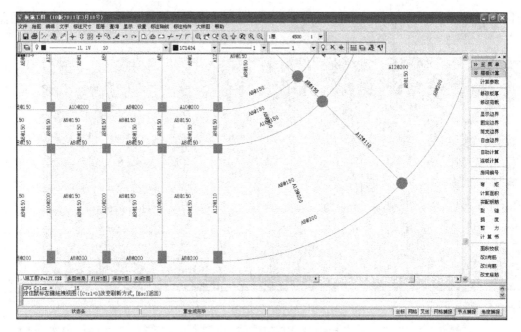

图 2.74　改支座钢筋窗口

2.4.4　预制楼板

单击【预制楼板】进入操作界面，包含 4 个功能菜单，即【板布置图】、【板标注图】、【预制板边】、【板缝尺寸】。

(1)【板布置图】。画出预制板布置方向、型号、数量、板宽等。相同布置只画一间，其他标注分类号。

操作步骤：单击【板布置图】→提示写在房间里的字符内容，【确定】。

(2)【板标注图】。画房间对角线，其上标注板布置方向、型号、数量、板宽和缝宽等，逐间布置完成。

(3)【预制板边】。选择预制板边放置位置是梁边还是梁中心。

(4)【板缝尺寸】。标注预制板及板缝尺寸。

2.4.5　楼板钢筋

在图 2.68 所示的窗口右侧单击【楼板钢筋】，右侧有十几个子菜单，包括【逐间布筋】、【板底正筋】、【补强正筋】、【板底通长】等。

1. 钢筋布置

钢筋的布置可以通过【逐间布筋】、【板底正筋】、【支座负筋】菜单完成。3 个菜单的操作方法类似，只是【逐间布筋】可以在选定房间同时布置双向板底钢筋及支座钢筋，而【板底正筋】、【支座负筋】只能在选定房间时布置与菜单名称对应的某一类钢筋。下边主要介绍【逐间布筋】的操作步骤。

操作步骤：单击【逐间布筋】→提示请用光标选择房间（【Tab】窗选)→选择需要布筋的房间，双向板底钢筋及支座钢筋显示→【Esc】返回。

2. 补强钢筋

在画板结构平面图的时候为了图纸简单明了，采用通长配筋钢筋，如双层双向$\phi 8@200$，但是有的位置$\phi 8@200$并不能满足配筋面积，这时就需要在这些个别部位补强正筋或负筋。补强钢筋通过【补强正筋】、【补强负筋】菜单完成，操作方法与【板底正筋】、【支座负筋】类似。

3. 通长钢筋

通长钢筋通过【板底通长】、【支座通长】菜单完成布置。两个菜单操作方法相同，只介绍【板底通长】的操作步骤：单击【板底通长】→命令提示区提示选择钢筋起点，光标选择确定→命令提示区提示选择钢筋终点，光标选择确定→命令提示区提示选择所画钢筋位置，移动光标到适当位置，【确定】→命令提示区提示选择钢筋起点，选择确定(重复)……→【Esc】返回。

4. 区域布筋

在由几个房间组成的某个区域布置钢筋，可通过【区域布筋】菜单进行该区域板底或支座钢筋的布置。

操作步骤：单击【区域布筋】→弹出布置区域钢筋信息框，选择板底正筋或支座负筋，【确定】→光标选择房间或者【Tab】转换窗口选择区域→【Esc】→选择钢筋所画位置，移动光标到合适位置，【确定】→选择标注所画位置，移动光标到合适位置，【确定】→【Esc】返回。

通过【区域标注】菜单对某根钢筋所对应区域的范围进行标注。

操作步骤：单击【区域标注】→命令提示用光标点取钢筋，选择钢筋，【确定】→选择标注所画位置，移动光标到合适位置，【确定】→【Esc】返回。

5. 洞口钢筋

单击【洞口钢筋】，选择规则洞口，在命令提示区提示下，输入洞口加强钢筋的设置信息，洞口加强钢筋显示。

6. 钢筋的编辑修改

通过【钢筋修改】、【移动钢筋】、【删除钢筋】菜单可以对结构平面图上已经布置的钢筋进行修改、移动和删除。其操作比较简单，选择菜单，在命令提示区提示下都可以完成，不再详述。

7. 负筋归并

负筋归并可以将配筋接近的归并为同一编号，以减少钢筋的型号，方便施工。单击【负筋归并】→弹出图 2.75 所示的【负筋归并参数】对话框→填表或选择，【确定】→负筋归并完成。

8. 钢筋编号

单击【钢筋编号】→弹出图 2.76 所示【钢筋编号参数】对话框→填表或选择，【确定】→钢筋按指定规则进行编号。

图 2.75 【负筋归并参数】对话框

图 2.76 【钢筋编号参数】对话框

9. 房间归并

【房间归并】菜单中包含【自动归并】、【人工归并】、【定样板间】等子菜单。通过这些菜单可以把平面图中配筋相同的房间归并为一类，且可以只在样板间标注钢筋，其他房间标注编号即可。

2.4.6 画钢筋表

选择【画钢筋表】菜单，程序自动生成钢筋表，表中显示已画钢筋的直径、间距、级别、单根钢筋的最短长度和最长长度、根数、总长度和总重量等内容。

2.4.7 楼板剖面

单击【楼板剖面】→移动光标点取板剖面左或下起始处的梁(墙)，确认→移动光标点取板剖面右或上中止处的梁(墙)，确认→指定板的剖切位置，确认→板的剖面图绘制完成。

2.4.8 其他常用菜单

1. 标注轴线

在图 2.68 所示的结构图工作窗口第二行菜单栏【标注轴线】菜单下设有【自动标注】、【交互标注】、【楼面标高】、【标注图名】等下拉菜单。

单击【自动标注】→弹出图 2.77 所示的【轴线标注】对话框，勾选后确定→轴线自动标注到板配筋图上。

单击【标注图名】→弹出图 2.78 所示的【注图名】对话框，填写或勾选后确定→移动光标到书写图名的位置，【确定】→图名标注到结构平面图该指定位置。

图 2.77 【轴线标注】对话框

图 2.78 【注图名】对话框

2. 大样图

在图 2.68 所示的结构图工作窗口第二行菜单栏【大样图】菜单下设有【阳台挑檐】、【复杂阳台】、【地沟】、【隔墙基础】等下拉菜单。这里只介绍【阳台挑檐】菜单，其余的可以自学。

操作步骤：单击【阳台挑檐】→弹出图 2.79 所示的【绘制简单阳台挑檐大样图】对话框，填写后确认→移动光标到放置该大样图的位置，【确认】→阳台挑檐大样图绘制完成。

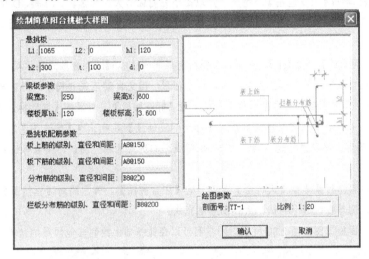

图 2.79　【绘制简单阳台挑檐大样图】对话框

2.4.9　退出

最后一张结构平面图形绘制完成以后，单击【退出】返回 PMCAD 主菜单。

●　板结构平面图图形文件名称为 "PM*.T"，其中*代表层号。

 例 2-7

要求：在 2.3 节【应用案例 2-1】建筑模型与荷载输入工作的基础上，完成第一层结构标准层的结构平面施工图绘制。

操作步骤：

1. 绘新图

单击【绘新图】，弹出图 2.69 所示的选择对话框，选中【删除所有信息后重新画图】选项，确定。

2. 参数输入

(1) 计算参数输入：单击【计算参数】，在弹出的对话框中将【配筋计算参数】和【连板及挠度参数】选项卡按图 2.70 所示内容填写，【钢筋级配表】选项卡不修改，确定。

(2) 绘图参数输入：单击【绘图参数】，将弹出的对话框按图 2.71 所示内容填写，确定。

3. 楼板计算

(1) 可以选择【计算参数】、【修改板厚】、【修改荷载】查看相关信息，在此不做修改。

(2) 边界条件：单击【显示边界】，工作界面显示如图 2.72 所示，边界条件不做修改。

(3) 单击【自动计算】，完成后工作界面显示如图 2.73 所示。单击【房间编号】查看房间编号。选择【弯矩】、【计算面积】、【实配钢筋】、【裂缝】、【挠度】、【剪力】查看相应计算结果。如果挠度有红色字符，可以修改加大板厚。如果裂缝宽度不合格，可以修改钢筋直径间距，重新自动计算，直到合格为止。

(4) 修改钢筋：单击【改支座筋】→用光标点取两个外侧弧形大房间 8 轴、12 轴、D 轴支座→弹出【修改计算钢筋】对话框，将 A14@150 改为 A12@110，【确定】→显示窗口如图 2.74 所示。

4. 楼板钢筋

(1) 单击【逐间布筋】→【Tab】，用窗口选择所有房间→【Esc】，所有房间显示双向板底钢筋和支座钢筋。通过【钢筋修改】、【移动钢筋】等菜单，调整图形，避免自动生成的钢筋绘图重叠。

(2) 标注轴线、图名。单击工作窗口第二行菜单栏【标注轴线】菜单下的【自动标注】，将弹出的对话框按图 2.77 输入，确定，轴线自动标注完成。单击【标注轴线】菜单下的【标注图名】，将弹出的对话框按图 2.78 输入，确定，移动光标到 A 轴下方 5—7 轴线之间适当区域，确认，图名标注完成。

5. 大样图

单击工作窗口第二行菜单栏【大样图】菜单下的【阳台挑檐】，弹出的对话框按图 2.79 输入，确定，移动光标到图名左侧适当区域，确认，大样图绘制完成。

第一层结构平面施工图如图 2.80 所示。同学们可以在此基础上绘制其他楼层的结构平面图。

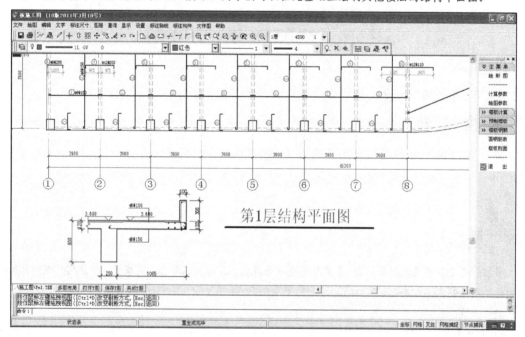

图 2.80 第一层结构平面施工图

2.5 生成平面杆系程序计算文件(PK 文件)

在执行 PMCAD 主菜单 1、2 建立起工程整体数据库之后，就可以执行 PMCAD 主菜单

4【形成 PK 文件】了，它可以生成平面上任意一榀框架的数据，以及任意一层上任意单跨或连续梁的计算文件。

在 PMCAD 主菜单中，双击【形成 PK 文件】，弹出生成 PK 文件界面，包含 5 个选择：0 结束，1 框架生成，2 砖混底框，3 连梁生成，4 版本说明，如图 2.81 所示。

依据需要选择 1、2、3，便生成一个相应的数据文件，对应完成相应的内力分析和结构计算，以及为后续施工图的绘制做相关的数据准备。

以下重点介绍 1 和 3，即框架生成和连梁生成，而选择 2 将在后面章节予以进一步的介绍。

2.5.1　框架生成

图 2.81　生成 PK 文件界面

选择【1. 框架生成】，进入主操作界面，窗口显示 3 部分，中间区域为底层平面图；底部为提示区：请输入要计算的框架轴线号；右侧是参数选择：风荷载和 PK 文件名称，如图 2.82 所示。

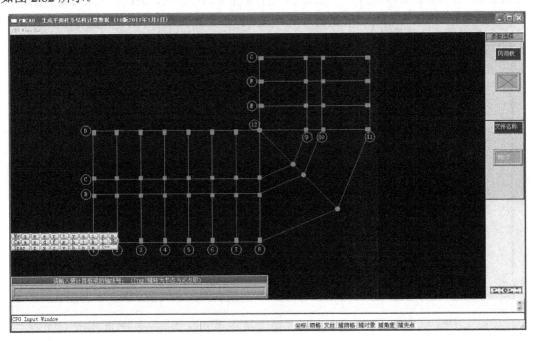

图 2.82　生成 PK 文件窗口

单击右侧【风荷载】，弹出风荷载参数对话框，如图 2.83 所示。风荷载应注意来风方向，迎风宽度可以人工干预输入。

图 2.82 底部提示区"请输入要计算框架的轴线号：(【Tab】键转为节点方式点取)"→输入轴线号或者光标点取轴线→【Enter】。

经过上述步骤，即在工作子目录中生成了一个名为"PK-轴线号"的 PK 数据文件，这是文件名默认状态，也可在右侧参数区【文件名称】中直接给定文件名称。这个文件可以和后面章节的辅助设计软件实现计算和绘图的接力工作。

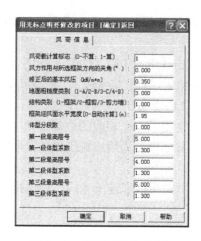

图 2.83　风荷载参数对话框

PK 数据文件形成后，程序自动返回图 2.81 所示窗口，之后在该窗口单击【形成 PK 数据文件】，程序将进入对刚才操作所选框架形成的 PK 数据文件的数据检查界面，图 2.84 所示为④轴框架，在该界面可以以图形方式直观的进行框架立面、恒载、活载、风载等数据检查。

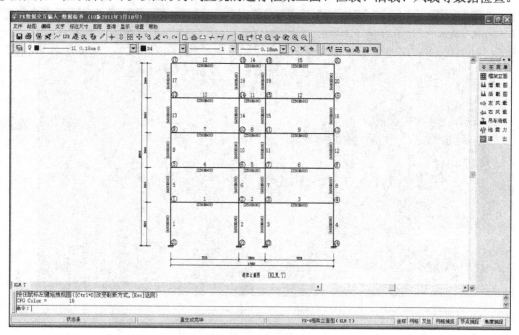

图 2.84　PK 数据检查窗口

框架柱计算高度取值、柱或梁变截面、复杂框架斜杆连接及框架梁与混凝土墙搭接等诸多问题，依据规范或构造规定做了相应地考虑。当出现特殊情况时，如底层柱计算高度，可以在 PK 数据文件中通过人工干预进行数据调整。

2.5.2　连梁生成

连梁生成主操作界面，如图 2.85 所示。窗口显示 3 部分，中间区域为所选层平面图；底部为提示区：光标选择要计算的梁；右侧是参数选择：抗震等级、当前层号和已选组数。

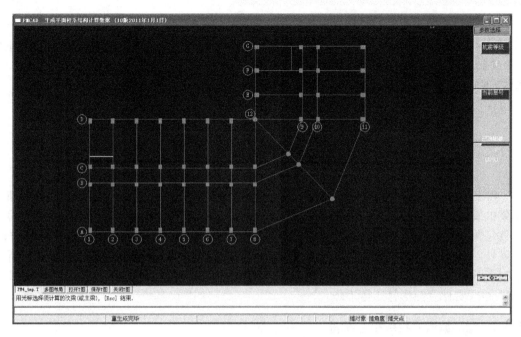

图 2.85　连梁生成窗口

操作步骤：选择【3. 连梁生成】→弹出【请输入连梁所在层号】对话框，输入后继续→进入图 2.85 所示操作界面→选择要计算的梁(梁轮廓线加亮)→【Esc】结束，提示：给出这组梁名称，【Enter】→请选择要修改支撑情况的节点(红色为支座，蓝色为连通点)，【Esc】结束，对话框提示是否进行下一组连梁的选择，继续/结束。

经过上述步骤，即在工作子目录中生成了指定连梁的数据文件，这个文件可以和后面章节的辅助设计软件实现计算和绘图的接力工作。

2.5.3　版本说明

打开以后，可及时阅读"形成 PK 数据文件程序说明"。

 特 别 提 示

● 程序自动判断生成连续梁的支座，判断的原则是：次梁与主梁的交点为次梁的支座；次梁与次梁及主梁与主梁的交点，高度差大于 50mm 以上的较高的支撑梁为另一根梁的支座。

例 2-8

要求：在 2.3 节【应用案例 2-1】建筑模型与荷载输入工作的基础上，形成 G 轴框架的 PK 文件。

操作步骤：

(1) 在图 2.1 所示的 PMCAD 主菜单界面下选择【4.形成 PK 文件】，并单击【应用】，进入图 2.81 所示生成 PK 文件界面。

(2) 在图 2.81 所示的界面中单击【框架生成】，进入图 2.82 所示的窗口→单击右侧【风荷载】，弹出【风荷载参数】对话框，按图 2.83 所示输入，【Enter】确认风荷载正确→底部提示区 "请输入要计算框架的轴线号：(【Tab】键转为节点方式点取)"→输入轴线号 "G"→【Enter】，返回图 2.81 所示工作窗口，工作子目录中生成了一个名为 "PK-G" 的 PK 数据文件。

(3) 在图 2.81 所示窗口中单击【形成数据文件】，可以进行各项数据检查。

2.6 图形编辑工具包

PKPM 系列 CAD 具有完整的图形编辑及打印功能，在进入主界面后，通过选择右侧功能菜单或顶部菜单栏，即可顺利实现。用户通常是在程序自动成图之后，采用该图形编辑工具包做必要的补充绘图及编辑修改等。工具包除了提供给用户熟悉的 AutoCAD 的工作环境以外，还有大量的专业化功能。该工具包不仅可以对 ".T" 扩展名的图形文件进行新图绘制、旧图编辑及图形拼接，还可以把 ".T" 转换为 ".DWG" 格式文件、".DFX" 转换为 ".T" 格式文件及图形打印等工作。

2.6.1 图形编辑主菜单和主界面

在 PMCAD 主菜单中，选择主菜单 7【二维图形编辑、打印及转换】，进入主界面。窗口中央为图形区，顶部为菜单栏，主要有【文件】、【编辑】、【显示】等 13 个主菜单，对应下拉菜单涉及 100 多个功能；底部为命令提示区，右侧是【坐标系】、【绘图】、【修改】等 12 个功能菜单，如图 2.86 所示。

其中，顶部菜单栏命令与右侧的功能菜单命令作用是完全一样的。但需注意的是，右侧的菜单命令中不少是在顶部菜单栏下拉二级菜单当中的，例如窗口右侧的【钢筋】、【建筑符号】、【钢结构】菜单命令就是在菜单栏【符号】的下拉二级菜单当中的。

图 2.86 图形编辑窗口

2.6.2 图形编辑的功能菜单

1. 【坐标系】(UCS)

每张图纸都处于特定坐标系中，有坐标原点、比例尺和转角，且有时一张图还会有几个坐标系。单击【坐标系】进入操作界面，窗口右侧功能子菜单分别是【设坐标系】、【选坐标系】、【统一坐标】、【改比例尺】及【拖动 UCS】。现介绍如下。

1) 【设坐标系】

操作步骤：单击【设坐标系】→弹出对话框提示："请输入新坐标系的比例尺 1：？"输入，【确定】→命令提示："请点入新坐标系的原点位置(0，0)"，光标点入特征点。

2) 【选坐标系】

一张图纸可能有几个不同的坐标系，而绘图、编辑命令一般针对当前坐标系进行，故需选择坐标系。

操作步骤：单击【选坐标系】→命令提示："请用光标点取图素"，捕捉特征图素(被捕捉的图素所在坐标系设为当前坐标系)。

3) 【统一坐标】

当一张图纸存在有几个不同的坐标系，而要将其统一到同一个坐标系当中的时候，就需要炸开所有坐标系，并设定一个新的比例尺。

操作步骤：单击【统一坐标】→弹出对话框提示："请输入坐标系统一后的比例尺 1：？"输入，【确定】。

4) 【改比例尺】

可以按要求改动图形比例，而文字、数字的大小保持不变。

操作步骤：单击【改比例尺】→弹出对话框提示："请输入修改后的比例尺 1：？"输入，【确定】→命令提示："请用光标点取图素"，捕捉特征图素(程序修改被捕捉的图素所在坐标系并使其比例尺符合预期要求)。

5) 【拖动 UCS】

可以按要求拖动某一坐标系中所有图素到一新的位置。

操作步骤：单击【拖动 UCS】→命令提示："请用光标点取图素"，捕捉特征图素→移动光标动态显示图素位置(【Tab】转换输入偏移距离数值)→(重复)捕捉新的图素……→【Esc】退出。

2. 【绘图】

功能菜单【绘图】和菜单栏中的【绘图】菜单的作用是相同的，可直接绘制各种线型(直线、折线、平行线等)和基本形状(矩形、多边形、圆、圆弧、椭圆等)，还可以进行填充图案和插入图框等一系列工作，【绘图】下拉菜单如图 2.87 所示。

● (特)(别)(提)(示) ··

- 编者认为 PKPM 系列结构软件的辅助设计功能的充分发挥，体现在很多方面，其中包括计算过程良好的人工干预和强大的自动成图功能。虽然 PKPM 具有完整可靠的绘图手段，但这里编者不主张依赖其绘制完整新图，因此把介绍图形工具包的重点设定在图素的编辑修改上，即针对 PKPM 软件自动生成图形的编辑修改。

图 2.87 【绘图】下拉菜单

3. 【修改】

对图素的修改包括删除、复制、镜像、偏移、阵列、旋转、比例、拉伸、拉长、修剪、延伸等若干个基本功能，其操作方法较简单，有 CAD 绘图基础的读者可自行学习，较易掌握，操作时注意底部提示区的中文提示，这里不再详细介绍。

4. 【尺寸】

完成对图形的尺寸标注，主要包括【点点距离】、【点线距离】、【线线距离】等功能菜单，重点介绍如下几个功能。

1) 【点点距离】

对图上两特征点之间的距离进行尺寸标注。

操作步骤：单击【点点距离】→命令提示："用光标指定第一点位置(【Esc】退出)"，指定→"用光标指定下一点位置"，【Esc】→选择标注方式→光标拖动显示"点取标注位置"，定位。

2) 【点线距离】

对图上特征点与某一直线之间的垂直距离进行尺寸标注。

操作步骤：单击【点线距离】→命令提示："用光标指定点的位置(按【Tab】键可捕捉点)"，指定→"用光标指定直线位置"，指定→光标拖动显示"点取标注位置(按【Tab】键可修改光标所在跨的标注数值)"，定位→光标拖动显示"点取引线位置"，定位。

3) 【线线距离】

对图上两条或多条直线之间的距离进行尺寸标注。

操作步骤：单击【线线距离】→命令提示："用光标逐一指定要标注的直线(按【Tab】改为直线方式，【Esc】结束)"，指定，【Esc】→光标拖动显示"点取标注位置(按【Tab】键可修改光标所在跨的标注数值)"，定位→光标拖动显示"点取引线位置"，定位。

4) 【标注半径/直径】

对图或弧形进行半径/直径的标注。

操作步骤：单击【标注半径/直径】→命令提示："用光标点取图素(【Tab】窗口方式/【Esc】返回)"，指定→光标拖动显示"点取指定标注位置"，定位。

5) 【标注精度】

能控制尺寸标注的精度。单击后，弹出【请输入尺寸精度】对话框，输入并确定。

举例说明，如果实际尺寸 7803，标注精度为 1，则标注尺寸是 7803；如果标注精度为 5，则标注尺寸是 7805；如果标注精度为 10，则标注尺寸是 7800。

5. 【文字】

完成在图形上的文字标注，主要有三大部分，一是字体的设置、查询和修改；二是中英文标注；三是文字分解等。重点介绍如下。

1) 【设置字体】

对所要书写标注的文字字体进行设置。

操作步骤：单击【设置字体】→弹出【PKPM 设置字体：属性】对话框，如图 2.88 所示，选择【中文】/【英文】选项卡，选择字体文件类别："·SHX/WINDOWS 字体"，【确定】。

(1) 选择【.SHX】→在查找范围内，选择路径进入"AUTOCAD/Fonts"，选择，打开，如图 2.89 所示。

图 2.88 【PKPM 设置字体：属性】对话框

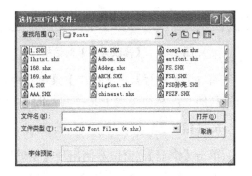

图 2.89 【选择 SHX 字体文件】对话框

(2) 选择【WINDOWS 字体】→设置字体、字形、大小、效果、颜色等，如图 2.90 所示。

2) 【查询字体】

对已标注的文字进行字体查询。

3) 【修改字体】

将已标注的文字按要求修改成新的字体。

操作步骤：单击【修改字体】→弹出【PKPM 设置字体：属性】对话框，如图 2.88 所示，在字体表中选择新的字体，确定→命令提示："请用光标点取图素(【Tab】窗口方式/【Esc】返回)"，选择。

图 2.90   【字体】对话框

4)【标注中文】

在图面上按指定的字体、格式及位置，标注文字，包含【定义字号】、【标注中文】、【文件行】及【文件块】4 个子菜单。

操作步骤：单击【定义字号】→弹出【修改大小】对话框，如图 2.91 所示，输入字符宽度、高度，确定→用光标点取图素，【Esc】返回。

单击【标注中文】→弹出【标注中文】对话框，显示中文宽高、转角等，如图 2.92 所示→输入中文，确定→光标移动显示中文内容，单击【确定】。

图 2.91   【修改大小】对话框   图 2.92   【标注中文】对话框

通过【文件行】、【文件块】菜单命令，可以直接将事先写好的.txt 文件中内容或文件块布置在图上，从而实现了文字输入的多种方式，提高了输入效率。

6.【钢筋】

单击【钢筋】，窗口右侧出现【钢筋圆点】、【画槽筋】、【画板底筋】、【画折线筋】、【画箍筋】、【标根数直径】、【标直径间距】、【引根数直径】、【引直径间距】及【标一级钢】、【标二级钢】、【标三级钢】等若干子菜单，如图 2.93 所示。通过这些子菜单完成从钢筋绘制到标注等一系列操作。

1)【钢筋圆点】

操作步骤：单击【钢筋圆点】→弹出对话框提示【请输入钢筋圆点的直径(mm)】，输入，【确定】→命令提示："用光标指定绘制位置(【A】距离显示开关，【D】改钢筋圆点的直径，【Esc】放弃)"，定位，如图 2.93 所示的 $3\phi10$ 钢筋。

2)【画槽筋】

操作步骤：单击【画槽筋】→弹出【钢筋参数】对话框，如图 2.94 所示，逐一输入，【确定】→命令提示："请指示支座钢筋位置(【A】改尺寸位置)"，光标拖动显示槽筋，定位，如图 2.93 所示的钢筋①。

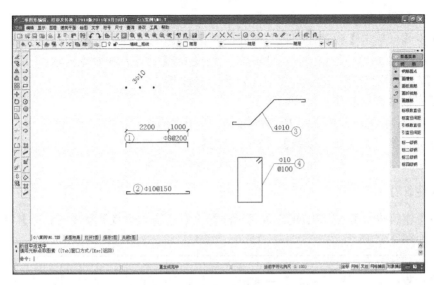

图 2.93 标注钢筋窗口

图 2.94 【钢筋参数】对话框

3)【画板底筋】

操作步骤：单击【画板底筋】→弹出【钢筋参数】对话框，逐一输入钢筋编号、直径、间距，【确定】→命令提示："请用光标点出钢筋两端的位置(【Esc】返回)"，光靶拖动显示板底筋，定位，即可绘出图 2.93 所示的钢筋②。

4)【画折线筋】

操作步骤：单击【画折线筋】→弹出【请选择绘制方式】对话框，共 3 种选择，选择钢筋弯钩形式，例如选择 2【画板底筋弯钩】→命令提示："请用光标点出钢筋各折点的位置(【Esc】返回)"，单击→【Esc】，弹出对话框提示：【请选择弯钩绘制方向】，例如选择【起始端朝上，终止端朝下】，【确定】，即可绘出图 2.93 所示的钢筋③。

5)【画箍筋】

操作步骤：单击【画箍筋】→弹出【选择保护层厚度】对话框，选择，【确定】→命令提示："请用光标点出箍筋的一个角点(【Esc】结束)"，单击→光靶拖动显示变形中的箍筋示意，同时提示："请用光标点出箍筋的另一个角点(【Esc】结束)"，【确定】，即可绘出图 2.93 所示的钢筋④。

6)【标根数直径】

操作步骤：单击【标根数直径】→弹出【请输入钢筋标注参数】对话框，逐一输入，例如输入钢筋级别 1、根数 3、直径 10 和标注角度 45，【确定】→命令提示："用光标指定标注位置(【Esc】放弃)"→定位，如图 2.93 所示的窗口左上角"3ϕ10"。

7)【标直径间距】

操作步骤：单击【标直径间距】→弹出对话框提示：【请输入钢筋标注参数】，例如逐一输入钢筋级别 1、直径 8、间距 200、标注角度 0，【确定】→命令提示："用光标指定标注位置（【Esc】放弃）"→定位，如图 2.93 所示的钢筋①标注。

8)【引根数直径】、【引直径间距】

操作步骤：(略)，如图 2.93 所示钢筋③、④引出的标注。

9)【标一级钢】、【标二级钢】、【标三级钢】、【标四级钢】

可以完成一、二、三、四级钢 4 个专用钢筋符号的标注。

7.【建筑符号】

单击【建筑符号】，窗口右侧出现【标注标高】、【绘制轴线】及【指北针】等十几个功能菜单，如图 2.95 所示。

1)【标注标高】

操作步骤：单击【标注标高】→弹出对话框提示：【请连续输入要标注的标高值】，例如输入"20.450，26.350，29.350"，【确定】→命令提示："请指示标高的标注位置？(按【A】键改变标注方向，【Esc】退出)"→定位，如图 2.95 所示。

2)【绘制轴线】

操作步骤：单击【绘制轴线】→弹出对话框提示：【请选择是否标轴圈？】，例如选择"标在一端"→命令提示："请用光标指定第一点位置（【Esc】返回）？"，指定→光标拖动显示轴圈，定位→"请用光标指定第二点位置（【F4】键可控制角度)？"→弹出对话框提示：【请输入起始轴线号？】，例如输入 1，【确定】→弹出【请输入复制间距，次数？】对话框，输入数值，如"3900，2"，【确定】，如图 2.95 所示。

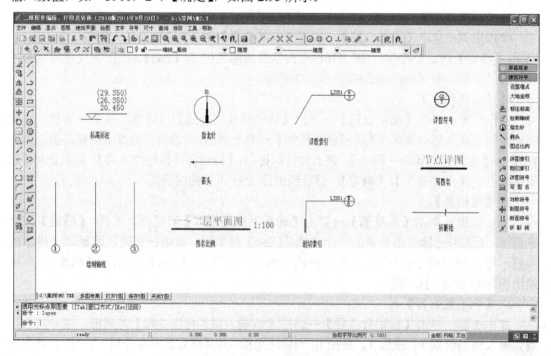

图 2.95　标注建筑符号窗口

3)【指北针】/【箭头】/【图名比例】

3 种标注绘制图形如图 2.95 所示,操作非常简单(步骤略)。但要注意指针和箭头方向的控制,前者由对话框角度数据输入予以控制,后者则注意通过 F4 键转换开启予以控制。

4)【详图索引】

操作步骤:单击【详图索引】→命令提示:"用光标指定起始点位置(【Esc】返回)",指定→光标拖动显示索引线,提示:"用光标指定转折点位置",指定→提示:"用光标指定索引符号位置",指定→弹出【索引参数】对话框逐一输入,例如输入"索引编号 A,详图所属标准图集 LJ201,详图所在图纸编号 3",【确定】,如图 2.95 所示。

5)【剖切索引】

操作步骤:单击【剖切索引】→命令提示:"请指定剖切线起始点位置(【Esc】返回)",指定→提示:"请指定剖切线终止点位置(【Esc】放弃)",指定→提示:"请指定索引线第一转折点位置(【Esc】放弃)",指定→提示:"请指定索引号位置(【Esc】没有转折点)",指定→弹出【索引参数】对话框,逐一输入,【确定】,如图 2.95 所示。

6)【详图符号】/【写图名】……/【折断线】

操作步骤:(略)。绘制图形如图 2.95 所示。

8.【钢结构】

单击【钢结构】,窗口右侧出现【标注编号】、【标螺栓孔】、【标注钢板】、【标注焊缝】及【画螺栓群】5 个功能子菜单,如图 2.96 所示。这里只介绍【标注焊缝】菜单,其余菜单操作简单,按中文提示顺序操作即可。

【标注焊缝】的操作步骤:单击【标注焊缝】→弹出对话框,如图 2.97 所示,逐一填写或选择→命令提示:"请输入标注焊缝的起点",指定→提示:"请点取标注位置(【Tab】可捕捉点)",指定,如图 2.96 所示。

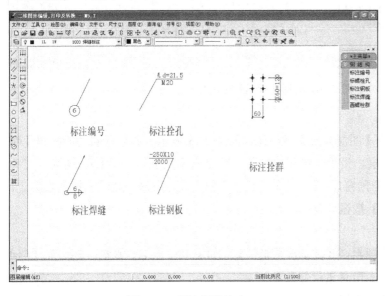

图 2.96　标注钢结构窗口

图 2.97　【标注焊缝】对话框

【焊缝基本符】下拉菜单中有多种分类标注,包括双面角焊缝、单面角焊缝、槽焊缝及单边 V 型焊缝等 9 种;焊缝补充符号有相同符号等 3 种形式。

9.【图层】

如同系统绘图软件 AutoCAD 一样，PKPM 软件中的各种图形都可划分图层，图形内容往往是按性质的不同而画在不同的图层上，如墙、柱、梁、门窗、尺寸、轴线、钢筋等均可画在各自的图层上。每个图层都具有以下属性：图层号(数字)、图层名称(文字)、线型、线宽、颜色。颜色几乎无限。线型可依据要求设为实线、虚线、点画线等多种，包括用户自定义的线型，线宽有 100 种。

单击【图层】，窗口右侧有【图层编辑】、【点取查询】等 4 个功能子菜单，其中【图层管理】对话框如图 2.98 所示。

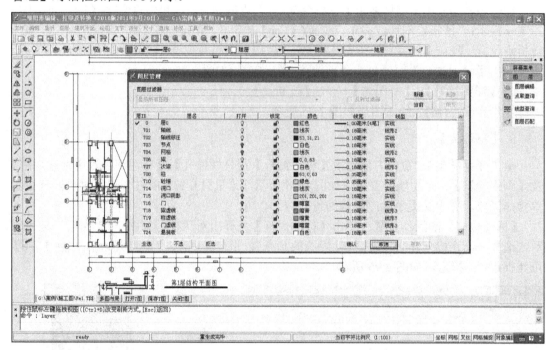

图 2.98 【图层管理】对话框

1)【图层编辑】

单击【图层编辑】，弹出【图层管理】对话框，如图 2.98 所示。右上角的功能按钮【新建】、【当前】可完成新建图层、设置当前层等工作；对话框中央显示"层 ID、层名、开关状态、颜色"等，提供一个干预窗口；【线型】、【线宽】的定义与管理，通过下拉列表选定，简单易行，最后单击【确认】按钮。

2)【点取查询】

单击【点取查询】，选择图素，可以显示图素信息，如层 ID、层名、线宽、线型等。【Ctrl＋右击】可以对这一系列基本信息进行修改。

3)【线型查询】/【图层匹配】

操作步骤：(略)。

10.【局部放大】

通过【显示全图】、【窗口放大】、【平移显示】及【放大一倍】等一系列功能子菜单，图形可以清晰、准确地显示。

知识链接

在 PKPM 图形绘制、编辑工具包相关知识的学习过程中，建议学生结合图形功能强大的 AutoCAD 的软件学习和应用，无论是绘图还是编辑，都应在实际操作运用过程中，认真比较两者的相同、相似和不同之处，以加强对辅助设计图形知识的掌握。

2.6.3 图形打印

1. 驱动程序

PKPM 软件在打印绘图时，直接调用 Windows 操作系统环境中的【打印】对话框，用户的准备工作只是将其中打印机选项设置好。如果计算机已联网，也可进行网络打印。

2. 设置打印参数

首先，直接选择【文件】菜单中的【打印绘图】命令，也可以直接输入命令 PLOT 或 PRINT，或者按 Ctrl＋P 组合键，便激活了【打印】对话框，单击【首选项】按钮可弹出【打印首选项】按钮，如图 2.99 所示，用户可以根据需要修改或选择与打印有关的各种参数，如纸张大小、横放、竖放、打印份数等，修改完后单击【确定】按钮。

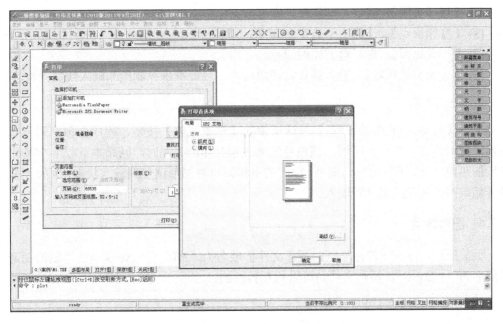

图 2.99 【打印】对话框

然后，返回【打印】对话框，单击【打印】按钮，弹出打印(补充参数设置)对话框，如图 2.100 所示。

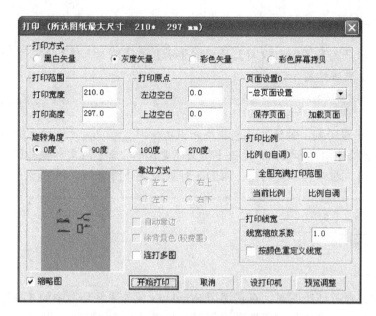

图 2.100　打印(补充参数设置)对话框

关于打印(补充参数设置)对话框的相关内容介绍如下。

(1)【打印方式】：黑白矢量打印背景为白色，其他图素全部绘成黑色；灰度矢量图中全填充色按一定灰度打印输出；彩色矢量根据图素不同颜色打印，黑白打印机打印输出不同灰度的黑白图形，而彩色打印机则打印相应的彩色图形；彩色屏幕复制与彩色矢量相似，只是按点阵方式打印或绘图。

(2)【打印范围】：确定打印高度、宽度(mm)。

(3)【打印原点】：选择上下边空白高度。

(4)【打印比例】：选择自调比例或充满打印。

(5)【线宽缩放系数】：输入线宽的缩放倍数，以此准确控制绘制输入线型的宽度。

3．打印预览

单击【打印(补充参数设置)】对话框中的【预览调整】按钮，程序会预览即将打印的图形，图形落在中央白色区域，该白色区域表示打印纸。此时，回顾本章 2.1 节特别提示的绘图热键功能，可以用它们缩小、放大或平移即可将图形调整到满意状态，例如：按 Enter 键开始绘图，按 Esc 键重新输入。

2.6.4　图形转换

如前所述，PKPM 软件绘制的图形文件扩展名为"*.T"，而 AutoCAD 绘制的图形文件扩展名为"*.DWG"，两种文件是可以相互转换的。

1．T 文件转换为 DWG 文件

使用【工具】菜单中的【T 图转 DWG】命令即可实现。

操作步骤：单击【T 图转 DWG】→弹出【打开】对话框，指定路径，如图 2.101 所示，显示全部 T 文件，选择→【打开】→命令提示区在转换过程中会有进度条快速显示。

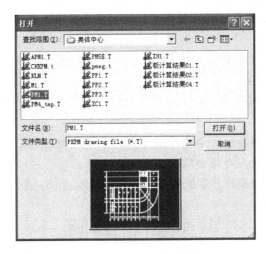

图 2.101 【打开】对话框

完成转换后，在工作子目录中就可以找到一个同名的 DWG 图形文件。

2. DWG 文件转换为 T 文件

对此有两种转换方式，一是先在 AutoCAD 中通过 DXFOUT 命令将 DWG 文件转换为 DXF 文件，再使用【工具】菜单中的【DXF 转 T】命令得以实现；二是借助于 PKPM 开发的模块——TchDwg.arx，该模块是 AutoCAD 运行的扩展程序(ARX)，直接在 AutoCAD 内部加载运行，它还可以应用于多种其他应用软件，例如"天正 CAD"、"建筑 ABD"等。

每次转换完成以后，都可以获得一个同名而扩展名为".T"的 PKPM 专用图形文件。

PKPM 系列软件在功能上实现了其图形文件"*.T"和 AutoCAD 图形文件"*.DWG"的转换，使得 PKPM 系列软件成图的功能得以拓展和大大加强。用户可以在不同的软件和不同的专业图形中，按自己习惯的方式实现对图形进行几乎任意的绘制和编辑。

本章小结

本章对 PKPM 系列中的结构平面计算机辅助设计程序 PMCAD 的工程应用做了系统的讲述。其中，重点讲述基本功能，主要包括交互式输入方式建立结构整体的数据模型、结构平面图的绘制、编辑和打印等。

1. PMCAD 建立结构整体数据模型的基本操作分 5 个步骤，由 PMCAD 主菜单 1、2 完成，其步骤如下。

(1) 轴线输入与网格生成→建筑的平面轴网生成。

(2) 楼层定义→结构基本构件(柱、墙、梁及楼板等)定义及布置。

(3) 荷载输入→输入楼面荷载及不能导算的作用在梁、柱、节点等位置的荷载。

(4) 设计参数与楼层组装→输入结构体系、材料、地震等设计信息；在各标准层的基础上，完成整楼的模型组装。退出形成后续数据文件。

(5) 平面荷载显示校核→对两类荷载进行校核。一类是程序自动导算的荷载，即楼面传导到梁、墙上的自重及荷载；另一类则是人机交互输入的荷载。

2. 绘制结构平面图：能够完成现浇楼板的配筋计算，并且熟练完成框架、框剪、剪力墙的结构平面图绘制。

3. 形成 PK 文件：能够熟练生成平面上任意一榀框架的数据，以及任意一层上任意单跨或连续梁的 PK 计算文件。

4. 图形编辑打印：对程序自动生成的图形进行补充绘图及编辑修改，形成完整的施工图，最后打印。

本章的教学目标是具备软件的实际操作能力，要达到这个目标，除了应当熟练掌握讲授的基本操作方法外，还应当结合实际工程上机练习。基于这一点，本书几乎全部操作均针对真实案例，对软件的操作步骤既重点突出，又系统全面地做了较细致的论述和介绍。

思 考 题

1. 简述 PMCAD 软件的基本功能。

2. 简述 PMCAD 软件采用人机交互方式建模的基本步骤。

3. 简述 PMCAD 软件采用人机交互方式建模时下列功能键的含义。

功能键	含义	功能键	含义
Tab		F4	
F2		Ctrl＋F4	
Ctrl＋F2		F5	
F3		F6	
Ctrl＋F3		F9	

4. 当选择 PMCAD 的主菜单 1【楼层定义】时，用人机交互方式输入楼层信息。若某房间为悬挑板，且悬挑端未设边梁，可否进行预制板布置、现浇板开洞及导荷载？

5. 当选择 PMCAD 菜单【楼面荷载】时，程序将楼面荷载向房间周围自动传导。简述程序所用的 3 种传导方式。

6. 在 PMCAD 输入荷载时，荷载值可以是负值吗？在 PMCAD 的竖向导荷中，遇到悬挑梁时，竖向导荷是否已经考虑了附加弯矩的影响？若未考虑，应如何处理？

7. 当选择 PMCAD 的主菜单 4【形成 PK 文件】时，若单击了【连梁生成】，一组梁的选择根数有限制吗？程序自动判断连续梁支座的原则是什么？

8. 当选择 PMCAD 的主菜单 3【画结构平面图】时，屏幕按需要分别显示相应的计算结果图。若裂缝宽度或挠度值显示数字为红色时，意味着什么？应如何处理？

第3章

钢筋混凝土框架、排架
及连续梁结构计算与
施工图绘制软件 PK

✿ 教学目标

通过本章学习，了解 PK 软件的基本功能和应用范围，掌握该软件的操作步骤和操作方法，能够应用 PK 软件进行钢筋混凝土框架结构(规则的)和排架结构的辅助设计。其具体包括：通过人机交互方式输入数据，建立结构模型；进行结构计算；绘制框架、排架梁、柱的结构施工图。

✿ 教学要求

能力目标	知识要点	权重
了解 PK 软件	(1) 了解 PK 软件的功能; (2) 了解 PK 软件的应用范围	10%
掌握人机交互方式建立框架、排架结构模型的方法和打开空间建模形成的 PK 文件的方法，并进行结构计算	(1) 熟练启动和退出 PK 数据交互输入和计算程序; (2) 掌握 PK 数据交互输入或打开已有 PK 数据文件程序中各级菜单的操作方法; (3) 能通过人机交互方式建立框架、排架的结构模型并进行结构计算	55%
掌握绘制框架和排架梁柱结构施工图的方法	(1) 熟练启动和退出 PK 框架和排架梁柱绘图程序; (2) 掌握 PK 框架和排架柱绘图程序中各级菜单的操作方法; (3) 能熟练绘制框架和排架梁柱结构施工图	35%

3.1 PK 基本功能

PK 软件采用平面杆系模型进行结构计算，可对平面框架结构(规则的或复杂形式的)、框排架结构、排架结构进行内力分析、变位计算、地震计算、吊车计算、内力组合、梁柱截面配筋及柱下独立基础计算，可对连续梁、桁架、空腹桁架、拱形结构、内框架结构进行计算，杆件材料可以是钢筋混凝土或其他材料，杆件连接可以是刚接也可以是铰接。

PK 软件可处理梁柱正交或斜交、梁错层、抽梁抽柱、底层柱不等高、铰接屋面梁等各种情况，可在任意位置设置挑梁、牛腿和次梁，可绘制十几种截面形式的梁，可绘制折梁、加腋梁、变截面梁、矩形梁、工字梁、圆形柱或排架柱，柱箍筋形式多样。PK 软件可按新规范要求做强柱弱梁、强剪弱弯、节点核心、柱轴压比、柱体积配箍率的计算与验算，还进行罕遇地震下薄弱层的弹塑性位移计算、竖向地震力计算和框架梁裂缝宽度计算，可以按新规范和构造手册自动完成构造钢筋的配置。另外，PK 软件还具有很强的自动选筋、层跨剖面归并、自动布图等功能，同时又给设计人员提供多种方式干预选钢筋、布图、构造筋等施工图绘制结果。

应用 PK 软件进行施工图辅助设计，需执行 3 个步骤：①计算模型的输入(即建立 PK 计算数据文件)；②结构计算；③做施工图设计。第一步操作提供了结构模型的主要信息源，第三步操作时还需补充输入绘制施工图需要的相关信息。

对于本章的学习，将结合【应用案例 3-1】来进行。

应用案例 3-1

1. 设计项目资料

某二跨三层框架，混凝土强度等级为 C30，采用 HRB400 级纵向钢筋，HPB300 级箍筋。8 度地震设防，抗震等级为二级，Ⅱ类场地，设计地震分组为第一组。图 3.1～图 3.5 依次是它的框架立面图、恒载图、活载图和左风载图、右风载图。在图 3.1 中，圆圈内数字为节点编号，柱右数字为柱编号，柱左数字为柱尺寸，梁上数字为梁编号，梁下数字为梁尺寸。

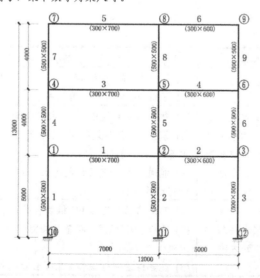

图 3.1 框架立面图

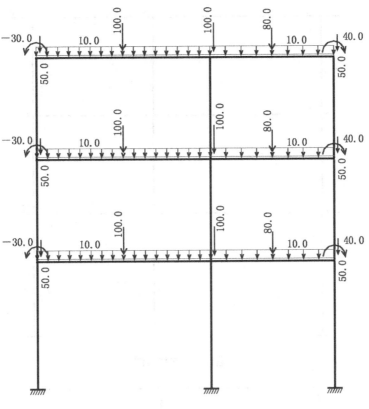

图 3.2   恒载图

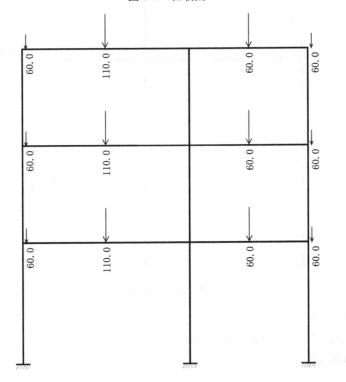

图 3.3   活载图

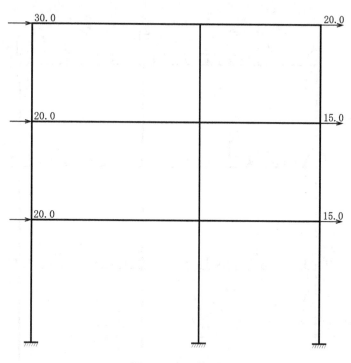

图 3.4　左风载图

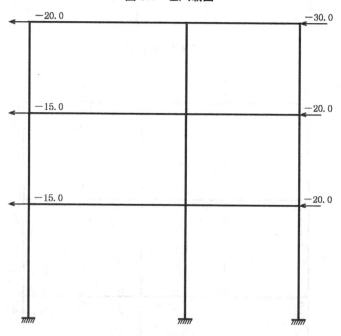

图 3.5　右风载图

2. 设计项目任务书

(1) 交互输入建立计算模型并进行结构计算。

(2) 绘制结构施工图。

3.2 PK 数据交互输入和计算

PK 计算数据文件可描述整个平面杆系结构模型。PK 计算数据文件的建立有如下几种方式。

(1) 可由 PKCAD 主菜单 1【PK 数据交互输入和计算】生成,生成的数据文件名称是"工程名称.SJ"。

(2) 可由 PMCAD 主菜单 4【形成 PK 文件】生成,生成的框架数据文件的默认名称是"PK-轴线号",连续梁数据文件的默认名称是"LL-*"。

(3) 可由人工逐行按照 PK 用户手册提供的结构计算数据文件格式填写生成,其文件名称任意。

⬤ 特 别 提 示

● 一般采用人机交互方式建模,或用 PMCAD 主菜单 4 生成数据。只在某些特殊情况下人机交互建模不能达到要求时,才按照 PK 用户手册提供的结构计算数据文件格式对文件改动。

3.2.1 交互式建立 PK 计算数据文件

采用 PK 软件自带的结构数据交互输入程序完成结构数据输入,其操作界面与 PMCAD 中的交互输入程序类似。该程序还可将人工编写或 PMCAD 中形成的数据文件转换成交互输入所需的数据文件。

交互式建立 PK 计算数据文件的操作可结合【应用案例 3-1】来进行学习。

同 PMCAD 操作一样,首先应新建一个子目录,然后启动 PKPM 软件,将当前工作目录指向刚刚新建的子目录。

本例给将要设计的框架结构新建一个子目录 G:\KD\KD1,然后启动 PKPM 软件,选择 PK 中的主菜单 1【PK 数据交互输入和计算】。单击【改变目录】按钮,选择子目录 KD1,如图 3.6 所示。单击【应用】按钮,弹出图 3.7 所示的界面。

图 3.6 PK 主菜单界面

图 3.7　PK 数据交互输入和计算界面

● 不同的工程应有不同的工作目录，因为 PK 使用中所产生的数据文件都保存在当前工作目录中，而不同工程的数据文件有许多是同名的。

如果从零开始建立一个框架或排架的结构模型，则应单击【新建文件】按钮，以人机交互建模方式进入。人机交互建模后除生成一个"工程名.JH"的交互文件外，仍生成一个"工程名.SJ"的数据文件。如果是由 PMCAD 主菜单 4 生成的框架数据文件，或以前用手工填写的结构计算数据文件，则应单击【打开已有数据文件】按钮，以数据文件方式进入，然后可用人机交互修改。

单击【新建文件】按钮，程序提示输入交互式文件名称。注意输入时不应输扩展名，程序自动取交互式文件扩展名为".JH"。输入"EX1"，单击【确定】按钮后进入图 3.8 所示的界面，它与 PMCAD 交互输入界面基本相同。程序采用的单位均为毫米(mm)、千牛(kN)、千牛米(kN·m)。

1. 【选择数据】

单击图 3.8 所示窗口右侧的【选择数据】按钮，弹出【数据选择】对话框，包含【新建文件】、【打开已有交互文件】、【打开已有数据文件】、【退出】共 4 个选项，选择相应选项后，可以打开其他数据文件。

2. 【参数输入】

单击图 3.8 所示窗口右侧的【参数输入】按钮，弹出相关对话框，用来输入有关设计参数。第一个选项卡是【总信息参数】，如图 3.9 所示；第二个选项卡是【地震计算参数】，如图 3.10 所示；第三个选项卡是【结构类型】，如图 3.11 所示；第四个选项卡是【分项及组合系数】，如图 3.12 所示；第五个选项卡是【补充参数】，如图 3.13 所示。选择需修改的选项卡，选择需修改的参数项，然后输入新值，直到各选项卡参数修改完毕。程序将根据这些参数进行计算，因此每个工程均应按实际情况修改参数。

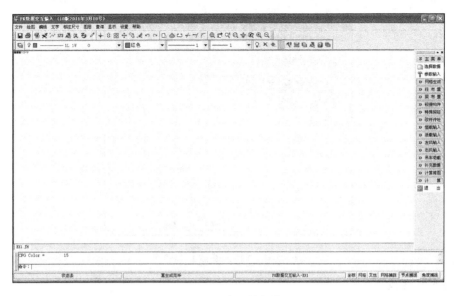

图 3.8　PK 交互输入界面

本应用案例设置后的参数如图 3.9～图 3.13 所示。

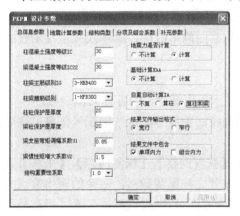

图 3.9　【总信息参数】选项卡

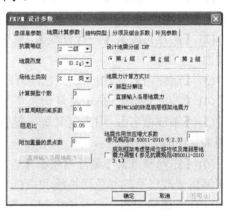

图 3.10　【地震计算参数】选项卡

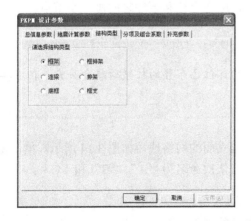

图 3.11　【结构类型】选项卡

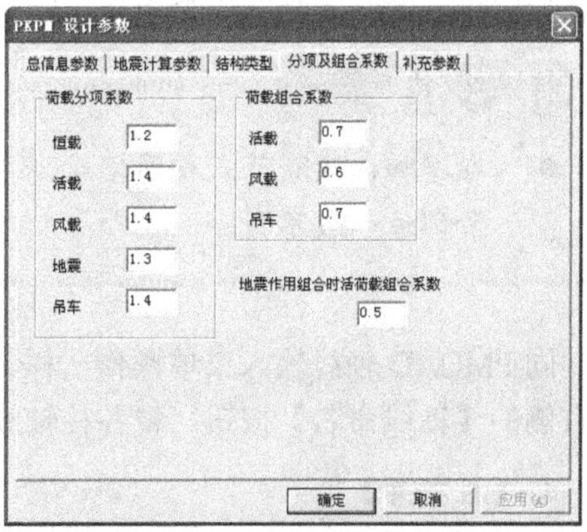

图 3.12　【分项及组合系数】选项卡

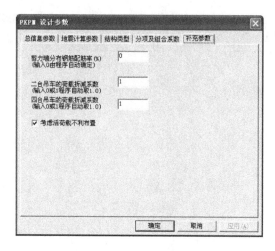

图 3.13　【补充参数】选项卡

3.【网格生成】

选择【网格生成】菜单，其各子菜单功能如下。

(1)【框架网格】、【排架网格】、【屋架网格】、【圆弧网格】：用来对框架、排架、屋架、圆弧进行快速建模，可用参数定义方式形成相应立面网格。

(2)【两点直线】、【平行直线】：用来画出结构立面的单线图，此单线应是柱轴线或梁的顶面。

(3)【删除图素】：用来删除已画好的单线。

(4)【轴线显示】：是个反复切换菜单，用来显示或隐藏输入的各柱列轴线号。

(5)【轴线命名】：用来定义每一根竖向柱列轴线的轴线号，这些轴线号信息可在后面绘图菜单在施工图中显示。

(6)【删除节点】、【删除网格】、【恢复节点】、【恢复网格】、【恢复网点】、【平移节点】：用来编辑修改已有的红色网格线和白色节点。当布置完柱梁荷载后，多余的网格节点应该删掉，在直线柱中间、直线梁中间的多余节点(非变截面处)也应该删掉。通过平移节点可随意改变网格的形状，平移节点后其上已布置的网格、构件与荷载均可自动移到新的位置。

在网格生成时注意对排架结构中的变截面柱，应在上柱和下柱之间画一个节点。

特 别 提 示

● 在增加、删除节点或网格后，在被删除的部位已布置的柱梁荷载会丢失，但在其余部位一般不变。

同 PMCAD 轴线输入菜单操作一样，画出框架立面的网格线，如图 3.14 所示。单击窗口右侧的【轴线命名】按钮，将各柱轴线从左至右依次命名为"A"、"B"和"C"。

4.【柱布置】

选择窗口右侧【柱布置】菜单，其各子菜单功能如下。

(1)【截面定义】：定义柱截面形式及尺寸。单击【截面定义】按钮，且单击【增加】

按钮来定义截面，先选择截面类型，然后输入截面参数。

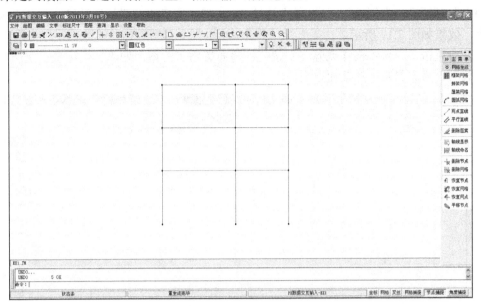

图 3.14   网格生成窗口

(2)【柱布置】：选择定义好的柱截面，输入该柱形心对网格线的偏心值，或用【偏心对齐】菜单设定，布置到相应的网格上。在同一网格上，后布置的柱将取代前布置的柱。

(3)【删除柱】：删除已布置的柱。

(4)【偏心对齐】：用于简化柱偏心的输入，上层柱与下层柱的偏心可通过左对齐、中对齐和右对齐 3 种方式由程序自动计算。左对齐就是上层柱的左边线与下层柱的左边线对齐，中对齐就是上下层柱中线对齐，右对齐就是上层柱的右边线与下层柱的右边线对齐。

(5)【计算长度】：程序显示按现浇楼盖自动生成各柱的平面内及平面外计算长度，可根据实际情况修改。

(6)【支座形式】：用来修改连续梁的支座类型，其支座可以是柱子、砖墙和梁。

单击【柱布置】、【截面定义】按钮，弹出图 3.15 所示的对话框。单击【增加】按钮，弹出【截面参数】对话框。本例输入矩形尺寸为 500mm×500mm，如图 3.16 所示。

图 3.15   【柱子截面数据】对话框

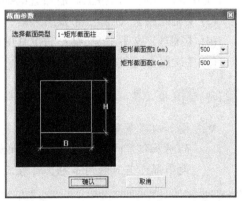

图 3.16   【截面参数】对话框

单击【柱布置】按钮，选择要布置的柱截面，单击【确认】按钮→弹出【输入柱对轴线偏心】对话框，本例输入"0"或直接按 Enter 键→选择要布置的柱轴线，将柱布置在柱列上，效果如图 3.17 所示。

若布置错了，可单击【删除柱】按钮，将布置错了的截面删除；也可直接重新布置正确的截面，将布置错了的截面替换掉。

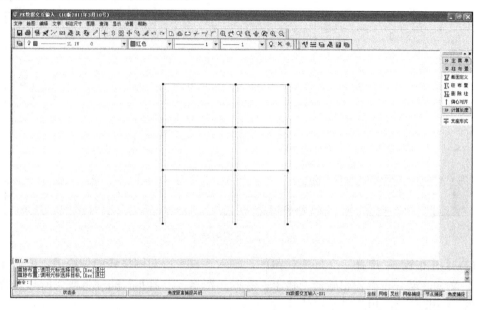

图 3.17 柱布置窗口

5.【梁布置】

选择窗口右侧【梁布置】菜单，其各子菜单功能如下。

(1)【截面定义】：定义梁截面形式及尺寸。单击【截面定义】按钮，再单击【增加】按钮来定义截面，先选择截面类型，然后输入截面参数，对排架结构中的梁截面类型一般选择"4-刚性杆"。

(2)【梁布置】：选择定义好的梁截面，布置到相应的网格上。布置时程序将梁顶面与网格线齐平，在同一网格上，后布置的梁将取代前布置的梁。

(3)【删除梁】：删除已布置的梁。

(4)【挑耳定义】：定义梁左右挑耳的形式和尺寸。

(5)【次梁】：直接布置梁上次梁。可以增加、修改、删除、查询次梁。

特 别 提 示

- 增加次梁菜单中输入的次梁上集中力设计值不参加结构计算，仅用于计算次梁处的附加钢筋(附加钢筋由箍筋和吊筋组成)，当计算箍筋加密已满足要求时，不再设吊筋；若只选用吊筋，可在次梁集中力设计值前加一个负号。

梁截面定义和布置操作过程与柱完全相同，本案例梁布置后效果如图 3.18 所示。

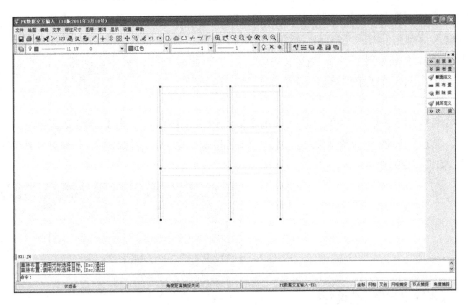

图 3.18　梁布置窗口

6.【铰接构件】

定义梁或柱两端或一端成铰接。

7.【特殊梁柱】

定义底框梁、框支梁、受拉压梁、中柱、角柱、框支柱，计算特殊梁柱配筋时要用到这些信息。

8.【改杆件砼】

个别修改与参数输入中不同的梁柱混凝土强度等级。

9.【恒载输入】

选择【恒载输入】菜单，其各子菜单功能如下。

(1)【节点恒载】：可输入作用节点的弯矩和集中力，每节点只能加一组力，加上新的一组后，旧的一组将被覆盖。弯矩规定顺时针为正，垂直力向下为正，水平力向右为正。

(2)【柱间恒载】：输入作用在柱间的恒载。先选择柱间荷载类型并输入荷载数据，再选择加载目标柱。

(3)【梁间恒载】：输入作用在梁间的恒载。先选择梁间荷载类型并输入荷载数据，再选择加载目标梁。

(4)【删节点载】：删除所选节点上的恒载。

(5)【删柱间载】：删除所选柱上的全部恒载。

(6)【删梁间载】：删除所选梁上的全部恒载。

(7)【荷载查改】：用来查询或修改柱或梁上的荷载。

本案例按图 3.2 输入节点恒载，单击【恒载输入】→单击【节点恒载】，弹出【输入节点荷载】对话框，如图 3.19 所示。例如输入⑦号节点上弯矩－30kN·m，垂直力 50kN。

单击【确定】按钮后，用光标捕捉⑦号节点，该节点立即显示出荷载值的大小及作用方向。输入荷载过程中可按 Tab 键切换成直接输入、轴线输入、窗口输入 3 种输入方式。输入错误时可单击【删节点载】按钮将该节点上的荷载删除，然后重新输入该节点的恒载，或直接重新输入该节点的恒载，将错误的节点恒载替换掉。重复以上操作，直至所有节点恒载输入完毕。

本案例按图 3.2 输入梁间恒载，单击【梁间恒载】按钮，弹出【梁间荷载输入(恒荷载)】对话框。单击相应的荷载类型按钮，输入相应的荷载数据。例如输入 5 号梁跨中集中荷载 100kN，如图 3.20 所示。

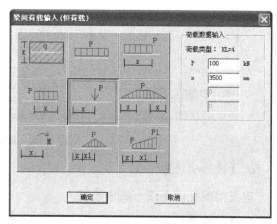

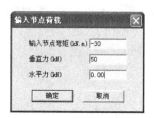

图 3.19　【输入节点荷载】对话框　　　　图 3.20　【梁间荷载输入(恒荷载)】对话框

单击【确定】按钮后用光标捕捉 5 号梁，该梁立即显示出荷载值的大小及作用方向。输入荷载过程中可按 Tab 键切换成直接输入、轴线输入、窗口输入 3 种输入方式。重复以上操作，直至所有梁间恒载输入完毕。本例恒载输入后效果如图 3.21 所示。

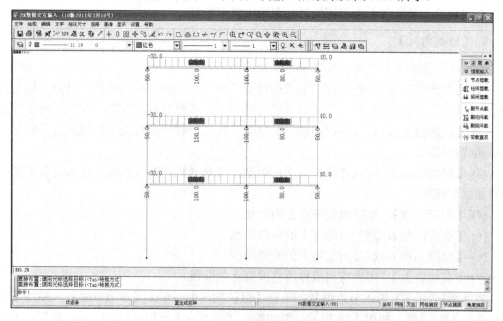

图 3.21　恒载输入窗口

10.【活载输入】

操作方法同【恒载输入】菜单。由读者自行完成案例中图 3.3 中的活载输入。

11.【左风输入】

输入节点左风荷载和柱间左风荷载。

单击【左风输入】→单击【节点左风】，底部弹出【输入节点水平风力（kN），垂直风力（kN）】对话框，输入相应的荷载数据，风载向右为正，【Enter】，用光标选择目标后风荷载显示在所选位置。本例按图 3.4 输入左风载，效果如图 3.22 所示。

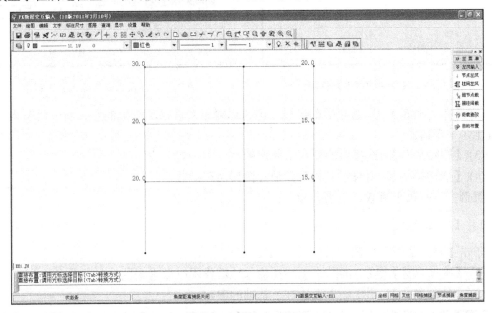

图 3.22　左风输入窗口

12.【右风输入】

输入节点右风荷载和柱间右风荷载，右风荷载输入与左风荷载输入方法完全相同。案例按图 3.5 输入右风荷载，由读者完成。

●●● 特 别 提 示

- 在【左风输入】和【右风输入】菜单中，除直接输入风荷载的方式外，程序还提供了自动布置菜单，可用参数定义方式自动生成作用在框架或排架上的左右风荷载。

13.【吊车荷载】

选择【吊车荷载】菜单，其各子菜单功能如下。

(1)【吊车数据】：用来定义吊车荷载的数据，选择该菜单弹出图 3.23 所示的对话框。

单击【增加】按钮，弹出【吊车参数输入】对话框，输入吊车参数后，单击【确认】按钮即可，如图 3.24 所示。

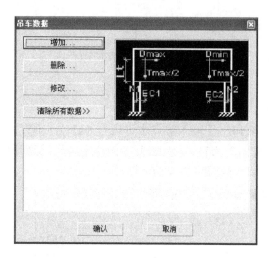

图 3.23　【吊车数据】对话框

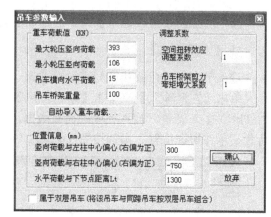

图 3.24　【吊车参数输入】对话框

（2）【布置吊车】：先选择吊车数据，再选择要布置该吊车荷载的左、右一对节点，便布置上了吊车荷载。

（3）【删除吊车】：选择要删除吊车荷载的左、右一对节点。

（4）【抽柱排架】：用来定义和布置抽柱排架吊车荷载。

案例中没有吊车荷载，不需要输入。

14.【补充数据】

单击【补充数据】按钮，窗口显示如图 3.25 所示。

（1）【附加重量】：在有的节点上补充输入地震作用时要考虑的附加重量。

（2）【基础参数】：用于输入设计柱下基础的参数。

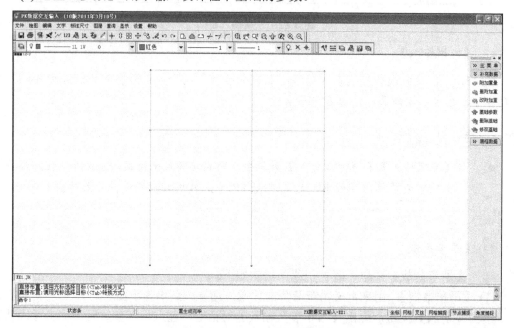

图 3.25　补充数据窗口

15.【计算简图】

选择【计算简图】菜单，然后再分别选择【框架立面】、【恒载图】、【活载图】、【左风载】、【右风载】子菜单，窗口上分别显示相应的简图，仔细检查各尺寸与荷载是否正确。经检查无误后就可以进行计算，若有错误，可回到前面各菜单予以修改。

16.【计算】

单击【计算】按钮，弹出图 3.26 所示的对话框。程序提示输入计算结果文件名，可以自己命名，也可以采用程序默认的计算结果文件名 pk11.out。本例采用程序默认的计算结果文件名 pk11.out。

图 3.26　输入计算结果文件名对话框

单击【确定】按钮，程序开始进行结构计算。计算完毕后，单击【弯矩包络】按钮，窗口显示图 3.27 所示的框架弯矩包络图。同样的操作可以观察其他菜单中所列的计算结果。根据计算结果可以分析计算的合理性，并考虑是否调整构件截面尺寸或材料强度等级，是否重新计算。

单击【文件结果】按钮，结构计算的输出结果以文本文件的形式显示。

单击【图形拼接】按钮，可把程序生成的各种图形拼接在一起，以便输出。

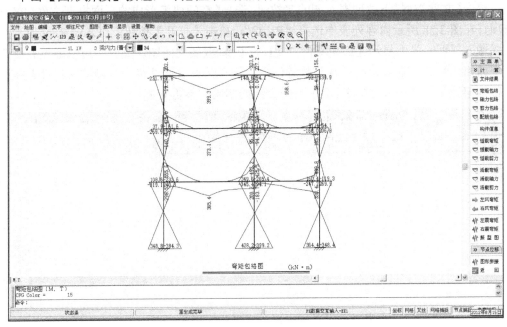

图 3.27　框架弯矩包络图窗口

（特）（别）（提）（示）

● 本部分结合应用案例对框架结构的计算模型建立及计算进行了相关介绍，但同样可应用该程序进行排架结构或连续梁模型的建立和计算，模型建立的方法和步骤相同。

3.2.2 由 PMCAD 主菜单 4 直接生成 PK 数据文件

在本书 2.5 节中已经介绍了应用 PMCAD 主菜单 4【形成 PK 文件】相关内容，通过【例 2-8】形成了【应用案例 2-1】中 G 轴框架的 PK 数据文件。现在在图 3.6 所示的 PK 主工作界面中选择主菜单 1【PK 数据交互输入和计算】，单击【改变目录】按钮，选择【应用案例 2-1】的工作子目录 G:\案例，单击【应用】按钮，弹出图 3.7 所示的界面。单击【打开已有数据文件】按钮，弹出图 3.28 所示的【打开已有数据文件】对话框。

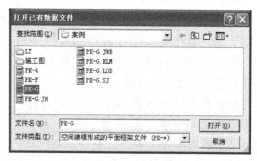

图 3.28 【打开已有数据文件】对话框

单击【文件类型】下拉列表右侧的▼按钮，选择【空间建模形成的平面框架文件（PK-*）】选项，在图 3.28 所示内容列表中选择"PK-G"，单击【打开】按钮，进入图 3.29 所示的交互式输入界面，界面显示【应用案例 2-1】的 G 轴框架立面图。此时，可以通过右侧菜单查询或修改恒载、活载、风载及参数等信息，检查无误后通过单击右侧的【计算】按钮，进行框架计算，操作方法与 3.2.1 小节中介绍的相同，不再赘述。

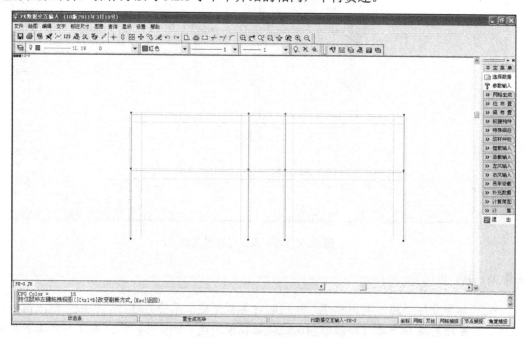

图 3.29 空间建模形成的数据文件 PK-G 打开窗口

3.3 PK 施工图绘制

3.3.1 框架绘图

对于 PK 软件框架绘图的操作，仍然结合【应用案例 3-1】来进行学习。

启动 PKPM 软件，改当前工作目录到 G:\KD\KD1。选择 PK 主菜单 2【框架绘图】菜单，单击【应用】按钮，进入框架绘图程序。第一次进入框架绘图程序，会自动弹出【选筋、绘图参数】对话框。对话框中各选项卡中参数的具体设置，如图 3.30～图 3.33 所示。

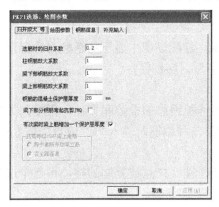

图 3.30 【归并放大等】选项卡

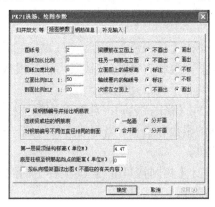

图 3.31 【绘图参数】选项卡

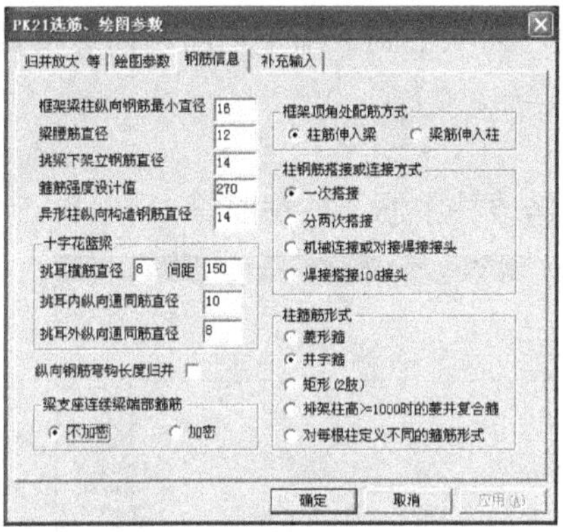

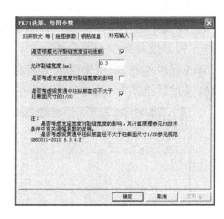

图 3.32 【钢筋信息】选项卡

图 3.33 【补充输入】选项卡

单击【确定】按钮退出此对话框。如果以后还需要修改这些参数，可单击窗口右侧的【参数修改】、【参数输入】按钮再次进入选筋、绘图参数对话框。

窗口右侧各菜单功能如下。

1.【参数修改】

选择【参数修改】菜单，其各子菜单功能如下。

(1)【参数输入】：用来输入施工图的有关信息。

(2)【钢筋库】：用来选择设计中使用的纵筋直径。

(3)【梁顶标高】：可个别调整梁顶标高。

(4)【柱箍筋】：用来修改柱箍筋形式。

(5)【挑梁数据】：用来定义挑梁截面尺寸等参数。

(6)【布置挑梁】：用来布置挑梁。

(7)【牛腿数据】：用来定义牛腿尺寸等参数。

(8)【牛腿布置】：用来布置牛腿。

(9)【柱配筋】：用来修改柱钢筋放大系数。

(10)【梁下配筋】：用来修改梁下部钢筋放大系数。

(11)【梁上配筋】：用来修改梁上部钢筋放大系数。

2. 【柱纵筋】

单击【柱纵筋】按钮，窗口显示如图 3.34 所示。柱配筋图中显示的是柱对称配筋的单边钢筋根数和直径(柱左数字为钢筋根数，柱右数字为钢筋直径)。

其各子菜单功能如下。

(1)【修改钢筋】：选取修改的柱杆件，输入第一种钢筋的根数和直径，再输入第二种钢筋的根数和直径。当钢筋直径只选一种时，提示第二种钢筋时输入"0"或直接按【Enter】键即可。

(2)【相同拷贝】：把某根柱上的配筋复制到其他柱，先点被复制的柱，再逐个选择需复制的柱。

(3)【计算配筋】：显示柱计算配筋包络图，从而便于对程序选择的实配钢筋校核。

(4)【柱筋连通】：一般情况下，柱钢筋在上柱根部切断，并与上柱钢筋绑扎搭接或焊接连接。本菜单可使钢筋在某些柱不切断，或每根柱列从上到下都不切断，而这样做可适应一些工程习惯并减少剖面个数。

(5)【取消连通】：用来取消钢筋连通。

(6)【对话框式】：通过在对话框中输入参数来修改柱主筋、柱箍筋等。

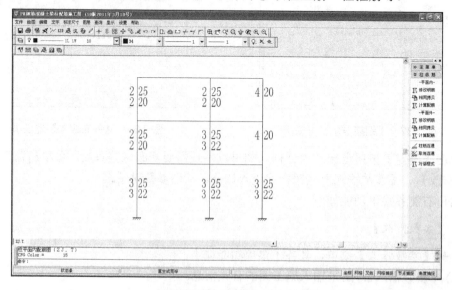

图 3.34 柱纵筋窗口

特别提示

● 在【柱纵筋】子菜单中，平面内与平面外【修改钢筋】、【相同拷贝】和【计算配筋】子菜单操作方法相同。柱计算配筋包络图中的数值放大100倍即为柱的计算配筋值。

3.【梁上配筋】

单击【梁上配筋】按钮，窗口显示如图3.35所示。梁上部配筋图中支座左为梁上部两根角部钢筋，程序设定这两根角筋在同层各跨连通，支座右为梁上部其他钢筋。

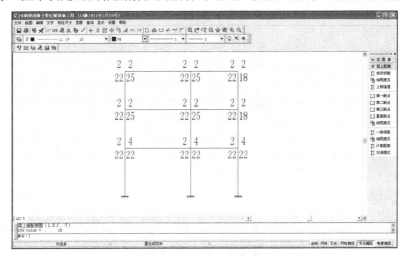

图3.35　梁上配筋窗口

其各子菜单功能如下。

(1)【修改钢筋】：选择需修改的梁杆件支座，输入第一种钢筋的根数、直径和连通根数，再输入第二种钢筋的根数和直径。

(2)【相同拷贝】：把某根梁上的配筋复制到其他梁，先点被复制的梁，再逐个选择需复制的梁。

(3)【上筋连通】：指定梁上部第一排筋全部连通。

(4)【第一断点】：用来修改程序算出的梁上第一排除角筋以外其他钢筋的断点位置。

(5)【第二断点】：用来修改程序算出的梁上第二排两边两根钢筋的断点位置。

(6)【第三断点】：用来修改程序算出的梁上第二排其他钢筋及第三排钢筋的断点位置。

(7)【重算断点】：用来在修改过角筋和其他钢筋的直径后程序重新计算梁上筋断点。

(8)【相同拷贝】：把某根梁上钢筋的断点位置复制到其他梁，先点被复制的梁，再逐个选择需复制的梁。

(9)【一排根数】：用来显示或修改放在梁上部第一排钢筋的根数，由此来调整钢筋的疏密排列。

(10)【相同拷贝】：把某根梁上第一排钢筋的根数复制到其他梁，先点被复制的梁，再逐个选择需复制的梁。

(11)【计算配筋】：显示计算配筋包络图，从而便于对程序选择的实配钢筋校核。

(12)【对话框式】：通过在对话框中输入参数来修改梁主筋、梁箍筋等。

4.【梁下配筋】

操作方法同【梁上配筋】菜单。

5.【梁柱箍筋】

单击【梁柱箍筋】按钮，窗口显示如图 3.36 所示。

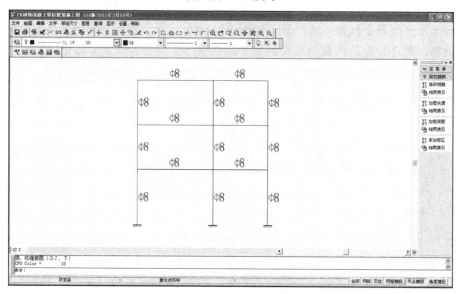

图 3.36　梁柱箍筋窗口

其各子菜单功能如下。

(1)【修改钢筋】：用来显示或修改所选杆件箍筋的直径和级别。

(2)【加密长度】：用来显示或修改梁端和柱上部箍筋加密区长度。

(3)【加密间距】：用来显示或修改加密区的箍筋间距。

(4)【非加密区】：用来显示或修改非加密区的箍筋间距。

(5)【相同拷贝】：把某根杆件对应上边菜单信息(修改钢筋、加密长度、加密间距、非加密区)复制到其他杆件，先点被复制的杆件，再逐个选择需复制的杆件。

特　别　提　示

● 当梁左右端或柱上下部加密长度接近全跨或全高时，程序自动对梁全跨或柱全高作箍筋加密。

6.【节点箍筋】

本菜单用来显示或修改节点区的箍筋直径和级别，且此菜单仅在抗震等级为一级或二级时才起作用，箍筋间距程序内定为 100。

7. 【梁腰筋】

本菜单用来显示或修改梁腰筋的根数、直径和级别。

8. 【次梁】

本菜单用来显示或修改次梁集中力大小和吊筋。

9. 【悬挑梁】

选择【悬挑梁】菜单，其各子菜单功能如下。

(1)【修改挑梁】：用来修改挑梁的参数。

(2)【挑梁支座】：用来把悬挑梁改成端支承梁，按支承梁配筋。

(3)【改成挑梁】：用来把支承梁改成挑梁。

10. 【弹塑位移】

程序按《建筑抗震设计规范》(GB 50011—2010)第 5.5.4 条的简化计算法做罕遇地震作用下框架的薄弱层弹塑性变形验算。

11. 【裂缝计算】

程序按荷载的短期效应组合，即恒载、活载、风载标准值的组合，以矩形截面形式，取程序选配的梁钢筋，按《混凝土结构设计规范》(GB 50010—2010)第 7.1.2 条计算并显示裂缝宽度，当其值大于 0.3mm 时，用红色显示，如图 3.37 所示。

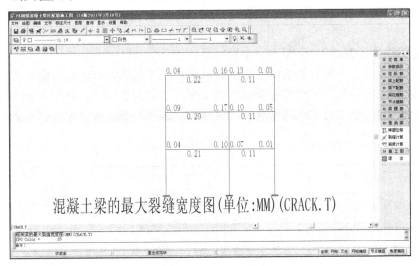

图 3.37　裂缝计算窗口

12. 【挠度计算】

程序按《混凝土结构设计规范》(GB 50010—2010)第 7.2 节计算梁的挠度，如图 3.38 所示。为计算荷载长期效应组合，需输入活荷载的准永久值系数，该系数可查《建筑结构荷载规范》(GB 50009—2012)第 5.1.1 条，程序默认值为 0.4。

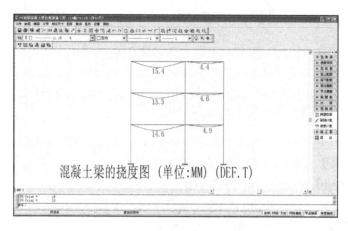

图 3.38　挠度计算窗口

挠度图中梁每个截面的挠度是该处在恒载、活载、风载作用下可能出现的最大挠度，它们不一定由同一荷载工况产生。

13.【施工图】

选择【施工图】菜单，其子菜单各功能如下。

(1)【画施工图】：程序自动绘制整榀框架的施工图。

(2)【下一张图】：一榀框架需多张图绘制时，单击此菜单生成。

(3)【移动标注】：对图面上的标注用光标移动，以避免重叠现象。

(4)【移动图块】：可用光标移动图面上的立面、剖面、钢筋表等图块，从而调整图面布置。

(5)【图块炸开】：统一全图为一个坐标系。

本例选择【画施工图】子菜单，弹出提示输入框架名称的对话框，输入"KJ-1"，单击【OK】按钮后，窗口便显示出整榀框架的施工图，图名为 KJ-1.T，如图 3.39 所示。

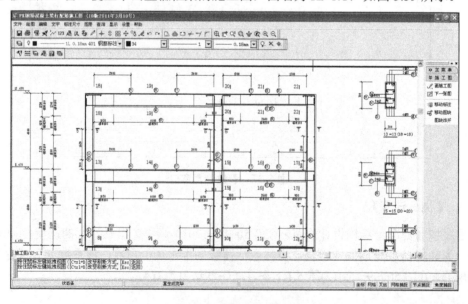

图 3.39　框架施工窗口

3.3.2 排架柱绘图

启动 PK 软件，改变当前工作目录，当完成 PK 主菜单 1 中排架结构的模型建立并进行计算后，选择 PK 主菜单 3【排架柱绘图】，然后单击【应用】按钮，进入排架柱绘图程序，如图 3.40 所示。其右侧各菜单功能如下。

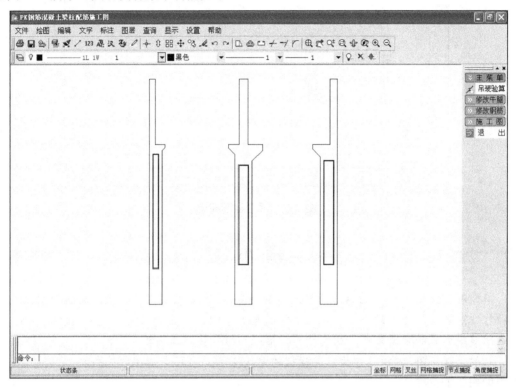

图 3.40　排架柱绘图窗口

1.【吊装验算】

画排架柱前，可先对每根排架柱作翻身、单点起吊的吊装验算，每根柱的起吊点可用光标在柱任意位置指定，并可反复调整，柱最后配筋将考虑结构计算与吊装计算结果的较大值。图 3.41 所示为光标选择某柱牛腿根部附近，进行翻身起吊时柱的弯矩图。

2.【修改牛腿】

单击【修改牛腿】按钮，窗口显示牛腿尺寸图，牛腿尺寸为程序自动计算生成，通过单击【牛腿尺寸】、【牛腿荷载】等按钮弹出的对话框可修改参数。

3.【修改钢筋】

本菜单可对程序选出的柱筋直径与根数进行修改。

4.【施工图】

单击该按钮后，程序自动绘制排架柱的施工图。

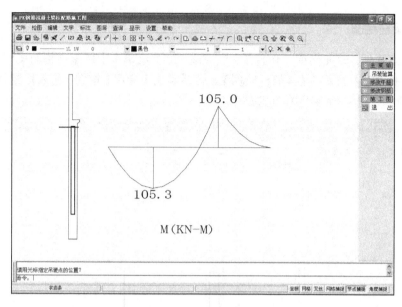

图 3.41　吊装验算窗口

本章小结

本章对 PKPM 系列中的钢筋混凝土框架、排架及连续梁结构计算与施工图绘制软件 PK 的操作方法做了较全面的讲述，包括软件的基本功能、软件的启动、交互式数据输入、打开空间建模形成的数据文件、结构计算、框架、排架柱施工图绘制等。

总的来说，PK 的操作分为计算模型的输入(即建立 PK 计算数据文件)、结构计算、施工图绘制 3 个步骤。

计算模型的输入可以采用人机交互的方式输入材料强度与地震计算等基本参数、绘制结构立面网格、梁柱布置，并进行荷载布置、数据检查等工作；也可以打开空间建模形成的数据文件，进行参数、荷载的查询修改。

结构计算是对内力和配筋计算的结果进行检查、调整。

施工图绘制是完成框架和排架柱最后的施工图。常见工程项目主要完成整榀框架施工图、排架柱模板图和排架柱配筋图等并合理进行施工图图面布置，准备最后打印出图，交付使用。

本章的教学目标是具备软件的实际操作能力，要达到这个目标，除了应当熟练掌握讲授的基本操作方法外，还应当多结合实际工程上机练习。正是基于这一点，本书专门通过真实案例，对软件的操作步骤做了较细致的讲解。

思考题

一、简答题

1. 简述 PK 软件的基本功能和应用范围。

2．当应用 PK 软件进行施工图辅助设计时，需执行哪几个步骤？

3．PK 计算数据文件的建立有哪几种方式？

4．简述人机交互输入建立框架结构模型的操作过程。

二、综合实训

排架柱的设计

【实训目标】

熟悉 PK 软件的主要操作步骤。

【工程资料】

某二跨等高排架如图 3.42 所示，划分为 9 个节点，6 个柱段，图 3.42 中圆圈内数字为节点编号，柱右数字为柱段编号，一共 3 根排架柱，其上柱截面皆为矩形，尺寸分别为 500mm×400mm、500mm×600mm、500mm×500mm，下柱截面皆为工字型，尺寸分别为 500mm×900mm、500mm×1200mm、500mm×1200mm，工字型截面腹板厚为 150mm，翼缘根高 225mm，边缘高 200mm，屋面梁皆为铰支。8 级抗震设防，抗震等级为二级，Ⅱ类场地，设计地震分组为第一组。梁、柱混凝土强度等级 C30，采用 HRB400 级纵向受力钢筋，HPB300 级箍筋。图 3.42～图 3.47 依次是它的排架立面简图、恒载图、活载图、左风载图、右风载图和吊车荷载图。

图 3.42　排架立面图

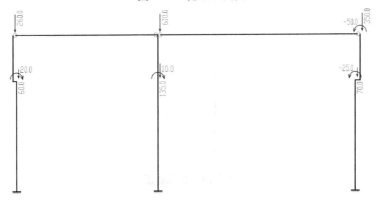

图 3.43　恒载图

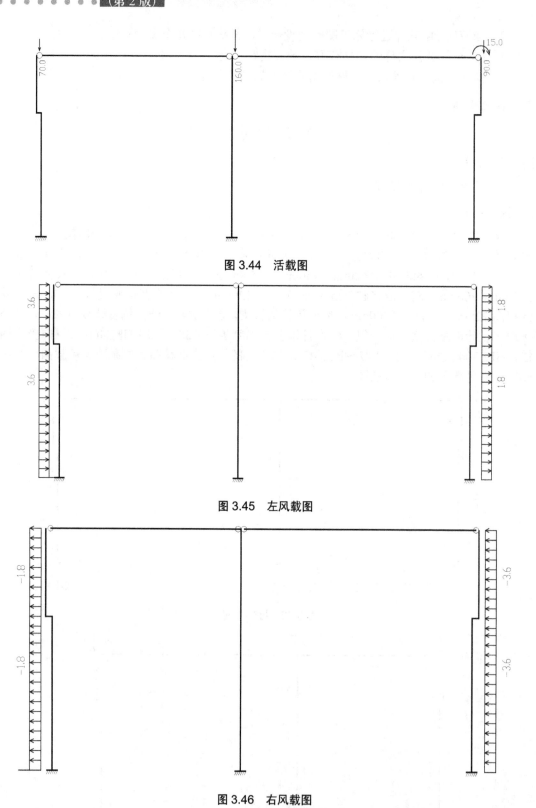

图 3.44　活载图

图 3.45　左风载图

图 3.46　右风载图

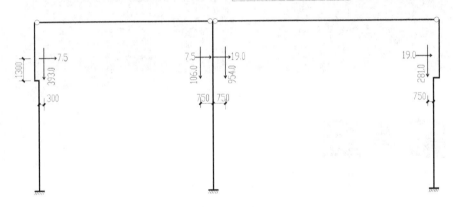

图 3.47　吊车荷载图

【实训要求】

根据给出的工程项目资料完成排架柱的设计，包含以下内容。

(1) 交互式输入排架结构数据文件。

(2) 进行结构计算。

(3) 绘制排架柱施工图。

第4章

多层及高层建筑结构空间有限元分析与设计软件 SATWE

教学目标

通过本章的学习，了解 SATWE 软件的基本功能和应用范围，掌握该软件的操作步骤和操作方法，能够应用 SATWE 软件进行多、高层建筑的结构设计。其具体包括：接 PM 生成 SATWE 数据；结构内力、配筋计算；PM 次梁内力与配筋计算；分析结果图形和文本显示。

教学要求

能力目标	知识要点	权重
了解 SATWE 软件	(1) 了解软件的基本功能和应用范围； (2) 能启动 SATWE 软件	10%
掌握 SATWE 软件的前处理接 PMCAD 生成 SATWE 数据	(1) 熟练使用分析与设计参数定义； (2) 掌握特殊构件补充定义、温度荷载定义、弹性支座/支座位移定义、多塔结构补充定义； (3) 能生成 SATWE 数据文件，并通过数据检查； (4) 了解其他参数的修改，能进行图形检查	40%
掌握内力及配筋计算	启动菜单进行结构内力及配筋计算	10%
掌握分析结果图形和文本显示	应用各级菜单对结果图形和文本显示进行分析，对结构的合理性进行判断、修正，并能利用计算结果，完成施工图的绘制，打印计算书	40%

4.1   SATWE 简介

SATWE 为 Space Analysis of Tall-Building with Wall-Element 的缩略语,这是应现代多、高层建筑发展要求专门为多、高层建筑设计而研制的空间组合结构有限元分析软件。

SATWE 分多层版与高层版两种版本。两者区别如下:多层版限八层以下(包括八层);多层版没有考虑楼板弹性变形功能;多层版没有动力时程分析和吊车荷载分析功能;多层版没有与 FEQ 的数据接口。本章主要介绍多层版 SATWE-8。

4.1.1   SATWE 与 TAT 的区别

SATWE 与 TAT 的区别在于墙和楼板的计算模型不同,SATWE 对剪力墙采用的是在壳元基础上凝聚而成的墙元模型。对于楼盖,SATWE 程序采用多种模型来模拟,有"刚性楼板"和"弹性楼板"两大类,当采用墙元模型建模时,就不需要像 TAT 程序那样做那么多的简化,只需要按实际情况输入即可;应用弹性楼板可以更准确地计算更复杂、不规则的实际工程。SATWE 接 PM 前处理计算过程和核心计算的过程和 TAT 基本相同,本章通过一个案例计算,给出用 SATWE 程序进行结构计算的具体过程。

4.1.2   SATWE 软件的文件管理

Windows 版 SATWE 软件的运行是通过 PKPM 总程序控制的。Windows 版 SATWE 软件的程序清单及各程序模块的主要功能如下(图 4.1、图 4.2)。

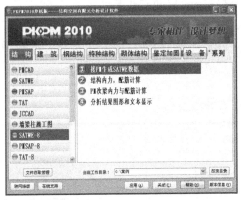
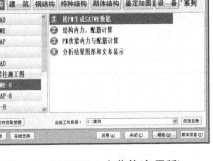

图 4.1   SATWE-8 主菜单(多层版)   图 4.2   SATWE 主菜单(高层版)

SATWE 软件要求不同的工程要在不同的子目录下进行结构分析与设计,以避免数据文件冲突。

SATWE 数据文件分为以下几类。

1. 工程原始数据文件

这里所说的数据文件指 PMCAD 主菜单 1、2 生成的数据文件,若工程数据文件名为 AAA,则工程原始数据文件包括 AAA.*和*.pm。

2. 补充输入数据文件

由于在 PMCAD 中未考虑高层结构的有关特殊信息，所以在 SATWE 的前处理中要求补充输入这些信息，包括有关参数的取值，特殊构件的定义和多塔信息等，这类数据文件见表 4-1。

表 4-1　补充输入数据文件

文件名	文件内容
Sat_def.pm	补充输入的有关参数
Sat_add.pm	特殊构件信息
Sat_tow.pm	多塔信息

3. 计算过程的中间数据(*.mid)

计算过程的中间数据文件以.mid 为扩展名，这部分数据对硬盘空间的占用量比较大，有时为了节省硬盘空间，可将这类文件删掉。中间数据文件名及存放的数据内容见表 4-2。

表 4-2　计算过程的中间数据文件

文件名	文件内容
Stif.mid	总刚矩阵
Wall.mid	墙元凝聚信息
Lateral.mid	侧刚矩阵、单位力作用下的位移

这些中间数据文件都是在结构整体分析时生成的，程序没有自动删掉这些中间数据文件，其目的是为了便于分步进行计算，以减少不必要的重复计算工作。当工作完成后，若想留出更多的硬盘空间给其他工程使用，可删掉这些中间数据文件。

4. 计算结果输出文件

计算结果输出文件分 3 类，其扩展名分别为.sat、.out 和.t。

1) 以.sat 为扩展名的输出文件(表 4-3)

表 4-3　以.sat 为扩展名的输出文件

文件名	文件内容
Stru.sat	几何数据文件(文本文件)
Load.sat	竖向荷载数据文件(文本文件)
Wind.sat	风荷载数据文件(文本文件)
Data.sat	经数据检查后形成的几何、荷载数据文件(计算用)
Mass.sat	结构的质量矩阵、质心坐标和自由度等信息(计算用)
Tojlq.sat	PM 与 SATWE 之间构件对应关系文件(接 PK 用)
Mode.sat	周期、振型、地震力信息
Disp.sat	结构在各工况下的位移
Wfrc.sat	结构构件的内力数据文件
Wpj.sat	结构构件的配筋数据文件
Wdcnl.sat	接 JCCAD、BOX 用底层柱、墙底组合内力
Jlqpj.sat	接 JLQ 绘剪力墙施工图用的配筋文件

注：Data.sat 是前处理数据检查时生成的。

2) 以.out 为扩展名的输出文件(文本格式文件)

这些文件都是文本格式输出文件，见表 4-4。

表 4-4 以.out 为扩展名的输出文件

文件名	文件内容
Wmass.out	质量、质心、刚心等信息文件
Wzq.out	周期、地震力、振型等信息
Wdisp.out	各工况下结构位移
Sat-k.out	薄弱层验算结果
Wnl*.out	各层内力标准值
Wwnl*.out	各层地震作用调整后内务标准值
Wpj*.out	各层配筋输出
Wgcpj.out	各层超配筋信息
Wdcnl.out	底层柱、墙底组合内力

3) 以.t 为后缀的输出文件(图形文件)

这些文件都是图形文件。以图形方式输出的部分主要文件见表 4-5。

表 4-5 以.t 为后缀的输出文件

文件名	文件内容
Flr*.t	各层平面简图
Load*.t	各层荷载简图
Wpj*.t	各层配筋简图
Wpjw*.t	各层墙-柱、墙-梁编号简图
Mode*.t	振型简图

4.1.3 SATWE 的几种楼板假定的适用范围

(1) 刚性楼板。"刚性楼板"的含义是楼板平面内刚度无穷大，忽略面外刚度。"假定楼板整体平面无限刚"多用于常规结构，"假定楼板分块内无限刚"适用于多塔错层结构。

(2) 弹性楼板 6。它采用壳单元真实计算楼板平面内平面外的刚度，适用于板柱结构和板柱-抗震墙结构。

(3) 弹性楼板 3。假定楼板面内刚度无穷大，面外刚度真实计算，适用于厚板转换结构。

(4) 弹性膜。"弹性膜"采用壳单元真实计算楼板平面内的刚度，忽略楼板平面外的刚度，适用于空旷的工业厂房和体育场馆结构、楼板局部开大洞结构、楼板平面较长或者有较大凹入及弱连接结构。

4.1.4 设计项目任务

本章 SATWE 软件的操作结合【应用案例 2-1】进行学习。

在第 2 章 PMCAD 主菜单 1、2(建筑模型与荷载输入、平面荷载显示校核)操作的基础上，接力 SATWE-8 进行计算分析，完成以下任务。

(1) 接 PM 生成 SATWE 数据。

(2) 进行结构内力、配筋计算。

(3) 分析结构图形和文本显示。

⬤ 特 别 提 示 ....

● 本章后续讲授的操作步骤都是利用第 2 章【应用案例 2-1】的结构建模，接力 SATWE-8 进行计算分析的，所出现的窗口显示都是针对该工程项目的，无特殊情况，不再做其他说明。

4.2 接 PM 生成 SATWE 数据

在图 4.1 所示的 SATWE-8 主菜单界面下，选择主菜单 1【接 PM 生成 SATWE 数据】，在当前工作目录中选择"G 盘案例文件夹"(同第 2 章工作目录)，单击【应用】按钮后，弹出图 4.3 所示的前处理对话框，选择【图形检查】选项，弹出图 4.4 所示的对话框。

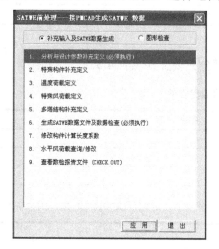

图 4.3　补充输入及 SATWE 数据生成

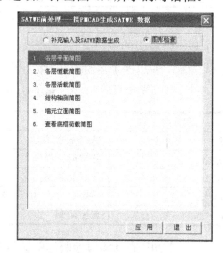

图 4.4　图形检查

4.2.1　【分析与设计参数补充定义(必须执行)】

多、高层结构分析需补充的参数共 10 项，它们分别是【总信息】、【风荷载信息】、【地震信息】、【活荷信息】、【调整信息】、【设计信息】、【配筋信息】、【荷载组合】、【地下室信息】和【砌体结构】。对于一个工程，在第一次启动 SATWE 主菜单时，程序自动将上述所有参数赋值(取多数工程中常用值作为其默认值)，并将其写到硬盘文件上，当以后再启动时，程序自动读取文件中的信息，在每次修改这些参数后，程序都自动保存，以保证这些参数在以后使用中的正确性。

在图 4.3 所示的对话框中，选择第 1 项【分析与设计参数补充定义(必须执行)】，然后单击【应用】按钮，进行参数设置。

1.【总信息】

选择【总信息】选项卡，进行总信息参数设置，如图 4.5 所示，这些参数的含义及取值原则如下。

(1)【水平力与整体坐标夹角(度)】：该参数为地震力、风力作用方向与结构整体坐标的夹角，逆时针方向为正，单位为度。当需进行多方向侧向力核算时，可改变此参数，程序在形成 SATWE 数据文件时，自动考虑此参数的影响。

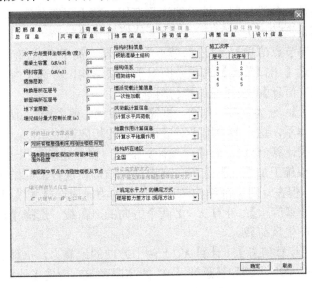

图 4.5　【总信息】选项卡

(2)【混凝土容重(kN/m³)】：一般情况下，钢筋混凝土结构的容重为 25kN/m³，若采用轻混凝土或要考虑构件表面装修层重时，混凝土容重可填入适当值。一般框架取 26～27KN/m³，在这里输入的混凝土容重包含饰面材料。

(3)【钢材容重(kN/m³)】：一般情况下，钢材的容重为 78kN/m³，若要考虑钢构件表面装修层重时，钢材的容重可填入适当值。

(4)【裙房层数】：此处定义裙房层数。

(5)【转换层所在层号】：如果有转换层，必须在此指明其层号，以便进行正确的内力调整。

(6)【嵌固端所在层号】：该项考虑回填土对地下室的约束影响。一般嵌固端所在层号为地下室层数＋1，没有地下室时，嵌固端层号就填 1 层。

(7)【地下室层数】：该参数是为导算风荷载和自动形成嵌固约束信息服务的，因为地下室无风荷载作用。这里的地下室层数是指与上部结构同时进行内力分析的地下室部分。

(8)【墙元细分最大控制长度】(单位：m)：这是墙元细分时需要的一个参数，对于尺寸较大的剪力墙，在做墙元细分形成一系列小壳元时，为确保分析精度，要求小壳元的边长不得大于给定限值 D_{max}，程序限定 $1.0 \leqslant D_{max} \leqslant 5.0$，默认值为 $D_{max}=1.0$，D_{max} 对分析精度略有影响，但不敏感，对于一般工程，可取 $D_{max}=2.0$，对于框支剪力墙结构，D_{max} 可取得略小些，如 $D_{max}=1.5$或1.0。

(9)【对所有楼层强制采用刚性楼板假定】：一般计算结构位移比时，需要选择此项。在地震作用分析方法中，"侧刚计算"采用的是刚性楼板假定，该项选不选都可以；"总刚计算"如果没有定义弹性楼板且没有不与楼板相连的构件，也符合刚性楼板假定，选不选都行；应该注意的是，如果定义了弹性楼板且有不与楼板相连的构件，在位移比、层间位移比计算中如果选"总刚计算方法"则要选择此项，而在其他计算中不应选择此项。

(10)【强制刚性楼板假定时保留弹性板面外刚度】：SATWE 对地下室楼层总是强制采用刚性楼板假定，而刚性楼板假定是不考虑板面外刚度，像板柱体系的地下室，将无法考虑板面外的刚度，会影响柱内力，故考虑此项。

(11)【墙梁跨中节点作为刚性楼板从节点】：当勾选此复选框时，墙梁内力平衡校核应考虑轴力；当不勾选此复选框时，墙梁能满足弯矩、剪力平衡条件。所以，勾选与否，影响构件内力，尤其是连梁内力，勾选一定程度能缓解连梁超筋。

(12)【墙元侧向节点信息】："出口节点"计算精度高于"内部节点"，但非常耗时。对于多层结构，应选【出口节点】选项，而对于高层结构，可选【内部节点】选项。

(13)【结构材料信息】：按相应结构材料选定。

(14)【结构体系】：分为框架、框剪、框筒、筒中筒、剪力墙、短肢剪力墙和复杂高层、板柱剪力墙等结构体系，这个参数用来对应规范中的相应调整系数。

(15)【恒活荷载计算信息】：竖向荷载计算信息，多层建筑选择【一次性加载】选项；高层建筑选择【模拟施工加载 1】选项。高层框剪结构在进行上部结构计算时选择【模拟施工加载 1】选项，但在计算上部结构传递给基础的力时应选择【模拟施工加载 2】选项。

(16)【风荷载计算信息】：计算 X、Y 两个方向的风荷载，选择【计算风荷载】选项，此时地下室外墙不产生风荷载。

(17)【地震作用计算信息】：计算 X、Y 两个方向的地震力，抗震设计时选择【计算水平地震力】选项；8°、9° 大跨和长悬臂及 9° 的高层建筑，应选【计算水平和竖向地震力】选项。

(18)【结构所在地区】：选择【全国】选项。

(19)【"规定水平力"的确定方式】：选择【楼层剪力差方法(规范方法)】选项。

2.【风荷载信息】

选择【风荷载信息】选项卡，进行风荷载参数设置，如图 4.6 所示，这些参数的含义及取值原则如下。

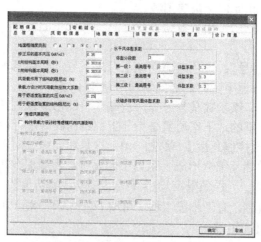

图 4.6　【风荷载信息】选项卡

(1)【地面粗糙度类别】：建筑密集城市市区选 "C" 类，乡镇、市郊选 "B" 类，海岸选择 "A" 类，如果建筑密集城市市区且周围房屋较高选 "D" 类。

(2)【修正后的基本风压(kN/m²)】：本工程 $W_0=0.35$。

(3)【结构基本周期(秒)】：结构基本周期的默认值由经验公式确定，如果已经知道结构的计算周期，此处可以直接填计算周期，可以使风荷载的计算更加准确。

(4)【体型分段数】：现代多、高层结构立面变化较大，不同的区段内体型系数可能不一样，程序限定的体形最多可分三段取值，体形无变化填1。

(5) 各段【最高层号】：按各分段内各层的最高层号填写，若体型系数只分一段或两段，则仅需填写前一段或两段的信息，其余信息可不填。

(6) 各段【体型系数】：高宽比不大于4的矩形、方形、十字形平面取1.3。

(7)【设缝多塔背风面体型系数】：对于设缝多塔结构，用户可以指定各塔的挡风面，程序在计算风荷载时会自动考虑挡风面的影响，并采用此处输入的背风面体型系数对风荷载进行修正。

(8)【风荷载作用下结构的阻尼比】：用于计算风荷载，取0.5。

(9)【承载力设计时风荷载效应放大系数】："高规"规定在对风荷载比较敏感的高层建筑进行承载力设计时，应按基本风压的1.1倍采用。

(10)【用于舒适度验算的风压】：计算舒适度的基本风压按现行国家标准《建筑结构荷载规范》(GB 50009—2012)(以下简称《荷载规范》)规定的10年一遇的风荷载标准值。

(11)【用于舒适度验算的结构阻尼比】：用于舒适度验算，按照高规取1%~2%。

(12)【考虑风振影响】按《荷载规范》第8.4.1、第8.4.3条规定考虑。

(13)【构件承载力设计时考虑横风向风振影响】按《荷载规范》第8.5.3条规定考虑。

3.【地震信息】

选择【地震信息】选项卡，进行地震信息参数设置，如图4.7所示，这些参数的含义及取值原则如下。

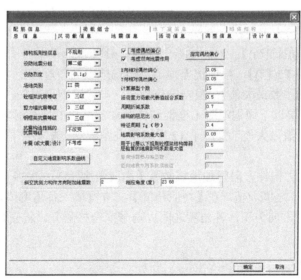

图4.7　【地震信息】选项卡

(1)【结构规则性信息】：根据结构具体情况选择规则或不规则。

(2)【设计地震分组】：依据抗震规范指定设计地震分组。

(3)【设防烈度】：依据抗震规范选择。

(4)【场地类别】：依据工程地质勘察报告选择，0代表上海地区。

(5)【混凝土框架抗震等级】：依据抗震规范选择。

(6)【剪力墙抗震等级】：依据抗震规范选择。

(7)【抗震构造措施的抗震等级】：依据抗震规范选择。一般重点设防类(乙类)建筑的抗震构造措施按提高抗震等级一级填写。

(8)【中震(或大震)设计】：一般不考虑。中震(或大震)不屈服做结构设计属于结构性能设计范畴，目前对于复杂结构及超高超限施工图的审查，基本上都要求进行中震验算。在高烈度地区，对结构中比较重要的抗侧力构件，宜进行中震弹性验算，其他抗侧力构件，宜进行中震不屈服验算。

(9)【考虑偶然偏心】：如果考虑偶然偏心，程序将自动增加计算 4 个地震工况，分别是质心沿 Y 正、负向偏移 5% 的 X 地震和质心沿 X 正、负向偏移 5% 的 Y 地震。

(10)【考虑双向地震作用】：多层建筑一般按单向地震计算，即不考虑"双向地震作用"；高层建筑(平面或且竖向不规则)一般直接选择"双向地震"。

(11)【计算振型个数】：一般振型数应大于9，多塔结构计算振型数应取更多些。但也要特别注意一点，此处指定的振型数不能超过结构固有振型的总数，例如一个规则的两层结构，采用刚性楼板假定，由于每块刚性楼板只有 3 个有效动力自由度，整个结构共有 6 个有效动力自由度，所以这样系统自身只有 6 个特征值，这时就不能指定 9 个振型，最多只能取 6 个，否则会造成地震力计算异常。

(12)【活荷重力荷载代表值组合系数】：指计算重力荷载代表值时的活荷载组合系数，按抗震规范取用(一般为 0.5)，如果用户需要，也可以自己修改。

(13)【周期折减系数】：周期折减的目的是为了充分考虑框架结构和框架－剪力墙结构的填充墙刚度对计算周期的影响。对于多层框架结构，若填充墙较多，周期折减系数可取 0.6～0.7，若填充墙较少则取 0.7～0.8；对于高层框架结构，取 0.6～0.7，框架－剪力墙结构，取 0.7～0.8，纯剪力墙结构取 0.8～0.9。

(14)【结构的阻尼比(%)】：钢筋混凝土结构一般取"5%"。

(15)【特征周期 Tg(秒)】：根据抗震规范，与场地土类型对应。

(16)【地震影响系数最大值】：根据抗震规范，与设防烈度对应。

(17)【用于 12 层以下规则混凝土框架结构薄弱层验算的地震影响系数最大值】：相当于"罕遇地震影响系数最大值"仅用于 12 层以下规则混凝土框架结构薄弱层验算，一般工程此系数不起作用。

(18)【斜交抗侧力构件方向附加地震数】，【相应角度(度)】：最多可允许附加 5 组地震。附加地震数可在 0～5 之间取值。在【相应角度】文本框填入各角度值。该角度是与 X 轴正方向的夹角，逆时针方向为正，各角度之间以逗号或空格隔开。斜交角度大于 15° 时应输入计算。

4.【活载信息】

选择【活载信息】选项卡，进行活载信息参数设置，如图 4.8 所示，这些参数的含义及取值原则如下。

(1)【柱、墙设计时活荷载】是否折减：根据"荷载规范"，有些结构在柱、墙设计时，可对承受的活荷载进行折减。

(2)【传到基础的活荷载】是否折减：这是按照"地基规范"要求给出的各竖向构件的各种控制组合，活荷载作为一种工况，在荷载组合设计时，可进行折减。

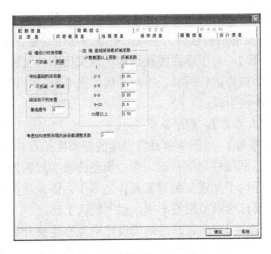

图 4.8　【活载信息】选项卡

(3)【梁活荷不利布置】、【最高层号】：SATWE 软件有考虑活荷不利布置功能。若将此参数填 0，表示不考虑活荷不利布置作用；若填一个大于零的数 NL，则表示从 1～NL 各层考虑梁活荷载的不利布置，而且 NL＋1 层以上不考虑活荷不利布置；若 NL 等于结构的层数 Nst，则表示对全楼所有层都考虑活荷的不利布置。

(4)【柱、墙、基础活荷载折减系数】：此处分 6 挡给出了"计算截面以上的层数"和相应的折减系数，这些参数是根据荷载规范给出的默认值，用户可以修改。

(5)【考虑结构使用年限的活荷载调整系数】：高规规定当设计年限为 50 年时，此系数为 1.0；设计年限为 100 年时，此系数为 1.1。

5.【调整信息】

选择【调整信息】选项卡，进行调整信息参数设置，如图 4.9 所示，这些参数的含义及取值原则如下。

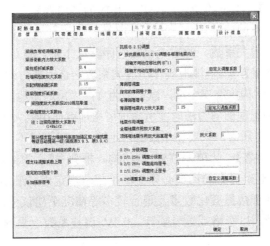

图 4.9　【调整信息】选项卡

(1)【梁端负弯矩调幅系数】：在竖向荷载作用下，钢筋混凝土梁设计允许考虑混凝土的塑性变形内力重分布，适当减小支座负弯矩，梁端负弯矩调幅系数在 0.8～1.0 范围内取值。

(2)【梁活荷载内力放大系数】：为了考虑活荷载的不利布置而设置的，默认值为 1.0，取值范围可取 1.0～1.2，梁的活荷载内力值取活荷载满布结果乘以梁活荷载内力放大系数。

(3)【梁扭矩折减系数】：对于现浇楼板结构，当采用刚性楼板假定时，可以考虑楼板对梁抗扭的作用而对梁的扭矩进行折减，折减系数可在 0.4～1.0 范围内取值。若考虑楼板的弹性变形，梁的扭矩不应折减。

(4)【托墙梁刚度放大系数】：程序默认 1。

(5)【实配钢筋超配系数】：对于 9 度设防烈度的各类框架及一级抗震等级的框架结构，框架梁和连梁端部剪力、框架柱端部弯距、剪力调整应按实配钢筋和材料强度标准值来计算。在出施工图前，程序也不知道实配钢筋具体是多少，因此需要设计人员根据经验输入超配系数，程序根据该值自动调整配筋面积，程序默认 1.15。

(6)【连梁刚度折减系数】：多、高层结构设计中允许连梁开裂，开裂后连梁的刚度有所降低，程序中通过连梁刚度折减系数来反映开裂后的连梁刚度。为避免连梁开裂过大，此系数不宜取值过小，一般不宜小于 0.55。剪力墙洞口部分(连梁)也采用此参数进行刚度折减。

(7)【梁刚度放大系数】：可以直接点取按 2010 规范取值；也可以直接输入，现浇楼板取 1.3～2.0，宜取 2.0；装配式楼板取 1.0。

(8)【部分框支剪力墙结构底部加强区剪力墙抗震等级自动提高一级高规表】：应符合高规规定，本例不选。

(9)【调整与框支柱相连的梁内力】：本例不选。

(10)【框支柱调整系数上限】：框支柱调整上限可以人为控制，程序默认是 5。

(11)【指定的加强层个数】、【各加强层层号】：软件自动实现加强层及相邻层柱、墙抗震等级自动提高一级。

(12)【按抗震规范(5.2.5)调整各楼层地震内力】：选择勾选。强、弱轴方向动位移比例按照结构周期值的大小输入 0 或 0.5 或 1。

(13)【薄弱层调整】：指定的薄弱层个数、相应的各薄弱层层号及地震内力放大系数。程序要求设计人员输入薄弱层楼层号，输入各层号时以逗号或空格隔开，程序对薄弱层构件的地震作用内力乘以增大系数，此增大系数程序默认 1.25，也可以自定义调整系数。

(14)【地震作用调整】："全楼地震作用放大系数"是地震力调整系数，可通过此参数来放大地震作用，提高结构抗震安全度，默认值为 1；"顶塔楼地震作用放大起算层号"及"放大系数"是一般当采用底部剪力法时才考虑顶塔楼地震作用放大系数。目前 SATWE 软件均采用振型分解法计算地震力，只要振型数取得足够，一般可以不考虑塔楼地震力放大。

(15)【$0.2V_0$ 分段调整】：此项调整框-剪结构、框架-核心筒结构的框架梁、柱的剪力和弯矩，不调整轴力，框架剪力的调整必须在满足规范规定楼层最小剪重比的前提下进行。主楼带有较大裙房、柱子数量变化较多及退台较多等情况下建议分段调。调整分段数、每段起始层号和终止层号，以空格或逗号隔开。$0.2V_0$ 调整系数上限程序默认为 2，也可以自定义调整系数。

6.【设计信息】

选择【设计信息】选项卡，进行设计信息参数设置，如图 4.10 所示，各参数含义如下。

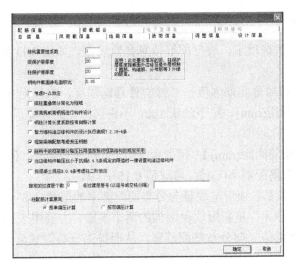

图 4.10　【设计信息】选项卡

(1) 【结构重要性系数】：按规范取值。

(2) 【梁保护层厚度】：按规范取值。

(3) 【柱保护层厚度】：按规范取值。

(4) 【钢构件截面净毛面积比】：钢构件截面净面积与毛面积的比值。

(5) 【考虑 P-Δ 效应】：一般不考虑。

(6) 【梁柱重叠部分简化为刚域】：选择此项则程序将梁柱交叠部分作为刚域计算，否则将梁柱交叠部分作为梁的一部分计算。一般工程选择作为不简化，异形柱结构宜选择"简化作为刚域"。

(7) 【按高规或高钢规进行构件设计】：选择此项，程序按高规进行荷载组合计算，按高钢规进行构件设计计算；否则，按多层结构进行荷载组合计算，按普通钢结构规范进行构件设计计算。

(8) 【钢柱计算长度系数按有侧移计算】：选择此项，钢柱的计算长度系数按有侧移计算；否则按无侧移计算。

(9) 【剪力墙构造边缘构件的设计执行高规 7.2.16-4 条】：此项不选。

(10) 【框架梁端配筋考虑受压钢筋】：选择此项。

(11) 【结构中的框架部分轴压比限值按照纯框架结构的规定采用】：选择此项。

(12) 【当边缘构件轴压比小于抗规 6.4.5 条规定的限值时一律设置构造边缘构件】：选择此项。

(13) 【按混凝土规范 B.0.4 条考虑柱二阶效应】：此项不选。按规范此项是计算排架结构用的，其他结构体系一般不用它。

(14) 【指定的过渡层个数】、【各过渡层层号】：此项不选。《高层建筑混凝土结构技术规程》(JGJ 3—2010)规定 B 级高度高层建筑的剪力墙，宜在约束边缘构件层和构造边缘构件层之间设置 1～2 层过渡层。

(15) 【柱配筋计算原则】：按单偏压计算，程序按单偏压公式分别计算两个方向配筋；按双偏压计算，程序按双偏压公式分别计算两个方向配筋和角筋。

7. 【配筋信息】

选择【配筋信息】选项卡，进行配筋信息参数设置，如图 4.11 所示，这些参数的含义如下：

(1) 梁、柱箍筋和墙分布筋强度、边缘构件箍筋强度，单位为 N/mm^2。

(2) 梁、柱箍筋间距(mm)。程序默认 100，不许修改。经计算后用户根据内定 100 间距人工调整箍筋。

(3) 【墙水平分布筋间距(mm)】：可取值 100～400，一般取 200。

(4) 【墙竖向分布筋配筋率(%)】：可取值 0.15～1.2。

(5) "结构底部需要单独指定墙竖向分布筋配筋率的层数 NSW"及"结构底部 NSW 层的墙竖向分布筋配筋率"是新版软件增加的两个参数，主要用来提高框架-核心筒等类结构的核心筒底部加强部位竖向分布筋配筋率，从而提高核心筒底部加强部位的延性。

8. 【荷载组合】

选择【荷载组合】选项卡，进行荷载组合参数设置，如图 4.12 所示，一般选择程序默认值。

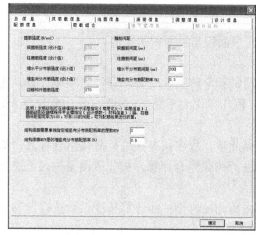
图 4.11　【配筋信息】选项卡

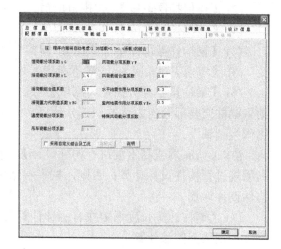
图 4.12　【荷载组合】选项卡

9. 【地下室信息】

本例无地下室，此项不填。

10. 【砌体结构】

选择【砌体结构】选项卡，进行砌体结构信息设置，本例为钢筋混凝土结构，此项不填。

4.2.2　【特殊构件补充定义】

在图 4.3 所示的对话框中选择【特殊构件补充定义】选项，单击【应用】按钮，弹出图 4.13 所示的窗口。此时，可以定义特殊梁(不调幅梁、连梁、转换梁、一端铰接、两端铰接、滑动支座、门式刚架、耗能梁、组合梁等)、特殊柱(上端铰接、下端铰接、两端铰接、角柱、转换柱、门式钢柱)、特殊支撑(两端固结、上端铰接、下端铰接、两端铰接、人/V

支撑、十/斜支撑)、特殊墙(临空墙、地下外墙)、特殊节点(附加质量)、抗震等级(梁、柱、支撑、墙)、材料强度(梁、柱、支撑、墙)。

　　本例只需要定义角柱为特殊构件，在各标准层中完成角柱定义，如果有其他特殊构件的补充定义，可以继续进行定义和修改。

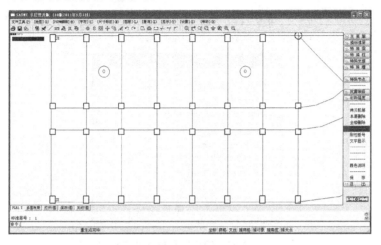

图 4.13　定义特殊构件

4.2.3　【温度荷载定义】

　　在图 4.3 所示的对话框中选择【温度荷载定义】选项，单击【应用】按钮，弹出图 4.14 所示的窗口。本例不考虑温度荷载，一般高层建筑不考虑温度荷载。

4.2.4　【多塔结构补充定义】

　　在图 4.3 所示的对话框中选择【多塔结构补充定义】选项，单击【应用】按钮，弹出图 4.15 所示的窗口。本例没有多塔，多塔对于大底盘建筑是常见的，多塔和单塔主要区别在于风荷载、结构周期计算方面，具体参见高规。对于多塔结构，目前有离散模型和整体模型两种计算方法。

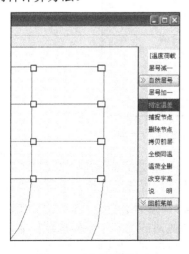

图 4.14　温度荷载定义

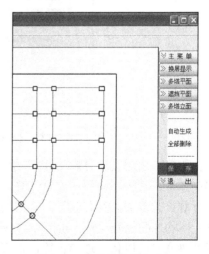

图 4.15　多塔结构补充定义

4.2.5 【生成 SATWE 数据文件及数据检查(必须执行)】

在完成各项定义后，选择【生成 SATWE 数据文件(必须执行)】选项，单击【应用】按钮，弹出图 4.16 所示选择对话框，勾选后单击【确定】按钮，运行"数据检查"，如果出现提示错误，则查看数据报告 CHECK.OUT，完成修改后再次选择【生成 SATWE 数据文件及数据检查(必须执行)】选项，数据检查通过，则 SATWE 前处理完成。

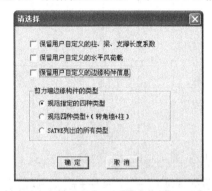

图 4.16　生成 SATWE 数据文件选择对话框

4.3　结构整体分析与构件内力配筋计算

选择图 4.1 所示窗口中的 SATWE-8 主菜单 2【结构内力，配筋计算】，弹出图 4.17 所示的对话框。

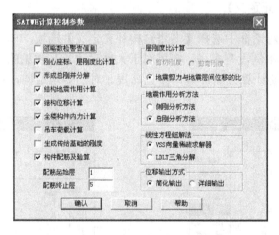

图 4.17　【SATWE 计算控制参数】对话框

由于多、高层结构分析的计算量巨大，而且还经常进行方案修改，反复计算，所以为了提高效率，减少不必要的重复计算，我们把整个计算过程分为六步：①刚心坐标、层刚度比计算；②形成总刚并分解；③结构地震作用计算；④结构位移计算；⑤全楼构件内力计算；⑥构件配筋及验算。由图 4.17 所示的对话框左侧对应的 6 个参数选项控制，各步之间相互独立，可以依次连续计算，也可分步计算，用户可灵活控制，如在方案修改时，仅改动了荷载信息，可不用再进行总刚计算了。用鼠标在计算控制参数各行点取，该行控制参数的取值在"算"和"不算"之间切换，"√"的含义为计算。

层刚度比计算中，提供 3 种选择，分别是【剪切刚度】、【剪弯刚度】和【地震剪力与地震层间位移比值(抗震规范方法)】。"剪切刚度"是按《高规》给出的方法计算的；"剪弯刚度"是按有限元方法，通过加单位力来计算的；"地震剪力与地震层间位移比值"方法是《抗规》条文说明中给出的。3 种方法可能给出差别较大的刚度比结果，用户应根据工程实际做出选择，对于大多数一般的结构应选择第三种层刚度算法。

与【结构地震作用计算】相应的是【地震作用分析方法】参数，其中有【侧刚分析方法】和【总刚分析方法】两个选项，"侧刚分析方法"是指按侧刚模型进行结构振动分析，"总刚分析方法"则是指按总刚模型进行结构的振动分析，当考虑楼板的弹性变形(某层整体或局部有弹性楼板单元)或有较多的错层构件时，建议采用"总刚分析方法"，即按总刚模型进行结构的振动分析，其他情况可采用"侧刚分析方法"。"总刚分析方法"精确度高。

在【线性方程组解法】中，有【VSS 向量稀疏求解器】和【LDLT 三角分解】这两种方程求解方法以供选择。"VSS 向量稀疏求解器"是一种大型稀疏对称矩阵快速求解方法；"LDLT 三角分解"是通常所用的非零元素下三角求解方法。"VSS 向量稀疏求解器"在求解大型、超大型方程时要比"LDLT 三角分解"方法快得多，所以程序默认指向"VSS 向量稀疏求解器"算法。由于求解方程的原理、方法不同，造成的误差原理就不同，提供两种解方程的方法可以用于对比。

在【位移输出方式】有【简化输出】和【详细输出】两个选项，当选择【简化输出】选项时，在 WDISP.OUT 文件中仅输出各工况结构的楼层最大位移值，不输出各节点的位移信息，按总刚模型进行结构的振动分析，在 WZQ.OUT 文件中仅输出周期、地震力，不输出各振型信息；若选择【详细输出】选项，则在前述的输出内容基础上，在 WDISP.OUT 文件中还输出各工况下每个节点的位移，在 WZQ.OUT 文件中还输出各振型作用下每个节点的位移。

另外，当要计算吊车作用时，应选择【吊车荷载计算】选项；要使上部结构刚度与基础共同分析时，应选择【生成传给基础的刚度】选项，这样在基础分析时，选择上部刚度，即可实现上下部共同工作。

【构件配筋及验算】选项的功能包括按现行规范进行荷载组合、内力调整，然后计算钢筋混凝土构件梁、柱、墙的配筋。程序按选择的"配筋起始层"和"配筋终止层"进行构件的配筋、验算，但在第 1 次计算时，必须计算整层即所有层都要选择，第 2 次以后就可以按需要选择了。

对于带有剪力墙的结构，程度自动生成边缘构件，并可以在边缘构件配筋简图中，或在边缘构件的文本文件"SATBMB.OUT"中查看边缘构件的配筋结果。

对于 12 层以下的混凝土矩形柱纯框架结构，程序将自动用简化的方法进行弹、塑性位移验算和薄弱层验算，并可在 SAT-K.OUT 文件中查看计算结果。

在确定好各项计算控制参数后，可单击【确认】按钮开始进行结构分析，若不想进行计算，可单击【取消】按钮返回前菜单。

4.4 PM 次梁内力与配筋计算

这项菜单的功能是将在 PMCAD 中输入的次梁按"连续梁"简化力学模型进行内力分析，并进行截面配筋设计。一般在 PM 建模中，如果容量允许，可以把次梁作为主梁输入，因此不必执行此项，如果有次梁输入，则完成此项计算。

【应用案例 2-1】中卫生间输入了次梁，应该运行此项运算，操作步骤比较简单，可以自行练习，并查看内力及配筋计算结果。

4.5 分析结果图形和文本显示

选择图 4.1 所示 SATWE-8 主菜单 4【分析结果图形和文本显示】，弹出图 4.18 所示的对话框，选择【文本文件输出】选项，单击【应用】按钮，弹出图 4.19 所示的对话框。

图 4.18 分析结果图形显示

图 4.19 分析结果文本显示

4.5.1 图形文件输出

1. 【各层配筋构件编号简图】

如图 4.20 所示，在配筋构件编号简图上，标注了梁、柱、支撑等的序号。实际操作中，青色数字为梁序号，黄色数字为柱序号，紫色数字为支撑序号，绿色数字为墙-柱序号，蓝色数字为墙-梁序号。本图对于每根墙-梁，还在其上部标出截面宽度和高度。(注：墙-柱、墙-梁是 SATWE 软件引入的新概念，墙-柱指剪力墙的一个配筋墙段，墙-梁指剪力墙洞口之间的部分。)

图中的双同心圆旁的数字为该层的刚度中心坐标，带十字线的圆环旁的数字为该层的质心坐标。本结构体系不规则，刚心和质心有一定偏差。

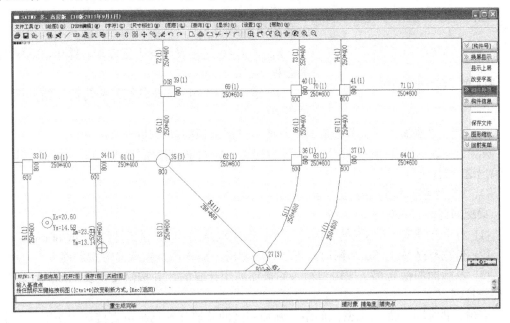

图4.20　配筋构件编号简图窗口

2.【混凝土构件配筋及钢构件验算简图】

这项菜单的功能是以图形方式显示配筋验算结果，如图4.21所示，图上梁、柱、支撑、墙的配筋结果表达方式如下。

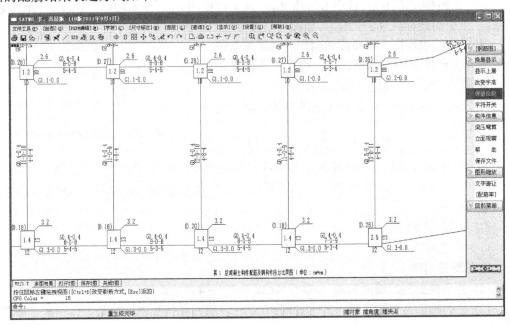

图4.21　混凝土构件配筋及钢构件验算简图窗口

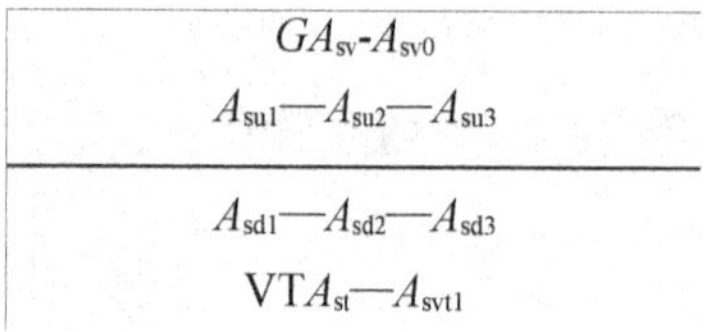

$$GA_{sv}\text{-}A_{sv0}$$
$$A_{su1}\text{—}A_{su2}\text{—}A_{su3}$$

$$A_{sd1}\text{—}A_{sd2}\text{—}A_{sd3}$$
$$VT A_{st}\text{—}A_{st1}$$

图 4.22 混凝土梁配筋表示法

1) 钢筋混凝土梁

混凝土梁的表示方法如图 4.22 所示。

其中：A_{su1}、A_{su2}、A_{su3} 表示梁上部左端、跨中、右端的配筋面积(cm^2)；

A_{sd1}、A_{sd2}、A_{sd3} 表示梁下部左端、跨中、右端的配筋面积(cm^2)；

A_{sv} 表示梁加密区抗剪箍筋面积与剪扭箍筋面积的较大值(cm^2)；

A_{sv0} 表示梁非加密区抗剪箍筋面积与剪扭箍筋面积的较大值(cm^2)；

A_{st}、A_{st1} 表示梁受扭纵筋和抗扭箍筋沿周边布置的单肢箍面积，或 A_{st}、A_{st1} 都为零，则不输出这一行(cm^2)；

G、VT 为箍筋和剪扭配筋标志。

梁配筋计算说明如下。

(1) 对于配筋率大于 1%的截面，程序自动按双排筋计算，此时保护层取 60mm。

(2) 当按双排筋计算还超限时，程序自动考虑压筋作用，按双筋方式配筋。

(3) 各截面的箍筋都是按用户输入的箍筋间距计算的，并按沿梁全长箍筋的面积配箍率要求控制。

若输入的箍筋间距为加密区间距，则加密区的箍筋计算结果可直接参考使用；如果非加密区与加密区的箍筋间距不同，则应对非加密区箍筋间距按计算结果进行换算；若输入的箍筋间距为非加密区间距，则非加密区的箍筋计算结果可直接参考使用；如果加密区与非加密区的箍筋间距不同，则应对加密区箍筋间距按计算结果进行换算。

2) 矩形混凝土柱

在左上角标注(U_c)，在柱中心标注 A_{svj}，在下边标注 A_{sx}，在右边标注 A_{sy}，上引出线标注 A_{sc}，下引出线标注 A_{sv} 和 A_{sv0}，如图 4.23 所示。

其中：A_{sc} 表示柱一根角筋的面积，当采用双偏压计算时，角筋面积不应小于此值，当采用单偏压计算时，角筋面积可不受此值控制(cm^2)；

A_{sx}、A_{sy} 表示该柱 B 边和 H 边的单边配筋，包括角筋(cm^2)；

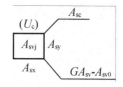

图 4.23 混凝土柱配筋表示法

A_{svj}、A_{sv}、A_{sv0} 表示柱节点域抗剪箍筋面积、加密区斜截面抗剪箍筋面积、非加密区斜截面抗剪箍筋面积，箍筋间距均在 S_c 范围内，其中，A_{svj} 取计算的 A_{svjx} 和 A_{svjy} 的大值，A_{sv} 取计算的 A_{svx} 和 A_{svy} 的大值，A_{sv0} 取计算的 A_{svx0} 和 A_{svy0} 的大值(cm^2)；

U_c 表示柱的轴压比；

G 为箍筋标志。

柱配筋说明如下。

(1) 柱全截面的配筋面积为：$A_s = 2 \times (A_{sx} + A_{sy}) - 4 \times A_{sc}$。

(2) 柱的箍筋是按用户输入的箍筋间距 S_c 计算的，并按加密区内最小体积配箍率要求控制。

(3) 柱的体积配箍率是按普通箍和复合箍的形式取值的。

3) 墙-柱

墙-柱的表示方法如图 4.24 所示。

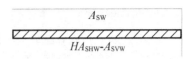

图 4.24　墙-柱配筋表示法

其中：A_{sw} 表示墙-柱一端的暗柱配筋总面积(cm²)，如计算不需要配筋时取 0 且不考虑构件钢筋。当墙-柱长小于 3 倍墙厚时，按柱配筋，A_{sw} 为按柱对称配筋计算的单边钢筋面积(cm²)；

A_{shw} 表示在水平分布筋间距 S_{wh} 范围内的水平分布筋面积(cm²)；

A_{svw} 表示地下室外墙或人防临空墙，在水平分布筋间距 S_{wh} 范围内的竖向分布筋面积(cm²)；

H 为分布筋标志。

4) 墙-梁

墙-梁的配筋及输出格式与普通框架梁一致。墙-梁除混凝土强度与剪力墙一致外，其他参数如主筋强度、箍筋强度、箍筋间距、抗震等级均与框架梁一致。

此时，可以通过主菜单查看结构各层的配筋图，还可以通过箍筋/主筋开关调整来单独查看主筋、箍筋，如果出现红色显示，说明有构件超筋，如图 4.21 所示，如果字符较多拥挤在一起，可以通过下拉菜单的字符选项中的文字避让来处理。

3.【梁弹性挠度、柱轴压比、墙边缘构件简图】

本菜单以图形方式显示柱轴压比和计算长度系数、梁弹性挠度、以及剪力墙、边框柱产生的边缘构件信息。

4.【各荷载工况下构件标准内力简图】

通过这项菜单，可以以图形方式查看各荷载工况下各类构件的内力。

5.【各荷载工况下调整前构件标准内力简图】

通过这项菜单，可以以图形方式查看各荷载工况下调整前各类构件的内力。

6.【梁设计内力包络图】

通过这项菜单，可以以图形方式查看梁各截面设计内力包络图。每根梁给出 9 个设计截面，梁内力曲线是将各截面上的内力连线而成的。

7.【梁设计配筋包络图】

通过这项菜单，可以以图形方式查看梁截面的配筋结果，图面上负弯矩对应的配筋以负数表示，正弯矩对应的配筋以正数表示。

8.【底层柱、墙最大组合内力简图】

通过这项菜单，可以把专用于基础设计的上部荷载，以图形方式显示出来。

9.【水平力作用下结构各层平均侧移简图】

通过这项菜单，可以查看在地震作用和风荷载作用下结构的变形和内力，这些参数都是以楼层为单位统计的，可以使用户从宏观上把握结构在水平力作用下的反应。具体的内容包括每一楼层的地震力、地震引起的楼层剪力、弯矩、位移、位移角以及每一层的风荷载、风荷载作用下的楼层剪力、弯矩、位移及位移角。

10.【各荷载工况下结构空间变形简图】

本菜单用来显示各个工况作用下的结构空间变形图，为了清楚变化趋势，变形图均以动画显示。当观察变化图时，可以随时选择合适的视角，如果动画幅度太小或太大，也可以根据需要改变幅度。

11.【各荷载工况下构件标准内力三维简图】

本菜单是用来查看构件标准内力。

12.【结构各层质心振动简图】

本菜单可以绘出简化的楼层质心振型图。

13.【结构整体空间振动简图】

本菜单可以显示详细的结构三维振型图及其动画，也可以显示结构某一榀或任一平面部分的振型动画。

14.【吊车荷载下的预组合内力简图】

通过这一菜单可以显示梁、柱在吊车荷载作用下的预组合内力。

15.【剪力墙组合配筋修改及验算】

边缘构件配筋率如果出现异常配筋，例如配筋率过大的情况，就可以选择【剪力墙组合配筋修改及验算】选项进行组合墙配筋计算。

16.【剪力墙稳定验算】

立面选墙肢，用光标选择单个构件输入起始层中止层，【Enter】→指定约束(两边/三边/四边支承)→增加墙肢→单击验算结果，记事本显示截面厚度是否满足要求。

17.【边缘构件信息修改】

可以在该项选择剪力墙的约束边缘构件和构造边缘构件，对其进行重新生成。

4.5.2 文本文件输出

1.【结构设计信息】(WMASS.OUT)

结构分析控制参数如图 4.25 所示。各层的楼层质量和质心坐标、风荷载、层刚度、薄弱层、楼层承载力等有关信息，都存放在 WMASS.OUT 文件中，分析过程的各步所需要的时间亦写在该文件的最后，以便设计人员核对分析。

WMASS.OUT 文件包括 9 部分内容，分别如下。

(1) 第一部分为结构总信息。这部分是用户在"参数定义"中设定的一些参数，把这些参数放在这个文件中输出，目的是为了便于用户存档。其中，还输出剪力墙加强区的层数和高度。

(2) 第二部分为各层质量质心信息。输出格式如下：

层号　　塔号　　质心坐标 X、Y、Z　　恒载质量　　活载质量　　附加质量　　质量比

其中：坐标单位为(m)，质量单位为(t)，接后输出；

活载产生的总质量(t)；

恒载产生的总质量(t)；

附加总质量(t)；

结构的总质量(t)。

其中：恒载产生的总质量包括结构自重和外加恒载，结构的总质量包括恒载产生的质量和活载产生的质量和附加质量，活载产生的总质量和结构的总质量是活载折减后的结果。

图 4.25　结构设计信息文件

(3) 第三部分为各层构件数量、构件材料和层高等信息。输出格式如下：

层号	塔号	梁元数	柱元数	墙元数	层高	累计高度
		(混凝土)	(混凝土)	(混凝土)	(m)	(m)

其中：高度单位为(m)。

(4) 第四部分为风荷载信息。输出格式如下：

层号	塔号	风荷载 X	剪力 X	倾覆弯矩 X	风荷载 Y	剪力 Y	倾覆弯矩 Y

其中：力的单位为(kN、kN·m)。

(5) 第五部分为各楼层等效尺寸。输出格式如下：

层号　塔号　面积　形心 X　形心 Y　等效宽 B　等效高 H　最大宽 B_{MAX}　最小宽 B_{MIN}

(6) 第六部分为各楼层的单位面积质量分布(单位：kg/m^2) 。输出格式如下：

层号　　塔号　　单位面积质量 g[i]　　　质量比 max(g[i]/g[i-1],g[i]/g[i+1])

(7) 第七部分为计算信息。反映计算内容、计算开始时间、结束时间、总用时、对硬盘资源需求等信息。

(8) 第八部分为结构各层刚心、偏心率、相邻层抗侧移刚度比等计算信息，如图 4.26 所示。输出格式如下：

Xstif   Ystif   Alf

Xmass   Ymass   Gmass(活荷折减)

Eex   Eey

Rat x   Raty

RJx   RJy   RJz

其中：Floor No：层号。

       Tower No：塔号。

       Xstif，Ystif：刚心的 X，Y 坐标值。

       Alf：层刚性主轴的方向。

       Xmass，Ymass：质心的 X，Y 坐标值。

       Gmass：总质量。

       Eex，Eey：X，Y 方向的偏心率。

       Ratx，Raty：X，Y 方向本层塔侧移刚度与下一层相应塔侧移刚度的比值。

       Ratx1，Raty1：X，Y 方向本层塔侧移刚度与上一层相应塔侧移刚度 70%的比值
                         或上三层平均侧移刚度 80%的比值中之较小者。

       RJX，RJY，RJZ：结构总体坐标系中塔的侧移刚度和扭转刚度。

图 4.26 刚心、偏心率、相邻层侧移刚度比等计算信息

(9) 第九部分为结构整体抗倾覆验算结果。输出格式如下：

抗倾覆力矩 Mr   倾覆力矩 Mov   比值 Mr/Mov   零应力区(%)

(10) 第十部分为结构舒适性验算结果。输出格式如下：

分别输出 X 向顺风、横风，Y 向顺风、横风向顶点最大加速度。

(11) 第十一部分为结构整体稳定验算结果。程序给出 X、Y 向刚重比，并作出是否考虑重力二阶效应、能否通过整体稳定验算的结论。

(12) 第十二部分为楼层抗剪承载力及承载力比值。输出格式如下：

层号　塔号　*X* 向承载力　*Y* 向承载力　Ratio_Bu:X,Y

其中：Ratio_Bu 表示本层与上一层的承载力之比。

2.【周期、振型、地震力】(WZQ.OUT)

执行完【结构整体分析】菜单命令后，即得到周期、振型、地震力文件，如图 4.27 所示，该文件输出内容有助于设计人员对结构的整体性能进行评估分析。

```
WZQ.OUT - 记事本
文件(F) 编辑(E) 格式(O) 查看(V) 帮助(H)
=====================================================================
              周期、地震力与振型输出文件
                    (USS求解器)
=====================================================================

  考虑扭转耦联时的振动周期(秒)、X,Y 方向的平动系数、扭转系数

  振型号    周 期      转 角          平动系数 (X+Y)        扭转系数
    1     0.6599    171.08       0.89 ( 0.86+0.03 )       0.11
    2     0.5753     79.44       0.99 ( 0.03+0.96 )       0.01
    3     0.5047    145.38       0.17 ( 0.10+0.07 )       0.83
    4     0.2240    179.32       1.00 ( 1.00+0.00 )       0.00
    5     0.2084     91.94       0.41 ( 0.00+0.40 )       0.59
    6     0.1860     89.04       0.64 ( 0.00+0.64 )       0.36
    7     0.1248      2.75       0.98 ( 0.98+0.00 )       0.02
    8     0.1182    100.13       0.21 ( 0.01+0.20 )       0.79
    9     0.1003     89.23       0.72 ( 0.00+0.72 )       0.28
   10     0.0844     72.65       0.39 ( 0.04+0.35 )       0.61
   11     0.0793    171.65       0.98 ( 0.96+0.02 )       0.02
   12     0.0647     88.71       0.60 ( 0.00+0.60 )       0.40
   13     0.0635     97.53       0.43 ( 0.02+0.41 )       0.57
   14     0.0575      5.40       0.99 ( 0.98+0.01 )       0.01
   15     0.0462     92.22       0.60 ( 0.00+0.60 )       0.40

 地震作用最大的方向 =     56.200 (度)

 ============================================================

  仅考虑 X 向地震作用时的地震力
 Floor : 层号
 Tower : 塔号
 F-x-x : X 方向的耦联地震力在 X 方向的分量
 F-x-y : X 方向的耦联地震力在 Y 方向的分量
 F-x-t : X 方向的耦联地震力的扭矩

 振型   1 的地震力
 -------------------------------------------------------
 Floor     Tower       F-x-x        F-x-y        F-x-t
                        (kN)         (kN)        (kN-m)
   5         1        329.20       -93.12       599.19
   4         1        622.33       -87.41      3003.78
   3         1        521.34       -66.70      2809.65
   2         1        396.88       -18.89      3096.98
```

图 4.27　周期、振型、地震力文件

WZQ.OUT 文件输出格式如下：

周期、地震力与振型输出文件，包括以下几部分(侧刚分析方法或总刚分析方法)。

第一部分：各振型特征参数。

第二部分：各振型地震力输出。

第三部分：主振型判断信息。

第四部分：等效各楼层的地震作用、剪力、剪重比、弯矩。

第五部分：有效质量系数。

第六部分：各楼层地震剪力系数调整情况。

特 别 提 示

- 按《高层建筑混凝土结构技术规程》(JGJ 3—2002)第 4.3.5 条规定，结构平面布置应减少扭转的影响。在考虑偶然偏心影响的地震作用下，结构扭转为主的第一自振周期 T_t 与平动为主的第一自振周期 T_1 之比，A 级高度高层建筑不应大于 0.9。

3.【结构位移】(WDISP.OUT)

若在【计算控制参数】菜单中【结果输出方式】一行选择【简】选项，则 WDISP.OUT 文件中只有各工况下每层的最大位移信息，如图 4.28 所示；若选择【详】选项，除上面提到的信息外，还有各工况下的结构各节点 3 个线位移和 3 个转角位移信息。

在水平荷载作用下位移输出格式如下：

Floor	Tower	Jmax	Max-(X)	Ave-(X)	Ratio-(X)	h		
		JmaxD	Max-Dx	Ave-Dx	Ratio-Dx	Max-Dx/h	DxR/Dx	Ratio-AX

或

Floor	Tower	Jmax	Max-(Y)	Ave-(Y)	Ratio-(Y)	h		
		JmaxD	Max-Dy	Ave-Dy	Ratio-Dy	Max-Dy/h	DyR/Dy	Ratio-AY

在竖向荷载和竖向地震力作用下的楼层最大位标输出格式如下：

Floor	Tower	Jmax	Max-(Z)

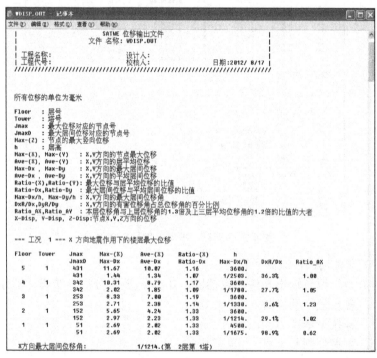

图 4.28　结构位移文件

上述符号的含义如下：

　　Floor：层号。

　　Tower：塔号。

　　Jmax：最大位移对应的节点号。

　　JmaxD：最大层间位移对应的节点号。

　　Max-(Z)：节点的最大竖向位移。

　　h：层高。

Max-(X)，Max-(Y)：X、Y 方向的节点最大位移。

Ave-(X)，Ave-(Y)：X、Y 方向的层平均位移。

Max-Dx，Max-Dy：X、Y 方向的最大层间位移。

Ave-Dx，Ave-Dy：X、Y 方向的平均层间位移。

Ratio-(X)，Ratio-(Y)：最大位移与层平均位移的比值。

Ratio-Dx，Ratio-Dy：最大层间位移与平均层间位移的比值。

Max-Dx/h，Max-Dy/h：X、Y 方向的最大层间位移角。

DxR/Dx，DyR/Dy：X、Y 方向的有害位移角占总位移角的百分比例。

Ratio-AX，Ratio-AY：本层位移角与上层位移角的 1.3 倍及上三层平均位移角的 1.2
倍的比值的大者。

X-Disp，Y-Disp，Z-Disp：节点 X、Y、Z 方向的位移。

4.【各层内力标准值】(WWNL.OUT)

选择【各层内力标准值】菜单后，弹出一页内力文件选择菜单，用户可以移动光标选择要查看的内力文件。

5.【各层配筋文件】(WPJ.OUT)

选择【各层配筋文件】菜单后，弹出一页配筋输出文件选择菜单，用户可以移动光标选择要查看的配筋文件。

6.【超配筋信息】(WGCPJ.OUT)

超筋超限信息随着配筋一起输出，即计算几层配筋，WGCPJ.OUT 中就有几层超筋超限信息，并且下一次计算会覆盖前次计算的超筋超限内容，因此要想得到整个结构的超筋信息，必须从 1 层到顶层一起计算配筋。超筋超限信息亦写在了每层的配筋文件中。

程序认为不满足规范规定，均属于超筋超限，在配筋简图上以红色字符表示。

7.【底层最大组合内力】(WDCNL.OUT)

该文件主要用于基础设计，给基础计算提供上部结构的各种组合内力，以满足基础设计的要求。

8.【薄弱层验算结果】(SAT-K.OUT)

对于 12 层以下的混凝土矩形柱框架结构，当计算完各层配筋之后，程序会输出薄弱层验算结果文件 SAT-K.OUT。

9.【框架柱倾覆弯矩和 $0.2V_0$ 调整系数】(WV02Q.OUT)

在第一次正式计算内力之前，程序判断是否要做 $0.2V_0$ 的调整，如要调整则先计算调整系数，并存入文件 WV02Q.OUT 之中。

10.【剪力墙边缘构件数据】(SATBMB.OUT)

输出边缘构件种类、尺寸及配筋情况。

11.【吊车荷载预组合内力】(WCRANE*.OUT)

本工程无吊车。

12.【地下室外墙计算文件】(DXSWQ*.OUT)

本工程无地下室。

高层结构设计控制层刚度比时要查看 WMASS.OUT 文件层刚度比，如图 4.23 所示，在计算上、下层刚度比时，如果有弹性楼板，要选择所有楼板强制刚性楼板假定，查看刚度比找出薄弱层后，在真实楼板条件下再次进行计算。同样，周期比、位移比都要求在刚性楼板假定的前提下计算。

本 章 小 结

本章对 PKPM 系列中的多层及高层建筑结构空间有限元分析与设计软件 SATWE 的基本操作方法做了较全面的讲述，包括软件的基本功能、接 PM 生成 SATWE 数据；结构分析与构件内力计算；构件配筋计算；PM 次梁内力与配筋计算；分析结果图形和文本显示。

总的来说，SATWE 的操作分为接 PM 生成 SATWE 数据并进行参数的修正，内力与配筋计算、分析结果图形和文本显示 3 个步骤。

建筑结构模型建立(数据输入)在 PMCAD 完成，SATWE 的前处理、接 PMCAD 生成 SATWE 数据主要进行参数的修正，配筋和内力计算由程序自动完成，应用各级菜单对结果图形和文本显示进行分析，对结构的合理性进行判断，并修正。

本章的教学目标是具备软件的实际操作能力，要达到这个目标，除了应当熟练掌握讲授的基本操作方法外，还应当多结合实际工程上机练习。正是基于这一点，本章专门通过真实案例，对软件的操作步骤做了较细致的讲解。

思 考 题

1．【对所有楼层强制采用刚性板假定】选项该如何选择？

2．如何选择【模拟施工加载 1】、【模拟施工加载 2】、【模拟施工加载 3】和【一次性加载】选项？

3．"计算振型个数"填多少合适？

4．"梁端负弯矩调幅系数"该填多少？负弯矩调幅后，正弯矩程序会自动调整吗？

5．什么时候考虑【梁刚度放大系数】选项？该填多少？

6．柱的单、双偏压计算该如何选择？

第5章

多层及高层建筑结构三维分析与设计软件 TAT

教学目标

通过学习多层及高层建筑结构三维分析与设计软件 TAT，要求学生理解 TAT 的基本功能和应用范围；掌握接 PM 生成 TAT 数据的过程；熟练地进行结构内力分析和配筋计算，会查看计算结果和判断计算结果的正确性。

教学要求

能力目标	知识要点	权重
理解 TAT 的基本功能和应用范围	(1) 了解 TAT 软件的基本功能、应用范围； (2) 理解楼层划分、标准层、薄壁柱、连梁、无柱节点和工况等概念； (3) 了解 TAT 的文件管理	10%
掌握接 PM 生成 TAT 数据的过程	(1) 由 PMCAD 生成几何数据和荷载数据对 PMCAD 的文件要求； (2) 几何数据和荷载数据文件名； (3) 分析与设计参数补充定义； (4) 特殊构件补充定义、多塔结构补充定义； (5) 生成 TAT 数据文件及数据检查	35%
掌握结构内力分析和配筋计算、PM 次梁计算	(1) 结构内力分析、配筋计算； (2) PM 次梁计算及结果查看	25%
掌握分析结果图形和文本显示	(1) 分析结果图形、文本文件查看； (2) 各种构件配筋表示方法、内力图形查看	30%

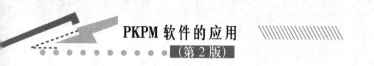

5.1 TAT 的基本功能及有关说明

TAT 采用空间杆系计算柱、梁等杆件，采用薄壁柱计算模型计算剪力墙。它可用于计算各种规则或复杂体形的钢筋混凝土框架、框架−剪力墙、剪力墙和筒体等结构(包括多塔、错层等结构)，也可用于分析高层钢结构及交叉梁系结构，还可以进行吊车荷载、支座位移和温度变化作用的分析计算。

5.1.1 TAT 的基本功能介绍

TAT 是专门用于复杂体形的多、高层建筑三维分析的软件，分为 TAT 和 TAT-8 两个版本，其中 TAT-8 只适用于 8 层以下(含 8 层)的结构，TAT-8 程序不包含【框支剪力墙有限元分析】功能子程序，其余功能基本同 TAT 程序。

TAT 具有如下基本功能及特点。

(1) 采用三维空间模型，对剪力墙采用薄壁柱单元，对梁柱采用空间杆系，使程序可用于分析复杂体型结构，更真实地反映结构的受力性能。

(2) 与结构平面 CAD 软件 PMCAD 有完善的数据接口，建筑物各层结构数据与荷载数据均通过读取 PMCAD 主菜单 1、2 项已经产生的结果并按 TAT 格式自动写成，因此整个工程计算不必再填写数据文件。

(3) 可完成结构在风、恒、活、地震、施工作用下的内力分析及荷载效应组合，并进行配筋计算。

(4) TAT 的计算结果与 PKPM 系列软件接力运行，完成梁、柱、剪力墙及各类基础的施工图辅助设计，共同组成一个多、高层建筑结构从计算到施工图的较完整的 CAD 系统。

TAT 程序对结构的高度、总层数、结构标准层数及节点等均无限制。

5.1.2 TAT 程序说明

TAT 程序操作由 TAT 主菜单控制。

(1) TAT 程序结构计算，需执行 TAT 主菜单 1～2 项。执行 TAT 主菜单第 1 项【接 PM 生成 TAT 数据】，可将 PMCAD 的数据文件转换成 TAT 的几何数据文件和荷载数据文件。可补充定义 TAT 程序设计的结构计算参数信息和特殊结构信息，查看各层几何数据图形和荷载数据图形。执行 TAT 主菜单第 2 项【结构内力，配筋计算】，可进行结构分析和配筋计算。以上两项菜单必须依次执行。若结构中有 PMCAD 或 STS 整体结构输入中以次梁方式输入的梁，还需执行 TAT 主菜单第 3 项【PM 次梁内力与配筋计算】。

(2) 完成 TAT 主菜单 1～2 项后，才能执行 TAT 主菜单第 4 项【分析结果图形和文本显示】，可使计算结果通过图形或文本的形式显示，可通过各种方法分析、判断结果的正确性。

(3) TAT 主菜单第 5 项为独立执行程序，只在需要时执行。需对一榀框支剪力墙进行进一步分析时，执行 TAT 主菜单第 5 项【框支剪力墙有限元分析】，框支剪力墙计算结果可接墙梁柱施工图程序绘制剪力墙施工图。

(4) TAT 软件中采用了一些专用名词，现说明如下。

标准层：指具有相同几何、物理参数的连续层，不论连续层的层数是多少，均称为一个标准层；在 TAT 中标准层是从顶层开始算起为第 1 标准层，依次从上至下检查如几何、物理参数等，有变化时则为第 2 标准层……如此直至最底层。

薄壁柱：由一肢或多肢剪力墙形成的竖向受力结构，也可称为剪力墙。

连梁：两端与剪力墙相连的梁称为连梁，也可称为连系梁。

无柱节点：有两根或两根以上梁的交点，此交点下面没有柱。

工况：一种荷载(如风，地震等)作用下，称为结构受一种工况荷载。多种荷载组成一种荷载(如风＋地震)作用下，也称为结构受一种工况荷载。

5.1.3 TAT 的文件管理

TAT 软件要求不同的工程在不同的子目录内进行运算，以避免数据文件冲突。TAT 的数据文件主要有几类，现分别说明如下。

(1) 工程原始数据文件。这里所说的原始数据文件是指 PMCAD 主菜单 1，2 生成的数据文件，若工程数据文件名为 AAA，则工程原始数据文件包括 AAA.*和*. PM。

(2) TAT 基本输入文件。进入 TAT 后，用于由 PM 转换到 TAT 的文件，分别如下。

几何数据文件：DATA.TAT。

荷载数据文件：LOAD.TAT。

多塔数据文件：D-T.TAT。

错层数据文件：S-C.TAT。

特殊梁柱数据文件：B-C.TAT。

后 3 个文件称为附加文件，不一定每个结构都有。

(3) 计算过程的中间文件。计算过程的中间文件对硬盘的占用量比较大，其文件内容如下。

DATA.BIN：数检后的几何和荷载(用二进制表示)。

SHKK.MID：结构的总刚。

SHID.MID：单位力作用下的位移。

SHFD.MID：结构各工况下的位移。

其中 DATA.BIN 是在前处理的数据检查时生成的，其余的中间数据文件都是在结构整体分析时生成的，程序没有自动删除这些中间数据文件，其目的是便于分步进行计算，以减少不必要的重复计算工作。计算完成后，若想留出更多的硬盘空间给其他工程使用，可删掉这些中间数据工作文件。

● ● 特 别 提 示

● 如果在同一子目录作不同的工程，则必须把*.TAT、DATA.BIN 文件删除。

(4) 主要输出结果文件。TAT 软件的输出结果文件分两部分，一部分是以文本格式输出的文件(*.OUT)，另一部分为图形方式输出的图形文件(*.T)。

① 文本输出文件。这类文件主要有如下几个。

TAT-C. OUT：数检报告。

TAT-C. ERR：出错报告。

DXDY. OUT：各层柱墙水平刚域文件。

TAT-M. OUT：质量、质心坐标、风荷载和层刚度文件。

TAT-4. OUT：周期、地震力和位移文件。

TAT-K. OUT：薄弱层验算结果文件。

V02Q. OUT：$0.2Q_0$ 调整的调整系数文件。

NL-*. OUT：各层内力标准值文件(*代表层号)。

PJ-*. OUT：各层配筋、验算文件(*代表层号)。

DCNL. OUT：底层柱、墙底最大组合内力文件。

DYNAMAX. OUT：动力时程分析最大值文件。

② 图形输出文件。这类文件主要有如下几个。

FP*. T：各层平面图(*代表层号)。

FL*. T：各层荷载图(*代表层号)。

PJ*. T：各层配筋简图(*代表层号)。

PS*. T：各层梁、柱、墙、支撑标准内力图(*代表层号)。

PB*. T：各层梁、柱、墙、支撑内力配筋包络图(*代表层号)。

PK*. T：各层梁挠度、框架节点验算和墙边缘构件图(*代表层号)。

DCNL*. T：底层柱、墙底最大组合内力图。

MODE*. T：振型图。

地震波名. T：地震波图。

另接 PK 所绘的施工图，图名由用户自定义。

(5) 前后接口文件。这类文件主要有以下几个。

TOJLQ. TAT：由 PM 转到 TAT 的接口文件。

TATNLPJ. TAT：传 TAT 各层内力配筋文件。

TATJC. TAT：把 TAT 内力传给基础文件。

TATFDK. TAT：把 TAT 上部刚度传给基础文件。

本章的学习围绕【应用案例 5-1】进行。

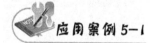

应用案例 5-1

1. 设计项目资料

项目资料见第 2 章【应用案例 2-1】，已进行 PMCAD 主菜单 1【建筑模型与荷载输入】、PMCAD 主菜单 2【平面荷载显示校核】。

2. 设计项目任务书

(1) 接 PMCAD 部分生成 TAT 数据文件。

(2) 进行结构内力、配筋计算。

(3) 分析结构图形和文本显示。

5.2 接 PM 生成 TAT 数据

TAT 软件的主菜单如图 5.1 所示，TAT-8 软件的主菜单如图 5.2 所示。普通版(8 层及以下)选择 TAT-8，高级版选择 TAT。

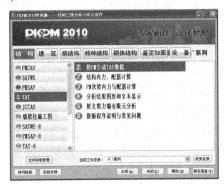

图 5.1 TAT 主菜单界面

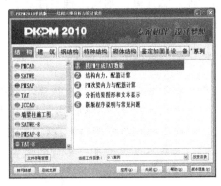

图 5.2 TAT-8 主菜单界面

在图 5.1 所示的 TAT 主菜单界面下，选择主菜单 1【接 PM 生成 TAT 数据】，在当前工作目录中选择"G 盘案例"文件夹(同第 2 章工作目录)，单击【应用】按钮后，弹出图 5.3 所示的前处理对话框，选择【图形文本检查】选项，弹出图 5.4 所示对话框。图形文本检查主要以简图形式表示构件、荷载等信息，供用户检查。

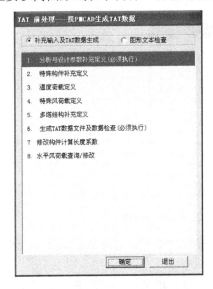

图 5.3 补充输入及 TAT 数据生成

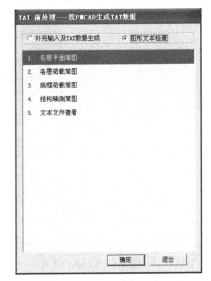

图 5.4 图形文本检查

5.2.1 补充输入及 TAT 数据生成

1.【分析及设计参数补充定义(必须执行)】~【多塔结构补充定义】

SATWE 与 TAT 前处理补充定义实现数据共享，两者采用同样的操作界面，统一的数据结构，可相互通用。对比图 5.3 和图 4.3 可知，前五个选项【分析及设计参数补充定义(必须执行)】、【特殊构件补充定义】、【温度荷载定义】、【特殊风荷载定义】及【多塔结构补充定义】完全相同，如果用户对同一项目采用 SATWE 和 TAT 两个程序进行计算和分析比较，则在 SATWE 中进行的这些菜单定义会自动转到 TAT 中，不需要再重新定义；当然如果首先在 TAT 中进行这些定义，则不需要在 SATWE 中再重复定义。如果只用 SATWE 或 TAT 中的一种方法计算，则按工程实际进行定义。这些菜单中各参数的定义方法在第 4 章已经进行过详细介绍，在此不再重述。

特 别 提 示

- 这些参数除了有些是根据工程具体情况填写之外，其他大部分参数是根据《混凝土规范》、《抗震规范》、《荷载规范》、《钢结构规范》、《砌体规范》、《高层建筑混凝土结构技术规程》(以下简称《高规》)等规范、规程设置的。由于篇幅所限，本书不可能对每一参数的设置都一一讲解，只能挑选一些工程上常见的以及易出错处做出解释，如果还有不清楚之处，可查阅相关规范、规程。

2.【生成 TAT 数据文件及数据检查(必须执行)】

【生成 TAT 数据文件及数据检查(必须执行)】必须在【分析及设计参数补充定义】完成之后执行。选择【生成 TAT 数据文件及数据检查(必须执行)】选项，单击【确定】按钮，弹出图 5.5 所示的【TAT 数据生成和计算选择项】对话框。

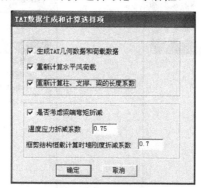

图 5.5　【TAT 数据生成和计算选择项】对话框

(1)【生成 TAT 几何数据文件和荷载数据】：一般都要勾选。程序运行后生成几何文件 DATA.TAT 和荷载文件 LOAD.TAT

(2)【重新计算水平风荷载】：是否要重新生成风荷载项是控制程序是否重新生成风荷载，在多塔、弹性节点、结构转角改变等情况时，就要重新生成。

(3)【重新计算柱、支撑、梁的计算长度系数】：在钢结构计算中，钢柱的计算长度与平面内外的梁柱上下刚度比有关，这里按照《钢结构设计规范》(GB 50010—2010)计算出各层钢柱的有侧移和无侧移的计算长度系数，以便在设计钢柱时选用。钢柱的计算长度系数上限控制在 6。

对于钢筋混凝土柱的计算长度系数，可按《混凝土结构设计规范》(GB 50010—2010)第 7.3.11 条进行验算，对于特殊的混凝土结构，其计算长度系数可在后面自行修改，以达到所要的计算长度。混凝土柱的计算长度上限应控制在 2.5，并且在 2 层以上与 1.25 比较取大，在 1 层与 1 比较取大。用户也可以不按照《混凝土结构设计规范》(GB 50010—2010)第 7.3.11 条的要求，取 1.25 和 1.0 或在计算时考虑 $P-\Delta$ 效应。

(4)【是否考虑梁端弯矩折减】：该项考虑梁、柱重叠的影响，勾选则考虑梁端弯矩折减，不勾选则不考虑。

(5)【温度应力折减系数】：一般取不小于 0.75。

图 5.5 所示对话框勾选完成，单击【确定】按钮，程序开始自动生成几何文件 DATA.TAT 和荷载文件 LOAD.TAT，并进行数据检查。如果发现错误或可能的错误(警告信息)，提示"可能有错，请查看出错报告 TAT-C.ERR"。此时，可以参照 TAT 的出错信息表来了解错误的性质，修改后再进行数据检查，如此反复直至没有原则错误为止。

程序还给出数据检查报告 TAT-C.OUT，该文件把原始数据加上注释说明，便于用户阅读。

3. 【修改构件计算长度系数】

数据检查以后，程序已把各层构件的计算长度系数按规范的要求计算好了，当选择图 5.3 所示对话框中的【修改构件计算长度系数】选项时，程序给出图形显示，同时右侧显示一列功能菜单，并在图上各柱位置 $b(X)$ 边和 $h(Y)$ 边标出 X(矢量方向)和 Y(矢量方向)的柱计算长度系数，在梁上标出梁面外长度(图 5.6)，以便于用户校核，对一些特殊情况，可以人工直接输入、修改。

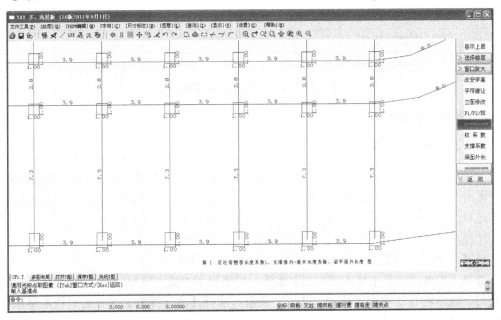

图 5.6　检查和修改各层构件的长度系数窗口

选择【显示上层】或【选择楼层】菜单可用来选择所要显示的楼层。

当选择【柱系数】菜单时，程序提示"请用光标选择柱(【Tab】键为窗口方式/【Esc】

图 5.7　【确定柱长度系数】对话框

键返回)"，此时，当某一柱被选中时，弹出图 5.7 所示的对话框，列出当前柱已有侧移长度 U_{cx}、U_{cy}，并提示用户输入新的柱长度系数。如输入新的系数，只要不进行数据检查，该柱就保持新的长度系数。

对于有些特别的柱，如钢结构柱，或结构带有支撑的一些特殊情况下的柱，其长度系数的计算比较复杂，可在此酌情修改长度系数。

4.【水平风荷载查询/修改】

选择此项可显示各层风荷载作用平面图，如图 5.8 所示，窗口右侧同时显示一列功能菜单，可选择【显示上层】菜单依次显示，也可选择【选择楼层】菜单有选择地显示，选择【点取修改】菜单可修改 X 向水平风力和 Y 向水平风力。

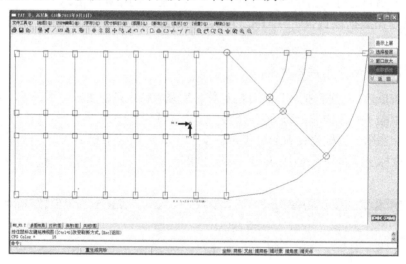

图 5.8　第 3 层风荷载作用平面窗口

5.2.2　图形文本检查

1.【各层平面简图】

在数据检查无误后，选择此项可显示各层的几何平面图，在图 5.4 所示窗口中，选择【各层平面简图】选项，单击【确定】按钮，窗口如图 5.9 所示，右侧同时显示一列功能菜单。

选择【显示上层】、【选择楼层】菜单可用来选择所要显示的楼层。

选择【构件开关】菜单来关闭或打开梁、柱、墙等单元构件。

选择【字符开关】菜单来关闭或打开梁、柱、墙等数据标字。

选择【构件搜索】下级【梁搜索】菜单，程序提示"输入梁单元号"，当输入该梁的单元号后，程序将自动搜索到该梁，并放大显示。选择【柱墙搜索】菜单时，程序提示"输入柱、墙节点号"，然后程序自动搜索到该柱，并放大显示。

【字符避让】子菜单可以使用户将距离较近的文字选中后，自动地使文字间避让出一定的距离，从而在图形输出时避免字符之间的重叠。

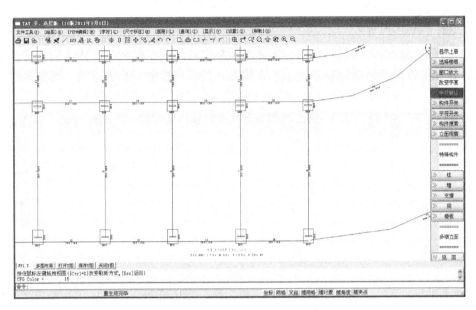

图 5.9　第 1 层平面简图窗口

另外，在几何平面图中增加了异形柱、弧梁的绘图功能，对剪力墙增加了下节点编号输出功能，对每一薄壁柱(剪力墙)标有 3 个数，即 A1-A2-A3。其中，A1 为该薄壁柱的单元号，它是独立从 1 起始编的；A2 为薄壁柱的节点号，它是随着柱后连续编的；A3 为薄壁柱与下层连接的下层节点号。通过上下节点编号对位，可以看到薄壁柱的传力途径，也可以找到刚域大于 2m 的原因。

2.【各层荷载简图】

在荷载数据检查无误后，可以选择本项来显示各层的荷载图，作为计算的原始荷载数据，如图 5.10 所示，其功能与几何平面图中的类似。其中，白色为恒载，黄色为活载。

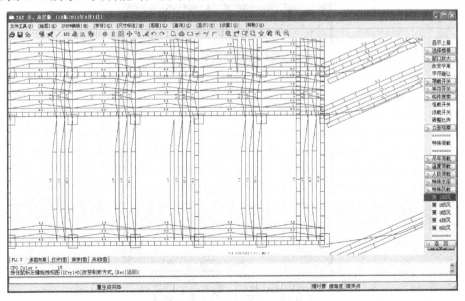

图 5.10　构件荷载平面图窗口

3.【结构轴侧简图】

在几何数据检查无误后，用户可选择本项来做各层的空间线条图或结构全楼的空间线条图，并且可以任意转角度观察，以检查构件之间的连接关系是否正确。其空间线条图如图 5.11 所示。

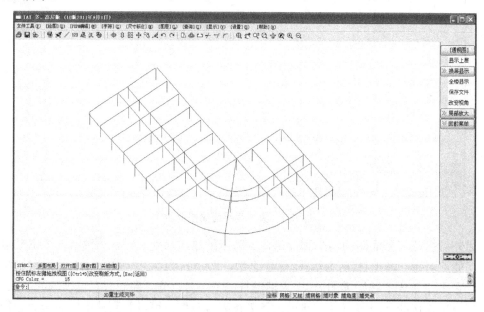

图 5.11　空间线条图窗口

4.【文本文件查看】

【文本文件查看】对话框选项用来查看和修改 TAT 生成的各种数据文件，具体内容有几何数据、荷载数据、错误和警告信息、数据检查报告，如图 5.12 所示。

图 5.12　【文本文件查看】对话框

要求：结合【应用案例 5-1】完成接 PM 生成 TAT 数据文件。

操作步骤：

(1) 选择 TAT 主菜单 1【接 PM 生成 TAT 数据】。

(2) 在弹出的图 5.3 所示对话框中选择【分析与设计参数补充定义(必须执行)】选项，【确定】→按图 4.5～图 4.12 所示输入相关参数(用户在该工作目录没有执行过 SATWE); 如果用户在同一工作目录下执行过 SATWE，则这些参数已经输入，可以只观察复核→【确定】返回。

(3) 在图 5.3 所示对话框中选择【特殊构件补充定义】选项，【确定】→单击【特殊柱】、【角柱】，将每个标准层只与两根梁相连的四角部位的柱子设为角柱→【退出】返回。同样，如果用户在同一工作目录下执行过角柱设置，在此不用重复设置。

(4) 在图 5.3 所示对话框中选择【生成 TAT 数据文件及数据检查(必须执行)】选项，【确定】→在弹出的对话框中按图 5.5 所示勾选后，【确定】→屏幕显示生成数据文件及数据检查过程，完成后自动返回图 5.3 所示对话框，没有错误提示，TAT 数据文件生成。

(5) 在图 5.3 所示对话框中，单击【退出】，返回图 5.1 所示 TAT 主界面。

5.3 结构内力和配筋计算

选择图 5.1 所示的窗口中 TAT 主菜单 2【结构内力，配筋计算】，单击【应用】按钮，弹出图 5.13 所示的【计算参数】对话框。程序按对话框的设置进行计算，对有关选项说明如下。

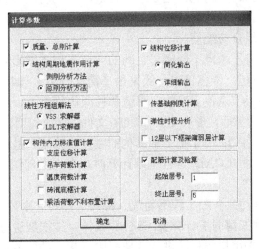

图 5.13 【计算参数】对话框

(1)【质量、总刚计算】：一般应处于选中状态。计算完后产生输出文件 TAT-M.OUT。用户可以打开此文件，查看各层的质量、质心坐标以及质量矩。质量矩仅在考虑扭转耦联的情况下才有用。

(2)【结构周期地震作用计算】：有侧刚分析方法、总刚分析方法两种选择。选项一般都是选择按侧刚计算，但是当考虑楼板的弹性变形(某层局部或整体有弹性楼板单元)或有较多的错层构件时，建议采用总刚，对于任何情况总刚的计算精度都要高于侧刚，但总刚计算耗时和内存资源较多。

(3)【线性方程组解法】：有 VSS 求解器、LDLT 求解器两种选择。新增的 VSS 求解器运算速度大大提高，对于大型项目计算十分有利。鉴于新旧对比和程序稳定的需要，仍然保留了原来的求解器"LDLT 三角分解"。求解器的默认指向为"VSS 向量稀疏求解器"，用户亦可自行选择、调整、对比。

(4)【构件内力标准值计算】：计算以层为单元进行，也可只挑选某几层计算。每层输出一个内力文件，名为 NL-*.OUT，*为层号。

(5)【支座位移计算】：勾选此复选框则 TAT 对已定义的结构进行已知支座位移的计算。

支座位移产生内力计算后，将被处理成恒载工况的一部分，不单独设为一个工况，即支座位移的内力与恒载作用下的内力叠加，成为一个新的恒载内力工况，然后再与活载、地震和风力工况内力组合配筋。

(6)【吊车荷载计算】：吊车荷载的作用点就是与吊车轨道平行的柱列各节点，它是根据吊车轨迹由程序自动求出。选中此复选框则 TAT 对吊车荷载做计算。

(7)【温度荷载计算】：勾选此复选框则 TAT 对已定义的结构进行温度应力的计算。

温度应力作为一独立的工况进行计算和输出，计算时把定义的温度差作为正向等效荷载来计算一种工况，而反向温度荷载产生的内力可以通过对正向温度荷载内力加负号来产生。

在内力组合中，既考虑了膨胀产生的正温差，又考虑了收缩产生的负温差。

(8)【砖混底框计算】：砖混底框的计算仅限于底框层部分的 TAT 空间计算。底框计算的后处理，与普通框架结构一样，查阅方式、输出打印等也与普通框架结构一样。

(9)【梁活荷载不利布置计算】：这是一个可选项，它将生成每根梁的正弯矩包络和负弯矩包络数据，这些数据可较好地反映活载的不利分布，与恒载、风载、地震作用组合后可得出梁的最不利内力组合与配筋。

不勾选该复选框，将不考虑不同楼层之间的活荷不利布置影响。

(10)【结构位移计算】：位移输出一般采用【简化输出】，如选择【详细输出】选项，则在文件最后再输出各层节点各工况的位移值和柱间位移值。

运算完周期、位移计算后，形成 TAT-4.OUT 文件，存放周期、地震力和楼层水平位移。

(11)【传基础刚度计算】：为了把上部结构的刚度传给下部基础(JCCAD 中使用)所做的上部刚度凝聚工作，在用 JCCAD 进行基础计算时，考虑上部结构的实际刚度，使之上下共同工作。

(12)【弹性时程分析】：一般工程不勾选。特殊工程勾选则需要输入地震波数据。

(13)【12 层以下框架薄弱层计算】：该计算只针对纯框架进行操作，并要求已完成各层的内力、配筋计算。采用拟弱柱法进行各层极限承载力的验算，按《抗震规范》求各层屈服系数，当有小于 0.5 的屈服系数时，再计算各层的塑性位移和层间位移，产生输出文件 TAT-K.OUT。

(14)【配筋计算及验算】：计算以层为单元进行，配筋、验算可以同时计算所有层，也可只挑选某几层计算。每层输出一配筋文件，名为 PJ-*.OUT，*为层号。

特别提示 ....

- VSS 计算的时候采用的是总刚方法，侧刚、总刚的选择仅仅对于 LDLT 求解器起作用。
- 【梁活荷载不利布置计算】选项视活荷载大小确定是否采用，一般来说活荷载大时应选择该项。例如《高规》第 5.18 条有如下规定："高层建筑结构内力计算中，当楼面活荷载大于 4kN/m^2 时，应考虑楼面活荷载不利布置引起的梁弯矩的增大。"对于多层结构用户也可参照采用，需要提醒的是选择该选项后会增加 20%的计算时间。

....

按图 5.13 所示的【计算参数】对话框填写完成后，单击【确定】按钮，程序进入结构内力和配筋计算。屏幕显示"正在计算楼层质量"、"TAT 整体计算"、"内力与配筋计算"，计算完成后程序自动返回图 5.1 所示的 TAT 主界面。

 **例 5-2**

要求：接【例 5-1】进行结构内力和配筋计算。

操作步骤：

(1) 在图 5.1 所示窗口中执行 TAT 主菜单 2【结构内力，配筋计算】。

(2) 弹出【计算参数】对话框，按图 5.13 填写，单击【确定】按钮。

(3) 程序开始进行计算，显示"正在计算楼层质量"、"TAT 整体计算"、"内力与配筋计算"，之后自动返回图 5.1 所示的 TAT 主界面，结构内力和配筋计算完成。

5.4　PM 次梁内力与配筋计算

执行图 5.1 所示对话框中主菜单 3【PM 次梁内力与配筋计算】，程序将 PMCAD 主菜单 1 布置的所有次梁，按连续梁的方式全部计算完。其配筋可以在 TAT 配筋图中显示，在 TAT 归并中也可整体归并绘出施工图。

PM 次梁并不参与 TAT 整体计算，它的计算过程如下。

(1) 将在同一直线上的次梁连续生成一连续次梁。

(2) 对每根连续梁按 PK 的二维连梁计算模式算出恒、活载下的内力和配筋，包括活荷载不利布置计算。

(3) 计算逐层进行，自动完成计算过程，生成每层 PM 次梁的内力与配筋简图。

 **例 5-3**

要求：完成【应用案例 5-1】的混凝土次梁计算，并显示其弯矩包络线图。

操作步骤：

(1) 选择 TAT 主菜单 3【PM 次梁内力与配筋计算】，单击【应用】按钮，TAT 即开始自动计算 PMCAD 主菜单 2【输入次梁楼板】中设置的所有次梁，计算完毕会弹出图 5.14 所示的对话框。

(2) 选择【5、显示弯矩包络线图】选项，单击【确定】按钮，窗口显示第一层次梁的弯矩包络线，如图 5.15 所示。

(3) 单击右侧菜单的【换层显示】按钮，窗口可以显示其他楼层的弯矩包络线。

(4) 查看完毕，单击右侧菜单【回前菜单】按钮，即返回图 5.14 所示的对话框。

(5) 选择【0、退出】选项，单击【确定】按钮，返回 TAT 主菜单。

如需查看剪力包络图或次梁配筋图可分别选择 2、3 选项，操作方法类似。

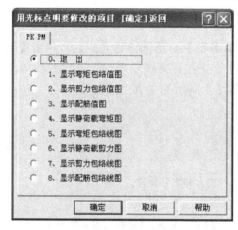

图 5.14　次梁计算对话框

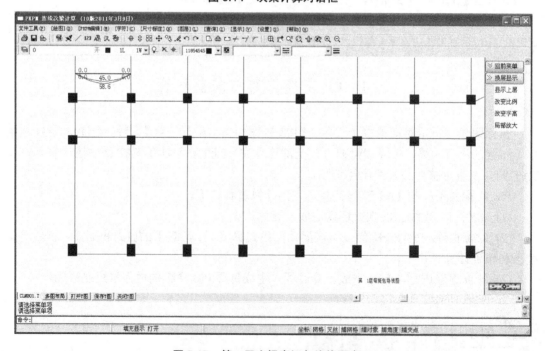

图 5.15　第一层次梁弯矩包络线图窗口

5.5 分析结果图形和文本显示

选择 TAT 主菜单 4【分析结果图形和文本显示】，单击【应用】按钮，弹出图 5.16 所示的【TAT 后处理】对话框。选择【文本查看】选项，弹出图 5.17 所示的对话框。

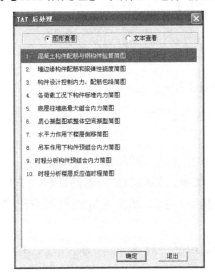

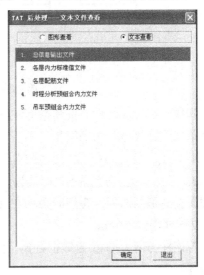

图 5.16 【TAT 后处理】对话框   图 5.17 【TAT 后处理——文本查看】对话框

5.5.1 图形查看

1.【混凝土构件配筋与钢构件验算简图】

在图 5.16 所示的对话框中选择此项，用户可以查看和输出结构各层的配筋简图，如图 5.18 所示。

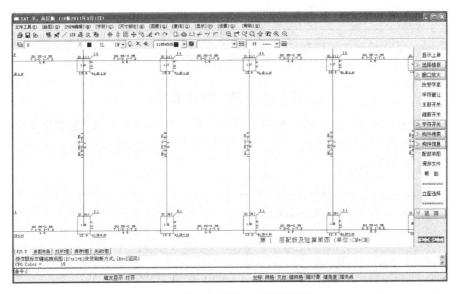

图 5.18 第 1 层配筋及验算简图窗口

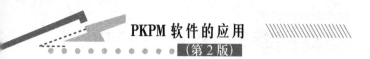

各种构件配筋的表示方法说明如下。

(1) 混凝土柱。表示法如图 5. 19(a)所示。

(Uc)
As-corner
Asuj
Asy
Asx
GAsv-Asv0
(a)
(0.73)
2.0
0.1
7
9
G2.7-0.0
(b)

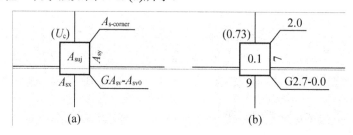

图 5.19　混凝土柱配筋表示法

其中，$A_{s\text{-corner}}$ 为柱一根角筋面积(cm^2)，采用双偏压计算时，角筋面积不应小于此值，采用单偏压计算时，角筋面积可不受此值控制。

A_{sx}、A_{sy} 表示柱 B 边和 H 边的单边配筋面积(cm^2)，包括两根角筋。

A_{svj}、A_{sv}、A_{sv0} 分别为柱节点域抗剪箍筋面积、加密区斜截面抗剪箍筋面积、非加密区斜截面抗剪箍筋面积，箍筋间距均在 S_c 范围内。其中，A_{svj}、A_{sv}、A_{sv0} 均取相应计算的 X 和 Y 方向的较大值(cm^2)。

若该柱与剪力墙相连(边框柱)，而且是构造配筋控制，则 $A_{s\text{-corner}}$、A_{sx}、A_{sy}、A_{svx}、A_{svy} 均为零。

U_c 为该柱的轴压比。G 为箍筋标志。

图 5. 19(b)所示为一根柱的配筋计算结果，其中括号内 0.73 表示轴压比，右上角斜线的数值 2.0 表示一根角筋的面积 2.0cm^2(200mm^2)，A_{sx}(9)和 A_{sy}(7)表示柱单边所需配筋值 9cm^2(900mm^2)和 7cm^2(700mm^2)，柱子中心的 A_{svj} 表示柱节点域抗剪箍筋面积 0.1cm^2(10 mm^2)，G 2.7-0.0 表示加密区斜截面抗剪箍筋面积配筋值 2.7cm^2(270mm^2)和非加密区斜截面抗剪箍筋面积构造配筋。

(2) 混凝土墙。表示法如图 5.20 所示。

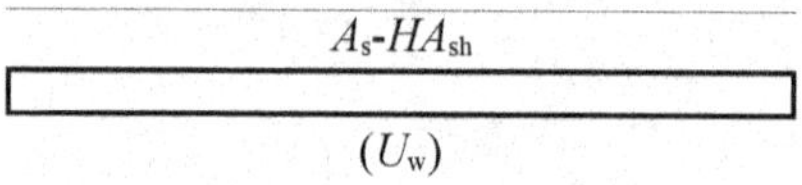

As-HAsh
(Uw)

图 5.20　混凝土墙配筋表示法

其中，A_s 表示墙柱一端的暗柱配筋总面积(cm^2)；A_{sh} 为墙水平 S_{wh} 范围内水平分布筋面积(cm^2)，S_{wh} 为墙水平分布筋间距；U_w 表示墙肢重力荷载代表值乘以 1.2 下的轴压比，当其中小于 0.1 时图上不标注。

(3) 混凝土梁。表示法如图 5. 21 所示。

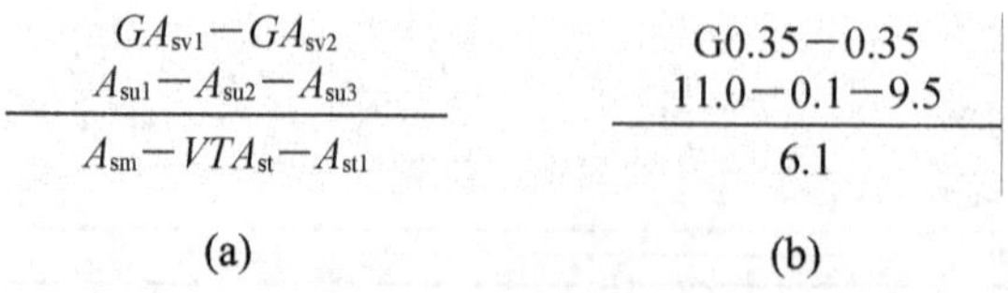

GAsv1－GAsv2
Asu1－Asu2－Asu3
Asm－VTAst－Ast1
(a)
G0.35－0.35
11.0－0.1－9.5
6.1
(b)

图 5.21　混凝土梁配筋表示法

图 5.21(a)为混凝土梁的表示方法。

A_{su1}、A_{su2}、A_{su3} 为梁上部(负弯矩)左支座、跨中、右支座的配筋面积(cm^2)；

A_{sm} 表示梁下边的最大配筋面积(cm^2)；

A_{sv} 表示在 Sb 范围内的箍筋面积(cm^2)，它是取 A_{sv} 与 A_{stv} 中的大值；

A_{st} 表示梁受扭所需要的纵筋面积(cm^2)，不需要受扭钢筋该项不显示；

A_{st1} 表示梁受扭所需要周边箍筋的单根钢筋面积(cm^2)，若不需要受扭钢筋则该项不显示；

G，VT 分别为箍筋和剪扭配筋标志。

图 5.21(b)所示为一根梁的配筋计算结果。

(4) 混凝土支撑。表示法如图 5.22 所示。

其中，A_{sx}、A_{sy}、A_{sv} 的解释同柱，支撑配筋的读法如下：把支撑向 Z 方向投影，即可得到如柱图一样的截面形式。

(5) 异形混凝土柱。表示法如图 5.23 所示。

图 5.22　混凝土支撑配筋表示法　　　图 5.23　异形混凝土柱配筋表示法

其中：采用单偏压、拉配筋计算方式时，异形柱将被分成几个直线柱肢，每个柱肢进行单偏压、拉配筋计算，则 A_s 表示该柱肢单边的配筋面积(cm^2)，A_{sv} 表示该柱肢在 S_c 范围内的箍筋面积(cm^2)。

采用双偏压、拉配筋计算方式时，异形柱按整截面的形式配筋，则 A_{sz} 表示异形柱固定钢筋位置的配筋面积，即位于直线柱肢角部的配筋面积之和(cm^2)，A_{sf} 表示附加钢筋的配筋面积，即除 A_{sz} 之外的分布钢筋面积(cm^2)。

(6) 钢柱。表示法如图 5.24 所示。

其中，U_c 为钢柱的轴压比；R_1 表示钢柱正应力强度与允许应力的比值 F_1/f；R_2 表示钢柱 X 向稳定应力与允许应力的比值 F_2/f；R_3 表示钢柱 Y 向稳定应力与允许应力的比值 F_3/f。

(7) 钢梁。表示法如图 5.25 所示。

其中，R_1 表示钢梁正应力强度与允许应力的比值 F_1/f；R_2 表示钢梁整体稳定应力与允许应力的比值 F_2/f；R_3 表示钢梁剪应力强度与允许应力的比值 F_3/f_v。

(8) 钢支撑。表示法如图 5.26 所示。

R_1 表示钢支撑正应力强度与允许应力的比值 F_1/f；

R_2 表示钢支撑 X 向稳定应力与允许应力的比值 F_2/f；

R_3 表示钢支撑 Y 向稳定应力与允许应力的比值 F_3/f。

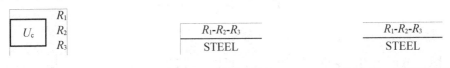

图 5.24　钢柱表示法　　　图 5.25　钢梁表示法　　　图 5.26　钢支撑表示法

2.【墙边缘构件配筋和梁弹性挠度简图】

在图 5.16 所示的对话框中选择此项后，可以查看和输出各层梁挠度和剪力墙边缘构件配筋图，如图 5.27 所示。

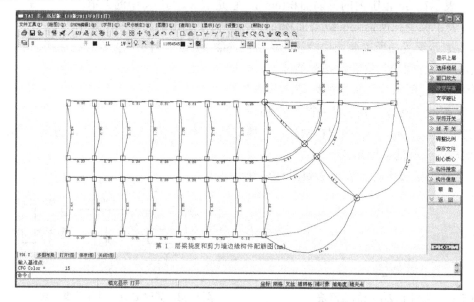

图 5.27　梁挠度和剪力墙边缘构件配筋图窗口

在右侧菜单中，选择【刚心质心】，程序自动把该层结构的刚心和质心位置用圆圈画出，这样可以很方便地看出刚心和质心位置的差异，如图 5.28 所示。本工程结构体系不太规则，图中刚心质心有一定偏差。

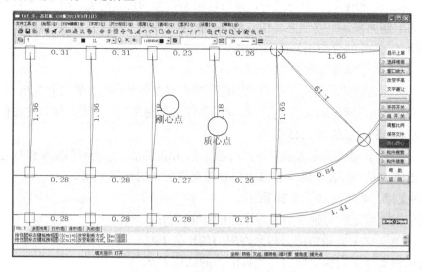

图 5.28　刚心质心图窗口

3.【构件设计控制内力、配筋包络简图】

在图 5.16 所示的对话框中选择此项，可以查看和输出各层柱、梁、墙和支撑的控制配筋的设计内力包络图和配筋包络图，同时窗口右侧显示一列功能菜单，如图 5.29 所示。

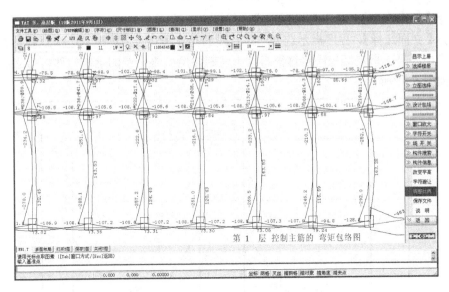

图 5.29　控制主筋的弯矩包络图窗口

在右侧菜单中，选择【设计包络】，弹出下拉菜单，选择【弯矩包络】、【剪力包络】、【轴力包络】、【主筋包络】、【箍筋包络】可指定要绘制包络图的项目。

4.【各荷载工况下构件标准内力简图】

在图 5.16 所示的对话框中选择此项，可以直接查看和输出各层梁、柱、墙和支撑等的标准内力图，如图 5.30 所示。

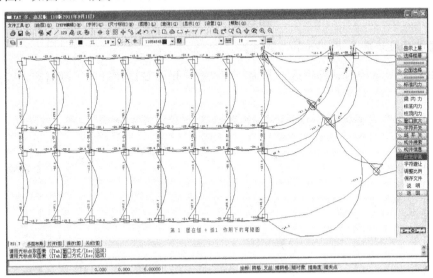

图 5.30　第 1 层构件内力标准值图窗口

标准内力图指地震、风、恒、活荷载标准值作用下的弯矩图、剪力图和轴力图；在弯矩图中，标出支座、跨中的最大值；在剪力图中，标出两端部的最大值。

在右侧菜单中，选择【选择楼层】，程序自动列出所有楼层、选择要进行绘图的楼层(如FLOOR2)后，程序自动绘出第 2 楼层。

选择【标准内力】，对内力组合方式进行指定查看。

选择【立面选择】，程序提示选择一条直线的起点和终点，再提示选择绘制立面的起始层号和终止层号。指定后程序将这根直线上从起始层到终止层的全部构件内力立面图绘制出来，如图 5.31 所示。

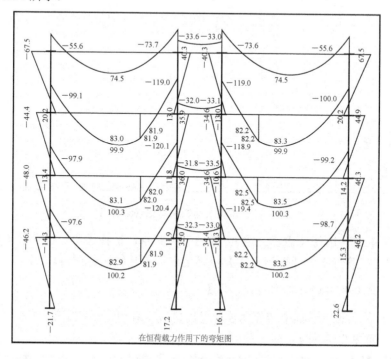

图 5.31　内力立面图

5.【底层柱墙底最大组合内力简图】

在图 5.16 所示的对话框中选择此项，可以把专用于基础设计的上部荷载，以图形的方式查看，如图 5.32 所示。

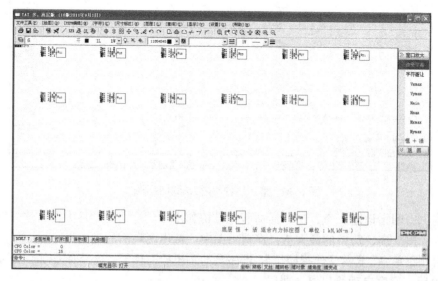

图 5.32　最大组合内力图窗口

窗口右侧菜单用于控制要显示的最大内力项目，V_{xmax}、V_{ymax} 为最大剪力，N_{max}、N_{min} 为最大、最小轴力，M_{xmax}、M_{ymax} 为最大弯矩。以上这些荷载项目及【恒＋活】，均为设计荷载，即已含有分项系数，但不考虑抗震的调整系数及框支柱等调整系数。

6.【质心振型图或整体空间振型简图】

在图 5.16 所示的对话框中进入此项，用户可以利用右侧菜单【选择振型】按自己的要求查看各个振型的空间振型简图，如图 5.33 所示。

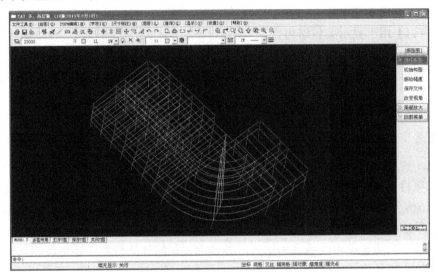

图 5.33　振型简图窗口

7.【水平力作用下楼层侧移简图】

在图 5.16 所示的对话框中选择此项，可以以图形的方式查看风荷载或地震作用等工况下结构的位移、层位移、层位移角的最大值和平均值，也可以通过右侧菜单选择查看位移比、层位移比、作用力等简图。图 5.34 所示为地震作用下 X、Y 方向的最大层位移曲线。

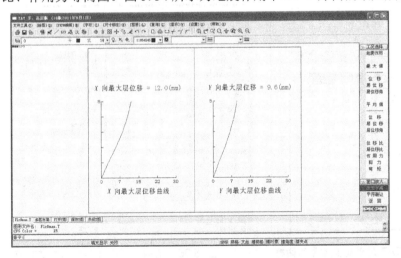

图 5.34　水平力作用下楼层侧移简图窗口

8.【吊车作用下构件预组合内力简图】

在图 5.16 所示的对话框中选择此项，窗口右侧将显示一列功能菜单，包括【选择楼层】、【预组合 1】、【预组合 2】、【柱内力】、【梁内力】、【窗口放大】、【改变字高】、【编辑打印】等菜单项。

其中，【预组合 1/2】用于选择预组合内力，【预组合 1】是吊车底【轮压＋刹车】内力组合，【预组合 2】是吊车的【轮压】内力组合。

【柱内力】用于显示柱 14 组内力组合值(每次只能显示其中一组)。

【梁内力】用于显示梁包络内力。

各层柱吊车预组合力的表达方式与"底层柱、墙最大组合内力图"类似，而梁的包络图则与配筋时的内力包络图类似。本单元应用案例没有设置吊车，则该项不显示。

5.5.2 文本查看

1.【总信息输出文件】

在图 5.17 所示的对话框中选择此项，单击【确定】按钮后弹出图 5.35 所示的对话框，选择相应项目确定后即可显示相应文本文件。

(1) 结构分析设计控制信息 TAT-M.OUT。文本显示窗口如图 5.36 所示，文本内容包括五部分，即结构计算控制参数，各层质量和质心坐标，各层风力，各层层刚度、刚度中心、刚度比，楼层抗剪承载力及承载力比值，并显示工程的计算日期，还可以输入工程名称、编号、设计人员、审核人员等信息。

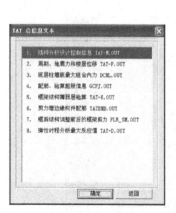

图 5.35　【TAT 总信息文本】对话框　　　　5.36　结构分析设计控制信息文本窗口

(2) 周期、地震力和楼层位移 TAT-P.OUT。该文本记录信息包括：空间三维各振型下的振动周期(秒)、方向角、平动比例、转动比例、结构最不利振动方向角，$X(Y)$方向各振型的基底剪力、有效质量系数，$X(Y)$方向各层的地震力、剪力、弯矩和层剪重比，各荷载工况下楼层节点的最大位移、平均位移、位移比等信息。

(3) 底层柱墙底最大组合内力 DCAL-.OUT。该文件为基础设计提供上部结构的各种组合内力数据，包含 X 向剪力、Y 向剪力、轴力、X 向弯矩、Y 向弯矩。

(4) 配筋、验算超限信息 GCPT.OUT。计算几层配筋，GCPJ.out 中就有几层超筋超限信息，并且下一次计算会覆盖前次计算的超筋超限内容。超筋超限信息亦写在了每层的配筋文件中。程序认为不满足规范规定，均属于超筋超限，在配筋简图上以红色字符表示。

(5) 框架结构薄弱层验算 TAT-K.OUT。对于 12 层以下的混凝土矩形柱框架结构，当计算完各层配筋之后，程序会输出薄弱层验算结果文件 TAT-K.OUT。

(6) 剪力墙边缘构件配筋 TATBMB.OUT。该文件记录剪力墙边缘构件类型(约束边缘构件、构造边缘构件)、形状、尺寸及配筋情况。

2.【各层内力标准值文件】

在图 5.17 所示的对话框中选择此项，单击【确定】按钮后弹出窗口，再选择相应楼层对应的文件，即可显示该层各构件的标准内力。

3.【各层配筋文件】

在图 5.17 所示的对话框中选择此项，单击【确定】按钮后弹出窗口，再选择相应楼层对应的文件，即可显示该层各柱、梁的配筋信息。

 例 5－4

要求：在【例 5-2】计算完成的基础上，完成【应用案例 5-1】中第 1 层 G 轴梁的钢筋配置。

操作步骤：

(1) 在图 5.1 所示窗口，选择【4 分析结构图形和文本显示】菜单，单击【应用】按钮。进入图 5.16 所示的对话框，选择【1 混凝土构件配筋与钢构件验算简图】选项，单击【确定】按钮，进入第 1 层配筋及验算简图，图 5.37 为【应用案例 5-1】一层 G 轴梁、柱配筋简图。据图 5.37 的配筋计算结果进行施工图实际配筋设计。

(2) 直线上部：左边跨的 6.9-0.1-7.4 是指梁左边跨上部左支座、跨中、右支座的配筋面积分别为 6.9cm²(690mm²)、0.1cm²(10mm²)、7.4 cm²(740mm²)，中间跨 6.1-4.2-6.4 是指梁中间跨上部左支座、跨中、右支座的配筋面积分别为 6.1cm²(610mm²)、4.2cm²(420mm²)、6.4 cm² (640mm²)，右边跨 6.3-0.1-7.3 是指梁右边跨上部左支座、跨中、右支座的配筋面积分别为 6.3cm²(630 mm²)、0.1cm²(10 mm²)、7.3cm²(730mm²)，因此可分别选配左边跨、右边跨 4ϕ16 (804 mm²)、2ϕ16 (402mm²)、4ϕ16 (804mm²)，中间跨 4ϕ16 (804mm²)、4ϕ16 (804 mm²)、4ϕ16 (804 mm²)。左、右边跨的跨中之所以选择 2ϕ16 是因为根据《混凝土结构设计规范》(GB 50010—2002)第 11.3.7 条规定：沿框架梁全长顶面和底面至少应各配置两根通长的纵向钢筋。

(3) 直线下部：左边跨、中间跨、右边跨 6.2、4.3、6.0 分别代表梁下部的最大配筋为 6.2cm²(620mm²)、4.3cm²(430mm²)、6.0cm²(600mm²)。因此，下部左边、中间、右边跨分别配置 3ϕ18(763mm²)、2 ϕ18(509mm²)、3 ϕ18(763mm²)纵向钢筋即可。剪扭钢筋及受扭计算中沿截面周边配置的箍筋单肢截面面积均为零，剪扭钢筋及抗扭箍筋不必配置，但需要按构造要求配置梁侧构造钢筋。

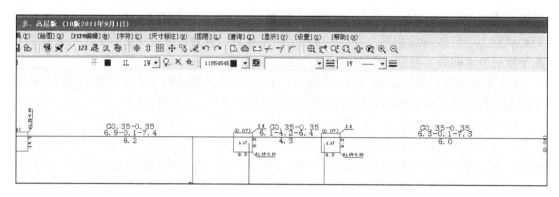

图5.37　第1层G轴混凝土梁、柱配筋窗口

（4）左边跨直线上部 G0.35-0.35 中，G 表示箍筋，第一个 0.35 表示在加密区长度范围内，箍筋间距为 100mm 时，箍筋截面面积应为 $0.35cm^2$ 即 $35mm^2$；第二个 0.35 表示非加密区长度范围内，箍筋间距为 100mm 时，箍筋截面面积为 $0.35cm^2$ 即 $35mm^2$。两外两跨不再赘述。

实际工程中一般情况下非加密区间距不必采用 100mm 间距即可满足计算及构造要求。例如，本例对非加密区箍筋间距取 200mm，此时箍筋截面面积应相应地放大 2 倍($70mm^2$)，若非加密区箍筋间距取 150mm，则箍筋截面面积应相应地放大 1.5 倍($52.5mm$)，本例在加密区可取 $\phi8@100$($\phi8$ 钢筋截面面积 $50mm^2$，本例为双肢箍，钢筋截面面积为 $2\times50=100mm^2>35mm^2$)，非加密区取 $\phi8@200$($\phi8$ 钢筋截面面积 $50mm^2$，本例为双肢箍，钢筋截面面积为 $2\times50=100mm^2>70mm^2$)，均满足要求。

本 章 小 结

本章对多层及高层建筑结构三维分析与设计软件 TAT 的应用范围和操作步骤做了详细阐述，包括 TAT 与 PMCAD 的前接口、TAT 参数选择、TAT 的后处理和 TAT 与其他程序的后接口。

TAT 计算的是否正确、合理取决于 TAT 参数的选取。TAT 的参数与结构设计概念密切相关，TAT 数据检查是初步检查结构的基本参数的合理性，真正参数的合理性应由用户仔细检查确认。设计人员一定要清楚每个参数的含义和每个参数在分析中所起的作用。

TAT 与 PMCAD 的前接口：在进入 TAT 前，应先依次通过 PMCAD 主菜单的 1、2 项，在 PMCAD 中有的参数应尽量在 PMCAD 中定义，尽量使 PMCAD 与 TAT 的参数一致。

TAT 的后处理主要是分析结果图形和文本显示，以判断结构设计的合理性。

TAT 与其他程序的后接口：后接口有 JCCAD、梁柱施工图和 JLQ，只有各层配筋计算完后，才可接 JCCAD、梁柱施工图和 JLQ。

程序不是万能的，使用程序时，不仅要认真输入数据，而且要对计算结果进行检查、分析和判断，不能盲目地、不加分析地使用输出数据。

思考题

1．简述 TAT 软件的基本功能和应用范围。

2．执行由 PM 生成 TAT 数据之前对 PMCAD 的文件有什么要求？

3．TAT 前处理中的【参数修正】对话框中包括哪几项选项卡？各选项卡上可进行哪些参数信息修改？

4．对一个 7 度抗震设防区的普通多层钢筋混凝土框架结构建筑，图 5.13 所示的计算操作选项框应如何选择？

5．如何查看和输出结构各层的梁、柱或墙配筋简图？

第6章

绘制混凝土结构墙梁柱施工图

通过学习绘制混凝土结构墙梁柱施工图，要求学生熟练掌握在 SATWE、TAT 计算基础上绘制混凝土结构墙梁柱施工图，重点掌握梁、柱平法施工图的绘制。

教学要求

能力目标	知识要点	权重
掌握梁平法施工图，梁立、剖面施工图的绘制	(1) 梁配筋参数设定； (2) 梁钢筋修改、梁平法施工图、梁立剖面施工图绘制，绘图后图形文件名	40%
掌握柱平法施工图，柱立、剖面施工图的绘制	(1) 柱参数修改； (2) 柱钢筋修改，柱平法施工图、柱立剖面施工图绘制，柱绘图后图形文件名	40%
掌握整榀框架施工图的绘制	选择一榀框架，输入选筋、绘图参数，绘制所选框架的施工图	10%
掌握剪力墙施工图的绘制	工程设置，选择剪力墙计算依据，计算剪力墙墙身、墙梁、墙柱钢筋，绘制施工图	10%

6.1　混凝土梁施工图绘制

当完成三维结构计算程序 SATWE、TAT 或 PMSAP 特殊多、高层建筑结构分析与设计软件后，才能进行【墙梁柱施工图】主菜单操作。单击 PKPM 结构主界面的【墙梁柱施工图】按钮，其菜单项如图 6.1 所示，由各菜单项可见，墙梁柱施工图可以采用多种方式绘制。本章后续的介绍是在【应用案例 2-1】上进行的，所出现的窗口界面及配筋施工图都是在该工程前几章计算的基础上进行的，不再特殊说明。

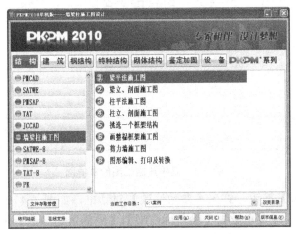

图 6.1　【墙梁柱施工图】主菜单

6.1.1　梁平法施工图

【梁平法施工图】菜单可以平面整体表示方法绘制混凝土梁配筋施工图。本绘制法可把梁的配筋标在每一层的平面图上，程序按配筋归并系数的归并结果选择钢筋，并将相同配筋的梁合并。

> ● 绘图前用户应掌握国家建筑标准设计图集《混凝土结构施工图平面整体表示方法制图规则和构造详图》。

选择图 6.1 所示的【墙梁柱施工图】主菜单第 1 项【梁平法施工图】，弹出对话框如图 6.2 所示，用户可以根据需要进行选择，本章现在单击【SATWE 计算结果】按钮。

在图 6.2 所示的对话框中单击【SATWE 计算结果】按钮后进入梁平法施工图绘制界面，此时窗口显示按程序默认参数绘制的第一标准层梁平法施工图，如图 6.3 所示。此时，可以通过右侧功能菜单进行配筋参数的修改设定、绘新图、编辑旧图等操作。

图 6.2　【请选择】对话框

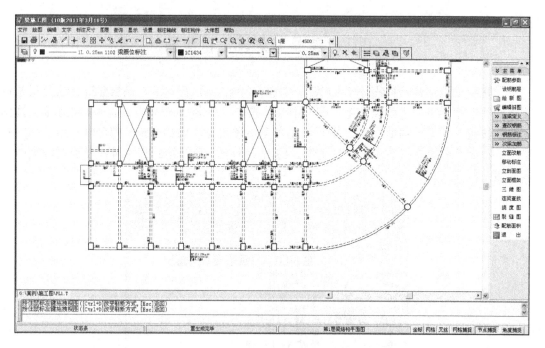

图6.3 梁平法施工图绘制界面

单击【配筋参数】按钮，弹出【参数修改】对话框，如图 6.4 所示。该对话框可以对【绘图参数】、【归并、放大系数】、【梁名称前缀】、【纵筋选筋参数】、【箍筋选筋参数】、【裂缝、挠度计算参数】、【其他参数】选项进行修改设定。案例工程参数设置如图 6.4 所示。

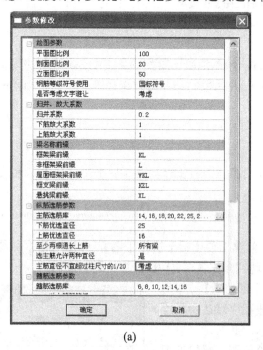

(a)

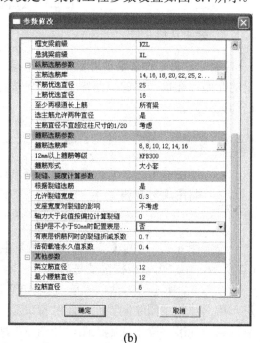

(b)

图6.4 【参数修改】对话框

在图 6.4 所示的对话框中的参数修改完成后，单击【确定】按钮，弹出对话框如图 6.5

所示,提示"配筋参数发生变生,是否重新归并选筋"。单击【是】按钮,则按照参数修改的要求重新归并选择钢筋;单击【否】按钮,则刚才的参数选择无效,仍按原参数选配钢筋结果绘图。

　　墙梁柱施工图使用钢筋标准层概念,以适应复杂工程中若干结构标准层差别不大而采用相同配筋的情况。单击【设钢筋层】按钮,弹出图 6.6 所示的对话框。同一钢筋层选钢筋时,程序将对每个构件取该钢筋标准层包含的所有楼层同一位置构件的最大配筋计算结果。首次执行时,程序按结构标准层的划分生成默认的钢筋标准层。如图 6.6 所示,将第三、四结构标准层均设为了第 3 钢筋标准层,并清理了了不用的钢筋标准层。图 6.6 中的【增加】按钮表示在现有钢筋标准层的基础上增加新的标准层,【更名】按钮针对钢筋标准层更改名称,【清理】按钮可以清除未用到的钢筋标准层,【合并】按钮将用户选定的若干钢筋标准层进行合并。

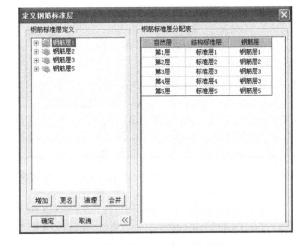

图 6.5　【梁施工图】对话框　　　　　　图 6.6　【定义钢筋标准层】对话框

　　单击【绘新图】按钮,在弹出的图 6.7 所示的对话框中进行选择后,就可以生成新的梁平法施工图。

图 6.7　绘新图选择对话框

　　进入所选楼层"梁平法施工图"的其他功能菜单,【挠度图】菜单和【裂缝图】菜单可显示梁的挠度和裂缝值,还可以进行混凝土梁的裂缝宽度验算和挠度计算,对不满足裂缝宽度要求的梁,可对梁钢筋进行【查改钢筋】菜单和【立面改筋】菜单操作,然后再进行裂缝宽度验算。在梁平面图上标注的内容包括梁编号(跨数)、梁支座的钢筋、梁下部钢筋、箍筋的直径、箍筋的加密区和非加密区间距。【配筋面积】菜单可显示本层梁计算配筋图,【立剖面图】、【立面框架】菜单可指定连续梁或框架进行连梁或框架的立剖面图绘制。【三维图】菜单可显示指定连续梁的配筋三维显示图。【连梁定义】菜单可以重新归并梁,也可以修改梁名、补充定义梁挑耳或拆分合并连续梁。【次梁加筋】菜单对次梁集中力引起的吊筋和箍筋进行显示和修改设置。

此外，图 6.3 所示第二行菜单栏的菜单还具有结构平面布置图的各种补充绘图功能，如画轴线、标尺寸、注字符、写图名、编辑修改等。图 6.8 所示为第一标准层标注轴线、写图名之后梁结构平面图。

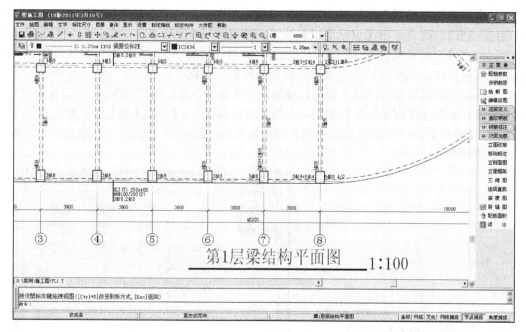

图 6.8　第一层梁结构平面图

一层梁的平法施工图绘制好后，可以通过图 6.8 所示第三行层数菜单右边的▼按钮选择下一结构标准层进行绘制，一直到所有标准层绘制完成。

单击【编辑旧图】按钮，弹出图 6.9 所示的对话框，选择所要编辑的旧图，可以对前边画好的图纸进行编辑修改。

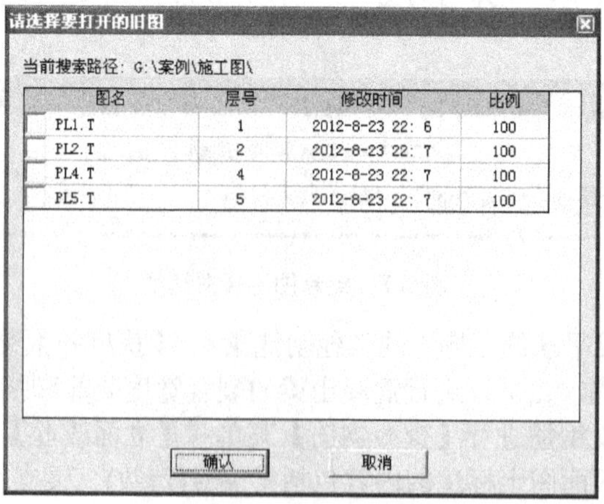

图 6.9　编辑旧图对话框

梁平法施工图这种画法简单，省图纸，但大量配筋的详细构造还需由用户补充画出或作详细说明，具体表示方法可参照 G101-1《混凝土结构施工图平面整体表示方法制图规则和构造详图》。

6.1.2　梁立、剖面施工图

　　【梁立、剖面施工图】菜单以立面、剖面表示方法绘制混凝土梁配筋施工图。本绘制法把梁的配筋直接标注在立面、剖面图上，其操作界面与梁平法施工图操作界面相同。选择图 6.1 所示【墙梁柱施工图】主菜单第 2 项【梁立、剖面施工图】菜单，弹出图 6.2 所示【请选择内力和配筋面积的来源】对话框，根据需要进行选择后进入图 6.3 所示的操作界面，进行【配筋参数】、【设钢筋层】、【绘新图】等菜单操作后，程序按归并结果及配筋归并系数选择钢筋。然后，通过【立剖面图】菜单绘制梁的立、剖面施工图。

　　单击【立剖面图】按钮→窗口下部提示区提示："用光标选择要出图的连续梁([Tab]方式切换，[Esc]结束选择)"→选择需要绘制立剖面施工图的连续梁，按 Esc 键返回→弹出图 6.10 所示的【另存为】对话框，单击【保存】按钮→弹出图 6.11 所示的【立剖面图绘图参数】对话框，选择后，单击 OK 按钮→窗口显示所选连续梁的立剖面施工图→单击右侧【返回平面菜单】按钮，则返回图 6.3 所示的界面，可以继续选择其他连续梁绘制立剖面施工图。

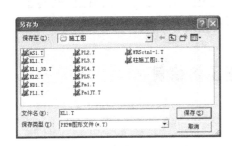

图 6.10　【另存为】对话框

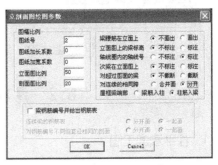

图 6.11　【立剖面图绘图参数】对话框

　例 6-1

　　要求：在前几章操作的基础上，接 SATWE 计算结果，绘制【应用案例 2-1】中第一标准层①轴的连续梁立剖面施工图。

　　操作步骤：

　　(1) 选择【墙梁柱施工图】主菜单第 2 项【梁立、剖面施工图】菜单，当前工作目录同第四章 "G:\案例"，单击【应用】按钮。

　　(2) 在弹出的图 6.2 所示的对话框中选择 SATWE 计算结果，进入图 6.3 所示的工作界面。

　　(3) 选择右侧功能菜单【配筋参数】，弹出对话框并按图 6.4 所示输入，然后弹出图 6.5 所示的对话框，单击【是】按钮后进行梁归并选筋。

　　(4) 选择右侧功能菜单【立剖面图】→命令提示区提示："选择需要绘制立剖面施工图的连续梁"，光标点取①轴的梁，按 Esc 键返回。

　　(5) 弹出图 6.10 所示的【另存为】对话框，图形文件名称默认为 "KL1.T"，单击【保存】按钮。

　　(6) 弹出对话框并按图 6.11 所示输入后，单击 OK 按钮，第一标准层①轴的连续梁绘制完成，如图 6.12 所示。

　　(7) 编辑修改完成后，选择右侧功能菜单【返回平面】，返回 6.3 所示的工作界面，可以继续绘制其他连续梁的施工图。

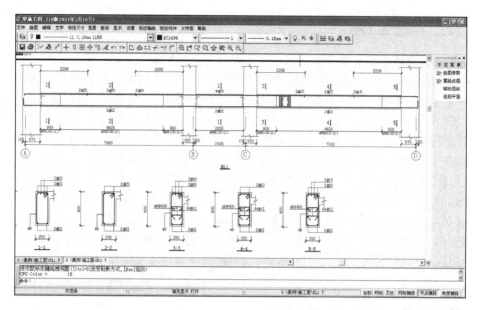

图 6.12 梁立、剖面施工图(KL1.T)

6.2 混凝土柱施工图绘制

6.2.1 柱平法施工图

【柱平法施工图】菜单是以平面整体表示方法绘制混凝土柱配筋施工图。选择图 6.1【墙梁柱施工图】主菜单第 3 项【柱平法施工图】菜单，进入柱施工图绘制工作界面，如图 6.13 所示。其右侧功能菜单包括【参数修改】、【设钢筋层】、【归并】等。

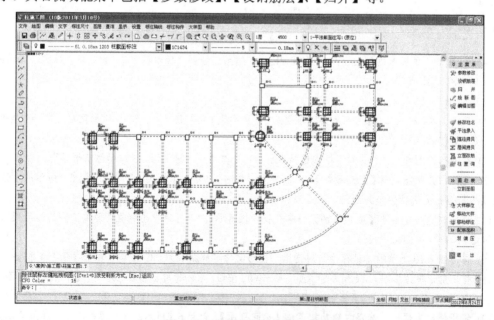

图 6.13 柱施工图绘制工作界面

选择右侧功能菜单【参数修改】，弹出【参数修改】对话框，如图 6.14 所示。该对话框可以对"绘图参数"、"选筋归并参数"、"选筋库"信息进行修改设定。其中，【绘图参数】是对图纸号、图纸放置方式、图纸加宽加长、平剖面图比例、施工图表示方法及文字避让进行设定。施工图表示方法包含平法截面注写 1(原位)、平法截面注写 2(集中)、平法列表注写、PKPM 截面注写、广东柱表等 7 种方式，用户可以通过▼按钮进行选择。【选筋归并参数】可以对计算结果来源、归并范围(全楼、按钢筋标准层)、归并系数、主筋箍筋放大系数、柱名称前缀、箍筋形式等信息进行设定。归并是指把配筋相差在指定范围内(归并系数决定)且截面形状尺寸相同的柱子归并为同一型号。【选筋库】是对纵筋箍筋的钢筋直径指定范围，只在这些范围内选择钢筋。案例工程参数设置如图 6.14 所示。

【参数修改】对话框中信息修改完成后，单击【确认】按钮，弹出对话框提示"选筋设计参数已有变化，是否重新归并"，如图 6.15 所示，一般情况下选择【是】，则按照修改后新的参数进行钢筋归并。如果在这选择【否】，则新的参数修改设置不起作用；也可以用图 6.13所示右侧功能菜单【归并】，完成钢筋的重新归并。归并参数越大，则归并后柱子种类越少。

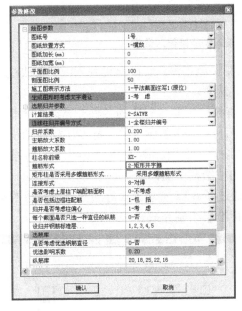

图 6.14 【参数修改】对话框

图 6.15 重新归并对话框

单击【平法录入】按钮，命令提示区提示光标选择要修改的柱子，选择后弹出图 6.16所示的对话框，可以对柱子配筋进行修改。

【设钢筋层】、【绘新图】、【编辑旧图】菜单的作用和操作方法与梁平法施工图类似，不再赘述。

【修改柱名】菜单对柱子的名称进行修改。单击【立面改筋】按钮显示柱子配筋立面图，可以点取字符直接修改柱子配筋。【连柱拷贝】菜单是在本层间进行钢筋配置的复制，按命令提示区提示选择要复制的目标柱子，选择要修改的柱子，弹出对话框中选择复制内容，单击【确定】按钮，复制完成。【层间拷贝】菜单是在不同钢筋标准层间进行钢筋配置的复制，在弹出窗口选择复制目标层、复制项，单击【确定】按钮，则目标层的配筋信息复制到该层。【配筋面积】菜单可以显示配筋的计算面积、实配面积，也可以校核配筋、重新归并。【双偏压】菜单可以对柱子进行双偏压验算。

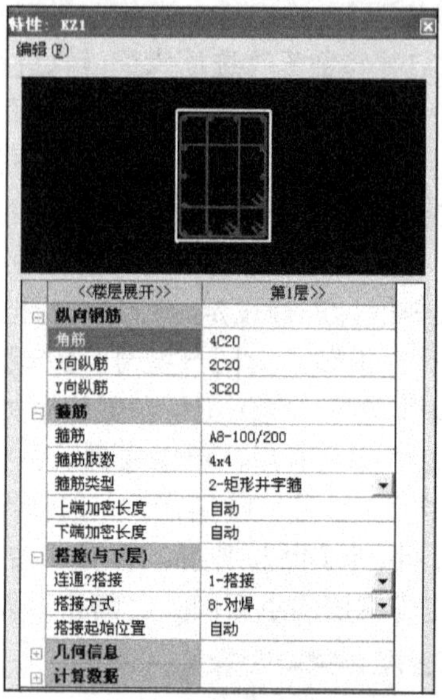

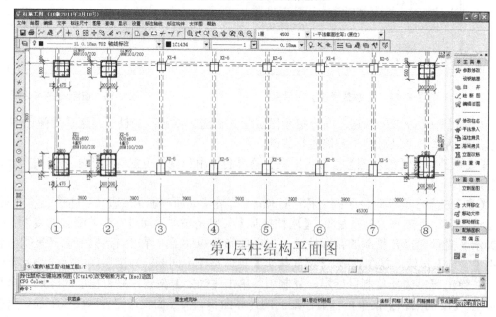

图 6.16　平法录入钢筋修改对话框

【画柱表】菜单用于在列表注写方法绘制柱施工图时，画出柱列表，有平法柱表、截面柱表、PKPM 柱表、广州柱表 4 种柱表形式选择。

图 6.13 所示第二行菜单栏的菜单还具有结构平面布置图的各种补充绘图功能，如画轴线、标尺寸、注字符、写图名、编辑修改等。图 6.17 所示为第一标准层标注轴线、写图名之后以平法截面注写 1(原位)方式绘制的柱结构平面图。图 6.18 所示为第一标准层标注轴线、写图名之后以平法列表注写方式绘制的柱结构平面图。

一层柱的平法施工图绘制好后，可以通过图 6.17 所示第三行层数菜单右边的▼按钮选择下一结构标准层进行绘制，一直到所有标准层绘制完成。

图 6.17　柱施工图平面表示("平法截面注写 1"表示法)

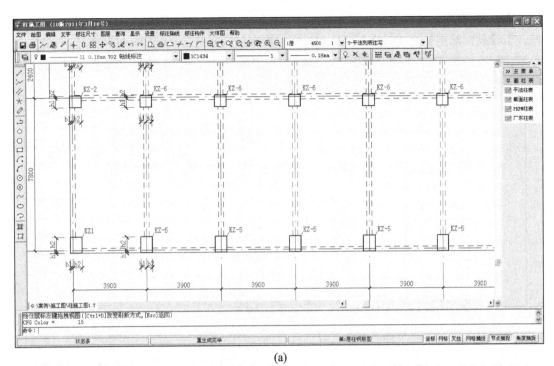

(a)

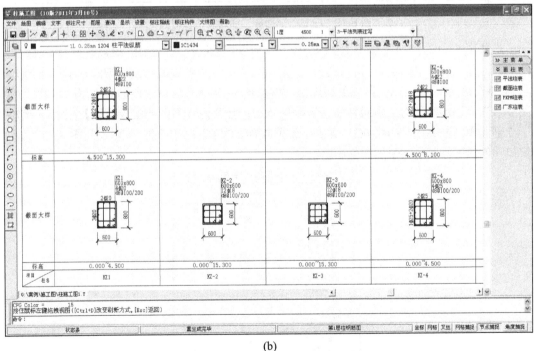

(b)

图 6.18　柱施工图平法"列表注写"表示法

6.2.2　柱立、剖面施工图

选择图 6.1 所示窗口中的【柱立、剖面施工图】菜单，进入图 6.19 所示的工作界面，以立面、剖面表示方法绘制混凝土柱配筋施工图。其右侧功能菜单与图 6.13 所示类似，仅介绍

【立剖面图】菜单。本绘制法把柱的配筋直接标注在立面、剖面图上，之前必须完成【参数修改】、【设钢筋层】及【归并】菜单的操作，程序按归并结果及配筋归并系数选择钢筋。

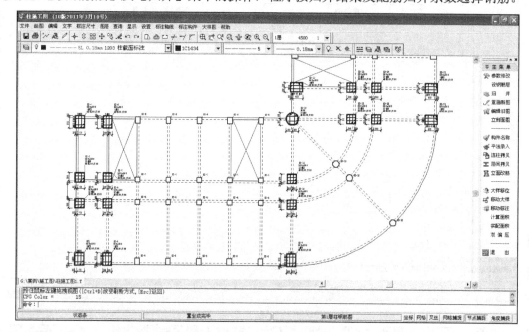

图 6.19　柱立、剖面施工图绘制操作界面

选择图 6.19 右侧功能菜单【立剖面图】→命令提示区提示"请用光标选择要修改的柱，【Esc】退出，(按 TAB 键可用窗口选择)"，此时可以选择需要绘制立剖面图的柱子，选择①轴与 A 轴交点处的柱子，按【Esc】键退出→弹出图 6.20 所示的对话框，对"图纸参数"、"绘图参数"、"钢筋参数"、"多跟柱画法"等信息进行修改设置后，单击【确认】按钮→所选柱子立剖面图绘制完成，如图 6.21 所示→选择右侧菜单【返回平面】，可以返回图 6.19 所示的窗口，继续进行其他柱子的立剖面图绘制。

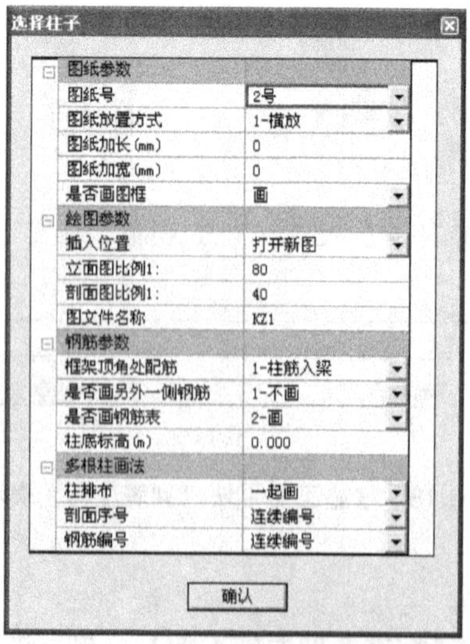

图 6.20　柱立、剖面施工图绘制参数设置对话框

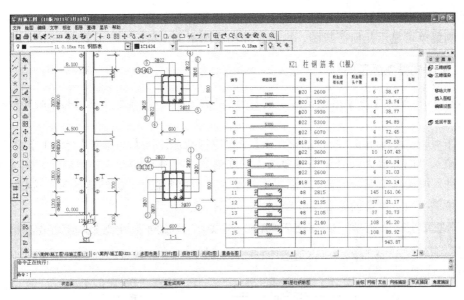

图 6.21　柱 KZ1 立、剖面施工图

6.3　挑选一榀框架绘制施工图

该功能通过图 6.1 所示菜单 5【挑选一个框架结构】和菜单 6【画整榀框架施工图】完成。

6.3.1　挑选一个框架结构

【挑选一个框架结构】菜单是从窗口平面上挑选一榀框架，并进行内力计算。选择图 6.1 所示菜单 5【挑选一个框架结构】，在弹出的对话框中选择计算结果来源，单击【确定】按钮，进入工作窗口，如图 6.22 所示。

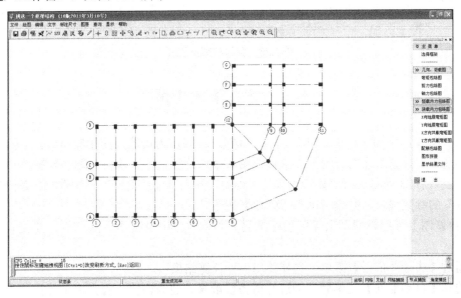

图 6.22　挑选一个框架图

单击【选择框架】按钮，程序提示输入要计算框架的轴线号，单击【确认】按钮后，通过右侧菜单可显示几何荷载图、内力计算结果图形和文件。

6.3.2 画整榀框架施工图

【画整榀框架施工图】菜单是接【挑选一个框架结构】菜单所计算的框架画整榀框架的施工图。

操作步骤：选择图 6.1 所示的菜单 6【画整榀框架施工图】→弹出【选筋】、【绘图参数】对话框输入"归并放大"、"绘图参数"、"钢筋信息"、"补充输入"信息后，单击【确定】按钮→进入框架施工图绘制窗口，通过右侧菜单进行参数修改、钢筋修改等→选择右侧【施工图】菜单，所选框架的施工图绘制完成，如图 6.23 所示。

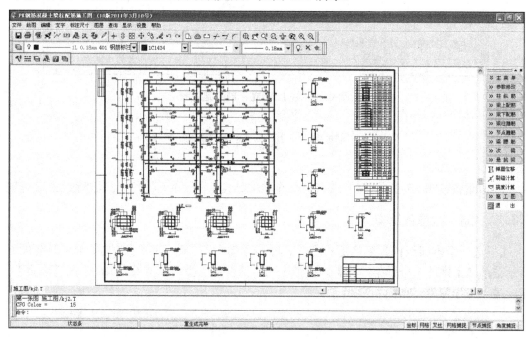

图 6.23　整榀框架施工图

6.4　剪 力 墙 施 工 图

选择图 6.1 所示的菜单 7【剪力墙施工图】，进入剪力墙施工图绘制窗口。右侧功能菜单包括【工程设置】、【绘新图】、【编辑旧图】、【选计算依据】、【自动配筋】等。

【工程设置】菜单进行"显示内容"、"绘图设置"、"选筋设置"、"构件归并范围"、"构件名称"的参数设置，完成后单击【确定】按钮。

【绘新图】、【编辑旧图】、【墙筋标准层】菜单的作用及操作方法与梁、柱类似，不再赘述。

通过【选计算依据】菜单"选择使用何种计算结果"。

选择【自动配筋】菜单后自动进行剪力墙墙身、边缘构件、剪力墙梁等构件的钢筋配置，如图 6.24 所示。

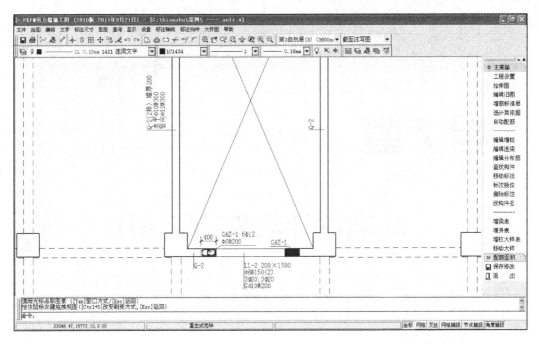

图 6.24　剪力墙施工图绘制窗口

【编辑墙柱】、【编辑连梁】、【编辑分布筋】菜单可以对选定的墙柱、连梁、墙身钢筋进行编辑修改。

【墙梁表】、【墙身表】、【墙柱大样表】菜单可以绘制剪力墙墙梁、墙身、墙柱的表格，包含截面尺寸、钢筋配置等信息。

本 章 小 结

本章对混凝土墙梁柱施工图绘制的方法和操作步骤做了详细的阐述，包括梁平法施工图和梁立、剖面施工图绘制；柱平法施工图和柱立、剖面施工图绘制；整榀框架施工图的绘制；剪力墙施工图绘制。

梁柱施工图的前接口：在进入梁柱施工图前，应先通过 PMCAD 建模、TAT 或 SATWE 的计算。

思 考 题

1. 什么是"梁归并"？如何进行归并操作？
2. "梁平法施工图"如何绘制？
3. 如何选择"柱归并"的范围？
4. "柱平法施工图"如何绘制？
5. 剪力墙墙柱大样表如何绘制？

第7章

基础设计软件 JCCAD

通过本章学习，了解 JCCAD 软件的基本功能和应用范围，掌握该软件的操作步骤和操作方法，能够应用 JCCAD 软件进行独立基础、条形基础、筏板基础等常见基础的结构设计。其具体包括地质资料输入、基础人机交互输入、基础梁板弹性地基梁法计算、桩基承台计算和独立基础沉降计算、基础施工图绘制等内容。

能力目标	知识要点	权重
了解 JCCAD 软件	(1) 了解软件的基本功能和应用范围； (2) 启动 JCCAD 软件	5%
掌握地质资料输入的内容和方法	(1) 掌握一个完整的地质资料包含的内容； (2) 熟练掌握地质资料输入的方法	10%
掌握基础人机交互式输入的主要功能	(1) 熟练启动基础人机交互式数据输入程序； (2) 熟练掌握地质资料、参数输入、网格节点、上部构件、荷载输入、基础布置、重心校核、局部承压和图形管理及各下级菜单的操作方法； (3) 进行常见基础的交互式数据输入	45%
掌握基础梁板弹性地基梁法计算	掌握基础沉降计算、弹性地基梁结构计算、弹性板内力配筋计算和弹性地基梁板结果查询的具体操作方法	20%
掌握基础平面施工图、筏板基础配筋施工图和桩基承台详图的绘制方法	应用各级菜单进行基础平面图、地基梁施工图、筏板基础配筋图、独基条基础详图的绘制，合理进行施工图图面布置	20%

7.1　JCCAD 软件的基本功能

7.1.1　JCCAD 软件的基本功能

基础 CAD(JCCAD)是 PKPM 系列建筑结构设计软件的一个重要组成部分,该软件的基本功能如下。

(1) JCCAD 可以完成柱下独立基础、墙下条形基础、弹性地基梁、带肋筏板、柱下平板、墙下筏板、柱下桩基承台基础、桩筏基础及单桩基础等设计,同时还能完成由上述各类基础组合的混合基础设计。

(2) JCCAD 可与 PMCAD 对接,读取柱网轴线和底层结构布置数据及荷载信息;还能读取上部结构分析计算软件(PK、TAT、SATWE)传来的基础荷载,并可与手工输入的荷载进行叠加;此外,JCCAD 还可以根据需要进行不同荷载组合。

(3) 对于交叉地基梁、筏板、桩筏基础等整体基础,程序可采用多种方法考虑上部结构对基础的影响。

(4) JCCAD 可根据荷载和基础设计参数自动计算出独立基础和条形基础的截面积与配筋,自动进行柱下承台桩设置,自动调整交叉地基梁的翼缘宽度,自动确定筏板基础中梁翼缘宽度,自动进行独立基础和条形基础的碰撞检查,如发现有底面迭合的基础自动选择双柱基础、多柱基础或双墙基础。同时,程序又留有人工干预功能,使软件既有较高的自动化程度,又有极大的灵活性。

(5) JCCAD 具有较强的人机交互式输入、结构计算和施工图绘制功能。通过人机交互式输入菜单可以很方便地进行各类基础的参数设置和布置。在基础结构分析计算中采用多种力学模型,例如,沉降计算可采用基础底面柔性假设、基础底面刚性假设及考虑基础实际刚度等分析方法。通过基础施工图菜单可以进行基础平面图、地基梁施工图、筏板钢筋图、独立基础、条形基础、连梁、承台及桩基础的详图绘制。

(6) 基础计算可采用多种计算模型,如交叉地基梁可采用普通弹性地基梁模型进行分析,又可采用考虑土壤之间相互作用的广义文克尔模型进行分析。对于筏板基础,程序可按弹性地基梁有限元法计算,也可按 MINDLIN 理论的中厚板有限元法计算等。

7.1.2　JCCAD 设计的操作过程

启动 PKPM 系列软件后,选择【结构】选项卡,然后选择左侧列表框中【JCCAD】菜单,即进入 JCCAD 主菜单,如图 7.1 所示。JCCAD 菜单模块包括 1~9 菜单项,设计人员进行不同类型的基础设计,应遵循不同的菜单操作过程。

基础设计的基本操作过程如下。

(1) 独立基础、条形基础的设计,应顺序执行第 1、2 项主菜单,第 3 项主菜单中的【基础沉降计算】子菜单和第 7 项主菜单;如果不需要进行基础沉降计算,则可以不执行第 1、3 项菜单。

(2) 弹性地基梁板基础的设计,应执行第 1、2、3、7 项主菜单。

(3) 桩基础、桩筏基础的设计,应依次执行第 1、2、4、5、7 项主菜单。

正常情况下，防水板只起抗浮作用，上部结构的荷载主要由相应的基础承担。对于此类基础，设计时可以分开考虑，即防水板可以单独计算，JCCAD 第 6 项主菜单可对柱下独基加防水板、柱下条基加防水板、桩承台加防水板等形式的防水板部分进行计算。第 9 项主菜单工具箱提供了有关基础的各种计算工具。基础工具箱程序是脱离基础模型单独工作的计算工具，也是基础工程设计过程中的必备手段，可以利用工具箱软件实现单项计算以及两种工程计算功能。

图 7.1　JCCAD 主菜单

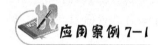

应用案例 7-1

1. 设计项目资料

(1) 地基承载力标准值 200kPa。

(2) 地基土层分布情况如图 7.4 所示。

(3) 其余资料见第 2 章【应用案例 2-1】设计资料。

2. 设计项目任务书

完成【应用案例 2-1】的基础设计，基础类型为柱下独立基础。

7.2　地质资料输入

7.2.1　地质资料输入内容

在基础设计时，应首先输入基础所在场地的地质资料。地质资料包括两类：一类是供桩基础使用的地质资料，要求输入每层土的压缩模量、重度、状态参数、内摩擦角和内聚力 5 个参数；另一类是供无桩基础(包括天然地基或复合地基)使用的地质资料，仅要求输入压缩模量一个参数。两类地质资料的格式相同。当不需要计算沉降变形时，可不输入地质资料。

一个完整的地质资料包括各勘测孔的平面布置、竖向土层标高及各土层的物理力学指标。程序以勘测孔的平面布置形成平面控制网格，将勘测孔的竖向土层标高和物理力学指标进行插值计算，得到勘测孔控制网格内部及附近各土层的竖向标高和物理力学性质指标，通过人机交互方式可以形象地观察任意竖向剖面和任意一点的土层分布和力学参数。

（特）（别）（提）（示）···

● JCCAD 程序中自带一个地质资料文件，名称为 F.dz，将此文件复制到当前工作目录，地质资料的输入可以调用该文件。

··

7.2.2 地质资料输入

程序提供了两种地质资料输入方法：人机交互方式输入和填写数据文件方式输入。一般采用人机交互方式输入，下面重点介绍人机交互输入方法。

在图 7.1 所示窗口选择 JCCAD 主菜单 1【地质资料输入】，单击【应用】按钮，弹出图 7.2 所示的【选择地质资料文件】对话框。若要使用的地质资料数据文件不存在，则用户需要建立一个新的地质资料数据文件，在文件名文本框中输入一个新的地质资料文件名，然后单击【打开】按钮，进入图 7.3 所示的地质资料输入窗口界面，之后依次执行右侧功能菜单，注意建立好地质资料数据文件后保存方可退出。

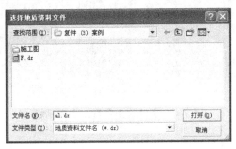

图 7.2　【选择地质资料文件】对话框

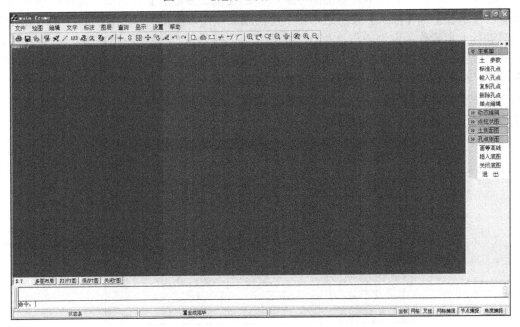

图 7.3　地质资料输入窗口

如果希望采用已经存在的地质资料数据文件，可以将数据文件复制到当前目录下供程序进行调用，否则在选择 JCCAD 主菜单第 3 项中的【基础沉降计算】菜单时可能产生错误。选中已存在的地质资料数据文件，单击【打开】按钮，进行地质资料的观察和修改。

1.【土参数】

选择【土参数】菜单，弹出图 7.4 所示的【默认土参数表】对话框。左侧第一列是土名称，程序提供 19 种土质，拖动右侧的下拉条可以调整显示其他土质。从左侧第二列开始到第六列，是土质对应的各参数区，双击土质对应参数所在数据框，数据框变为可编辑状态，用户就可以修改输入该参数，输入完毕单击【确定】按钮确认或单击【取消】按钮取消。程序最后一列给出了状态参数含义。

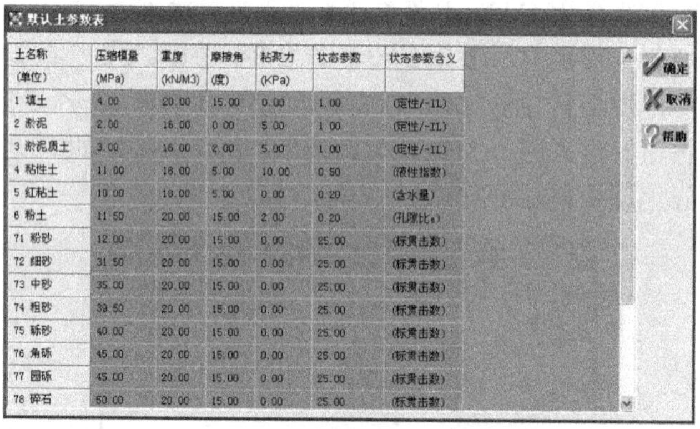

图 7.4　【默认土参数表】对话框

2.【标准孔点】

选择【标准孔点】菜单，弹出图 7.5 所示的【土层参数表】对话框。通过单击对话框右侧的【添加】和【插入】按钮进行新土层的添加、插入操作。单击【Undo】和【Redo】按钮进行上步操作的取消或再次执行。根据工程实际情况(工程地质勘察报告)，依次选择填写完成各层土质资料的输入。单击土名称右侧的▼按钮，程序自动列出土参数表中的所有土质，单击选择即可，之后对相应参数进行编辑修改，与土参数表中的参数修改方法相同。单击【删除】按钮对某一土层进行删除操作。最后编辑和修改标高参数及图幅参数，完成后单击【确定】按钮进行确定。

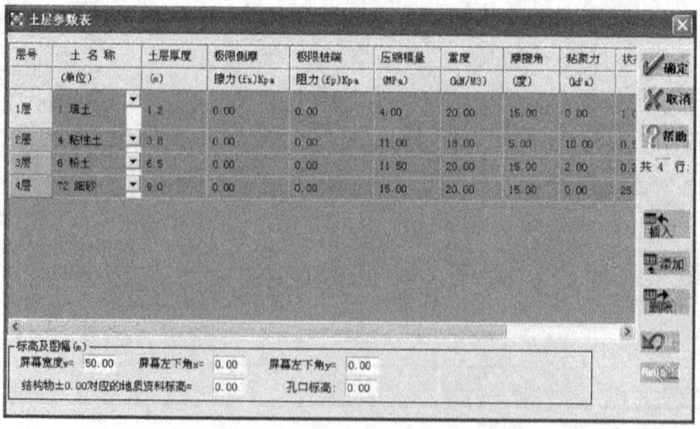

图 7.5　【土层参数表】对话框

3.【输入孔点】

选择【输入孔点】菜单，命令信息提示栏提示"在平面图中点取位置，按【Esc】键退出"，此时可在窗口绘图区输入任意孔点为参照点。据其他各孔点和参照点的坐标关系，依次输入其他各孔点，形成地质资料网格线。此时的单元网格线是任意的，使用时应处理好和建筑网格坐标的相对关系。

🔵 (特) (别) (提) (示) ....

- 标准孔点土层参数输入、输入孔点位置应该依据建设单位提供的工程地质勘察报告。

....

4.【复制孔点】

本菜单用于将具有相同性质的孔点复制到其他位置，从而实现快速布置孔点。选择本菜单，再选择需要复制的孔点，然后定位目标孔点即可完成一次复制操作。

5.【删除孔点】

本菜单用于对布置错误的孔点进行删除。

选择本菜单，命令信息提示栏提示"在平面图中点取位置，按【Esc】键退出"，单击选择需要删除的孔点，程序自动完成删除操作，按【Esc】键退出。

6.【单点编辑】

选择【单点编辑】菜单，命令信息提示栏提示"在平面图中点取位置，按【Esc】键退出"，此时，移动光标到需修改参数的孔点位置处，光标显示黄色圆圈，单击即弹出图 7.6 所示的【孔点土层参数表】对话框。在该孔点土层参数表中进行各种参数的修改，完成后单击【确定】按钮确认或单击【取消】按钮取消。完成一次孔点参数修改操作后可以继续进行下一孔点的选择和参数修改操作。

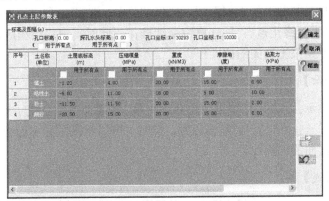

图 7.6   【孔点土层参数表】对话框

7.【动态编辑】

选择【动态编辑】菜单，按照命令提示区提示"在平面图上点取相应位置，按【Esc】

键退出"，显示所选位置剖面图。选择【剖面类型】子菜单，则剖面图表示类型改变；选择【孔点编辑】子菜单，在平面点取位置后右击，可以选择进行"添加土层、删除土层、修改土层、孔点信息"的编辑；选择【标高拖动】子菜单，可以动态显示修改指定土层的底标高。

8. 【点柱状图】

本菜单用于选择平面位置并显示相应的土层柱状图。

选择本菜单，命令信息提示栏提示"在平面图中点取位置，按【Esc】键退出"，此时在需要观察土层柱状图的平面位置连续选择控制点，选择完毕按【Esc】键，窗口绘图区即显示土层柱状图，如图 7.7 所示。此外，还提供了【桩承载力】、【参数修改】、【沉降计算】几项功能。

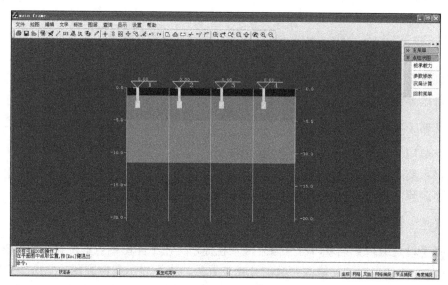

图 7.7　土层柱状图

9. 【土剖面图】

本菜单用于显示某截面的土剖面图。选择该菜单，按照命令信息提示栏提示依次选择"剖面起始点"、"剖面终止点"，按任意键继续操作。此时，窗口绘图区显示出土层分布。单击【回前菜单】结束土剖面图的操作。

10. 【孔点剖面】

本菜单用于显示孔点的土剖面图。选择该菜单，按照命令信息提示栏提示依次选择"起始孔点位置"、"下一孔点位置"，右击返回。此时，窗口绘图区显示出土层分布。单击【主菜单】结束孔点剖面图的操作。

11. 【画等高线】

图 7.8　画等高线对话框

选择本菜单，显示图 7.8 所示面板。单击▼按钮可以显示下拉菜单"地表、土层 1 底、土层 2 底……水头"等，可以绘制地表、任意土层底或水头的等高线图。

通过上述操作，已经建立了一个新的地质资料数据文件。若以后用户需要进行该地质资料的修改，可重新执行 JCCAD 主菜单 1【地质资料输入】，选择该文件名打开，进行修改操作。此时，只选择需要修改的步骤内容进行操作即可，而不必严格按照新文件的顺序操作。

12.【插入底图】、【关闭底图】

选择【插入底图】菜单，弹出【请选择作为背景的地质资料图文件】对话框，选择文件单击打开后，所选图形将作为现有地质资料的背景。选择【关闭底图】菜单，则底图关闭。

 例 7-1

要求：结合【应用案例 2-1】和【应用案例 7-1】完成地质资料输入。

操作步骤：

(1) 在工作目录"G:\案例"文件夹下，已进行过 PMCAD、SAT8 的操作，现在在图 7.1 所示的界面下，当前工作目录选择"G:\案例"并选择主菜单 1【地质资料输入】，单击【应用】按钮，在弹出的图 7.2 所示的对话框中输入文件名"a1.dz"，进入主界面。

(2) 单击【标准孔点】按钮，在弹出的对话框中逐一添加土层，并编辑修改相关参数，参数输入如图 7.5 所示。

(3) 单击【输入孔点】按钮，逐一输入各孔点位置，如图 7.9 所示。注意输入范围应超过建筑占地面积，完成后保存退出。本案例孔点 1 输入位置绝对坐标！0,0，孔点 4 坐标！50,0，孔点 3 坐标！0,20，孔点 8 坐标！30,33，孔点 7 坐标！50,33，单位为 m，其位置坐标操作方法跟 PMCAD 类似，不再赘述。

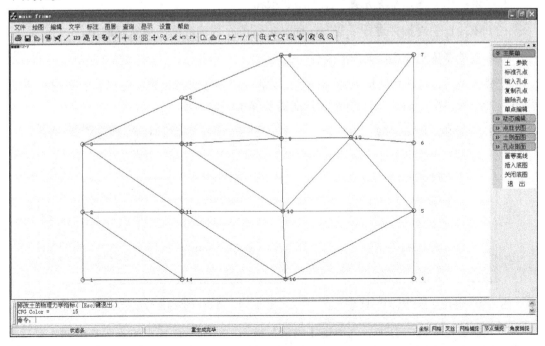

图 7.9　孔点输入图

7.3 基础人机交互输入

通过【基础人机交互输入】菜单，建立基础计算数据。该菜单主要功能包括：根据使用者提供的上部结构数据、荷载数据和有关地基基础的数据，进行柱下独立基础、墙下条形基础和桩承台的设计，桩长计算以及布置基础梁、筏基和桩基等基础。

使用者可对程序自动生成的基础尺寸及配筋进行修改补充，并添加基础梁和圈梁数据、独立基础的插筋数据、填充墙数据等，最后生成画基础施工图所需的全部数据。

该菜单运行的必要条件是执行过 PMCAD 程序主菜单 1【建筑模型与荷载输入】、2【平面荷载显示校核】。砖混荷载还应执行【砌体信息及计算】菜单；如果采用 PK 荷载、TAT 荷载或 SATWE 荷载还应执行相关程序的有关菜单；如果要自动生成基础的插筋数据还应执行【墙梁柱施工图】主菜单。

选择 JCCAD 主菜单 2【基础人机交互输入】，弹出图 7.10 所示的基础数据选择对话框，其中包含以下 4 种选择项。

1.【读取已有的基础布置数据】

选择【读取已有的基础布置数据】选项，程序将读出原来建立的基础数据和上部结构数据。

2.【重新输入基础数据】

程序不读取原有的基础数据，而是重新读取 PMCAD 生成的轴网和柱墙布置，初次操作时应该选择该项。

3.【读取已有基础布置并更新上部结构数据】

在 PMCAD 中对构件进行了修改，而又想保留原基础数据，可选择此项。

4.【选择保留部分已有的基础】

选择该项后，可选择性地保留部分基础数据。选择【选择保留部分已有的基础】选项，弹出选择项对话框，如图 7.11 所示，勾选需要保留的内容项。

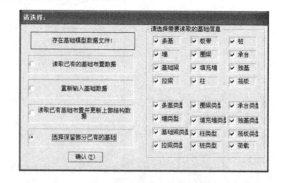

图 7.10 基础数据选择对话框 　　　　　图 7.11 【选择保存部分已有基础】对话框

勾选需要保留的内容项后，单击【确认】按钮，进入基础模型输入工作界面，窗口显示底层结构平面布置，如图 7.12 所示。下面根据基础设计的一般过程，介绍各菜单的用法。

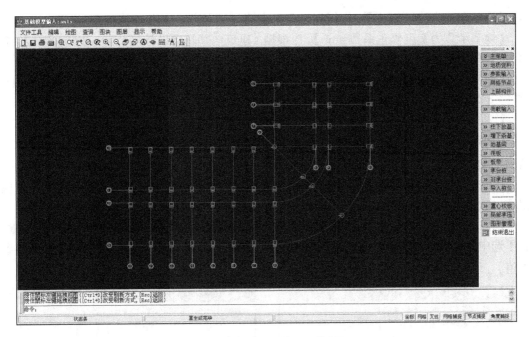

图 7.12　基础模型输入工作界面

7.3.1　地质资料

【地质资料】菜单用于地质资料与实际基础对位。该菜单包括【打开资料】、【平移对位】和【旋转对位】3 个子菜单。

选择【打开资料】子菜单，弹出【选择地质资料数据文件】对话框，用户只需查找并选择已有地质资料文件名，单击【打开】按钮，即显示地质勘探孔网格单元。

选择【平移对位】子菜单，用光标拖动地质勘探孔网格单元移动到实际位置上，处理好地质资料网格单元与基础平面网格的坐标对应。

如角度不对，选择【旋转对位】子菜单，用光标选择旋转中心位置后再输入其旋转角度(逆时针旋转为正)，直到处理好地质网格单元与基础平面网格单元的对应。

7.3.2　参数输入

【参数输入】菜单用于完成基础设计参数的输入和编辑修改。选择该菜单，窗口右侧即显示三个子菜单。用户根据基础类型，选择相应的菜单进行操作。

1.【基本参数】

执行本菜单进行基础设计计算所需公共参数的定义，若不执行该菜单，程序将采用默认的参数值。选择【基本参数】菜单，弹出【基本参数】对话框。该对话框包括【地基承载力计算参数】、【基础设计参数】和【其他参数】三个选项卡，分别选择这三个选项卡，如图 7.13(a)、(b)、(c)所示，可进行相关参数的修改编辑。

1)【地基承载力计算参数】

【计算方法选择】：当前程序提供了 5 种计算方法，通过单击图 7.13(a)所示的选项卡中▼按钮选择。

【地基承载力特征值 f_{ak}】：应根据地质报告填写，程序默认值 180kPa。

【地基承载力宽度修正系数 amb】：应根据《建筑地基基础设计规范》(GB 50007—2011)第 5.2.4 条确定，程序默认值为 0。

【地基承载力深度修正系数 amd】：应根据《建筑地基基础设计规范》(GB 50007—2011)第 5.2.4 条确定，程序默认值为 1。

【基底以下土的重度(或浮重度)γ】：程序默认值 20kN/m³。

【基底以上土的加权平均重度 γ_m】：应根据工程情况计算加权平均重度填写，程序默认值为 20kN/m³。

【承载力修正用基础埋置深度 d】：指地基承载力特征值计算公式中的基础深度值，应根据《建筑地基基础设计规范》(GB 50007—2011)第 5.2.4 条确定，程序默认值为 1.2m。

【自动计算覆土重】：选中该选项，程序自动按 20kN/m³ 的混合重度计算基础的覆土重。若不选中该选项，程序将在对话框中提示输入"单位面积覆土重 γ'_H"，要求用户输入该参数值。

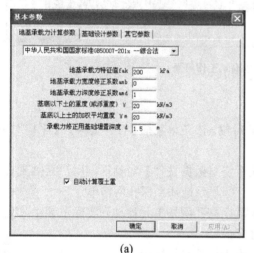

(a)

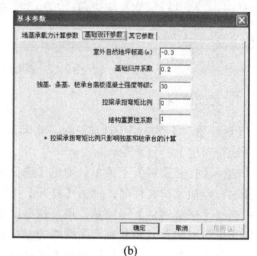

(b)

(c)

图 7.13 【基本参数】对话框三个选项卡

2)【基础设计参数】

【室外自然地坪标高(m)】：依据工程实际情况填写。

【基础归并系数】：用于独立基础和条形基础截面设计时的归并控制，归并系数之内的基础视为同一种基础，程序默认值为 0.2。

【独基、条基、桩承台底板混凝土强度等级 C】：指所有基础的混凝土强度等级(不包括柱和墙)，程序默认值为 20。

【拉梁承担弯矩比例】：拉梁承担弯矩指的是由拉梁来承受独立基础沿梁方向上的弯矩，以减小独立基础底面积。其取值范围为 0～1，1 表示承担 100%。用户可以根据实际结构特点来填写，程序默认值为 0。

【结构重要性系数】：根据工程实际填写，程序默认值为 1。

3)【其他参数】

本选项卡对人防参数、地下水信息、柱对平(筏)板基础冲切的计算模数进行设定。

2.【个别参数】

本菜单用于对前面统一设置的参数进行个别修改。

选择【个别参数】菜单，命令提示区中提示"直接布置，(【Tab】换方式，【Esc】退出)"，此时按【Tab】键，可以在轴线方式、窗口方式、直接方式和围区方式 4 种输入方式间进行切换。运用合适的方式选择需要单独修改参数的基础，之后弹出【基础设计参数输入】对话框，如图 7.14 所示。其中，【覆土压强】指基底以上土和基础的重量与基础底面面积的比值，自动计算填 0。对话框中其余计算参数可参照【基本参数】功能菜单进行输入。

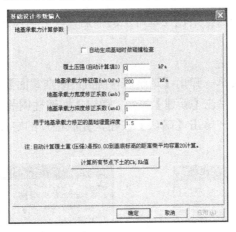

图 7.14　【基础设计参数输入】对话框

3.【参数输出】

本菜单用于以文本形式输出前面各步骤中设置过的基础基本参数，便于用户对所有基础基本参数进行检查。

7.3.3　网格节点

【网格节点】菜单用来补充增加 PMCAD 传下来的平面网格轴线，删除无用节点，编辑基础平面网格。程序可将与基础相连的各层网格全部传下来，并合并为同一网点。如果在

PMCAD 中已将基础所需要的全部网格输入，可不执行【网格节点】菜单，否则需要在该项菜单中增加轴线与节点。

选择【网格节点】菜单，弹出网格节点菜单界面，包含 5 个子菜单，其操作方法类似于 PMCAD 中的轴线节点输入。现将各子菜单的功能加以介绍。

(1)【加节点】：在平面上增加节点。

(2)【加网格】：在平面上增加轴线。

(3)【网格延伸】：将原有的网格线或轴线两端延伸挑出，主要设置弹性地基梁的挑梁。

(4)【删节点】：用于删除该菜单下增加的多余节点，但不能删除 PMCAD 中形成的节点。

(5)【删网格】：用于删除该菜单下增加的多余网格，但不能删除 PMCAD 中形成的网格。

特 别 提 示

● 【网格节点】菜单应在【荷载输入】和基础布置之前执行，否则荷载或基础构件可能会错位。

7.3.4 上部构件

本菜单主要用于输入基础上部的一些附加构件。选择【上部构件】菜单可弹出下拉菜单，用户可根据工程的基础类型选择子菜单项。

1.【框架柱筋】

本菜单用来输入和删除框架柱在基础上的插筋。该菜单包含两个子菜单：【柱筋布置】和【柱筋删除】。

1) 柱筋布置

选择【柱筋布置】菜单→弹出【请选择[柱插筋]标准截面】对话框，如图 7.15 所示，进行柱筋的定义与布置→单击【新建】按钮，弹出【框架柱钢筋定义：】对话框，如图 7.16 所示，进行柱筋定义操作→单击【确认】按钮，完成柱筋的定义→定义好的柱筋显示在构件选择对话框列表中。

图 7.15 【请选择[柱插筋]标准截面】对话框

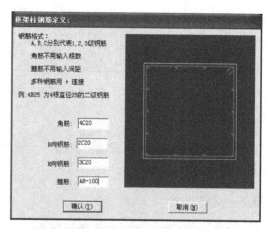

图 7.16 【框架柱钢筋定义：】对话框

若需要对列表中柱插筋进行修改→选中列表中的柱插筋→单击对话框中的【修改】按钮→弹出【框架柱钢筋定义：】对话框进行编辑修改。

单击【删除】按钮可删除某柱筋型号。

柱筋的布置→选中列表中的柱筋→单击【布置】按钮，其余操作与 PMCAD 中的构件布置操作类似。

2）柱筋删除

选择【柱筋删除】菜单→命令提示区提示"选择删除柱筋目标"→选择删除相应柱筋即可→按【Esc】键完成删除柱筋操作。

⬤ 特 别 提 示 ....

● 程序完成了 TAT 或 SATWE 梁柱施工图绘制并将结果存入钢筋库，这里可自动读取 TAT 或 SATWE 的柱钢筋数据。

2. 【填充墙】

对于框架结构，如底层填充墙下设置条基，可在此先输入填充墙，再在荷载输入中用附加荷载将填充墙荷载布在相应位置上，这样程序会画出该部分完整的施工图。选择【填充墙】菜单，弹出其下拉菜单，包含【墙布置】和【墙删除】。【墙布置】与【墙删除】操作与【柱筋布置】、【删除】基本相同，先定义墙体，然后布置墙体。

3. 【拉梁】

本菜单是在两个独立基础或独立桩基承台之间设置拉结连系梁。选择【拉梁】菜单，弹出其下拉菜单，包括【拉梁布置】和【拉梁删除】。【拉梁布置】与【拉梁删除】操作与【柱筋布置】、【删除】菜单基本相同，先定义构件，然后布置构件。如果拉梁上有填充墙，其荷载应该按点荷载输入到拉梁两端基础所在的节点上。

4. 【圈梁】

本菜单用于条形基础中设置地圈梁。选择【圈梁】菜单，弹出其下拉菜单，包括【圈梁布置】和【圈梁删除】。【圈梁布置】菜单中地圈梁类型定义时，需要输入圈梁高度、宽度、梁顶标高、主筋级别与根数和直径、箍筋级别与直径和间距等参数。【圈梁布置】与【删除】菜单操作方法与【拉梁】菜单基本相同。地圈梁施工图将在条形基础详图中绘制。

5. 【柱墩】

本菜单进行柱墩的定义、布置及编辑操作。选择【柱墩】菜单，弹出其下拉菜单，包含【柱墩布置】、【柱墩删除】、【查刚性角】及【清理屏幕】4 个子菜单。

柱墩的布置、删除操作与其他上部构件操作相同。【查刚性角】及【清理屏幕】为辅助菜单功能，用户可根据需要选择执行。

7.3.5 荷载输入

【荷载输入】菜单用来输入用户自己定义的荷载，并读取其他上部结构计算程序(如 PK、

SATWE、TAT)传下来的荷载，程序自动将用户输入的荷载与读取的荷载进行组合。

选择【荷载输入】菜单，将弹出荷载输入菜单界面，用户可根据具体情况选择执行各项子菜单。

1. 【荷载参数】

本菜单的作用是修改程序默认定义的荷载分项系数、组合系数等参数。选择【荷载参数】菜单，弹出图 7.17 所示的【请输入荷载组合参数】对话框。对话框中的参数分为两类，一类是发灰状态的数值，属于现行规范中的指定值，一般不需要进行修改，如果用户确实需要修改，可双击该值，输入框由灰色变为白色后即可修改；而另一类数值，用户可以根据工程实际情况并结合相关规范进行修改。

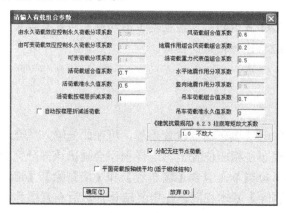

图 7.17 【请输入荷载组合参数】对话框

勾选【分配无柱节点荷载】复选框，程序将把墙间无柱节点上的荷载转移到墙上，这样原来弹性地基梁的一些无交叉梁、无柱、有荷载的节点就可自动删除，将梁合并，并且对墙下基础不会产生丢荷载情况，主要用于砌体结构中构造柱荷载的分配。程序初始默认选择该项。

2. 【无基础柱】

本菜单用于设置无独立基础的柱，程序自动把柱底荷载传递到其他基础上。

操作方法：选择【无基础柱】菜单→命令提示区提示"选择无需布置独立基础的柱"→移动光标选择→选中的柱颜色变亮→完成操作，【Esc】退出。

3. 【附加荷载】

本菜单用来布置、删除用户自己定义的节点荷载和线荷载。一般框架结构的填充墙或设备重应作为附加荷载输入。选择【附加荷载】菜单，程序将显示附加荷载菜单界面。附加点荷载的定义、布置与删除是通过【加点荷载】与【删点荷载】这两个菜单来进行的；附加线荷载的定义、布置与删除是通过【加线荷载】与【删线荷载】菜单来实现的。

附加荷载的基本过程和操作方法与 PMCAD 中荷载输入操作类似，选择【加点荷载】或【加线荷载】菜单，弹出对话框，进行荷载值的定义，然后选择目标进行荷载布置。选择【删点荷载】或【删线荷载】菜单，按照命令提示区提示，选择要删除附加荷载的基础柱，完成附加荷载的删除操作。

⬤ 特 别 提 示 ....

● 对于在基础上架设连梁的独立基础，如果连梁上有填充墙，则在进行独立基础设计时，应将填充墙的等效荷载在此菜单中作为节点荷载输入，而不能作为均布荷载输入，否则将形成墙下条形基础或丢失荷载。

4.【选 PK 文件】

如果上部结构计算时使用 PK 计算程序，则通过本菜单选择读取 PK 程序生成的柱底内力文件*.Jcn。

操作步骤：选择【选 PK 文件】菜单→弹出【请选择 PK 文件】对话框→单击对话框中的【选择 PK 文件】按钮→弹出查找范围对话框，选择打开 PK 程序生成的柱底内力文件*.Jcn→可以打开多个 PK 柱底内力文件→用【清除文件】菜单可以清除不用的 PK 柱底内力文件。

单击打开的某个 PK 文件→右侧列表框显示选定 PK 柱底内力文件的轴线号→删除不用的轴线号→剩余的轴线将采用 PK 荷载。

经过以上操作，在下一菜单【读取荷载】的对话框中就会出现【PK 荷载】以供选择。

5.【读取荷载】

本菜单用来读取其他上部结构计算程序(如 PK、SATWE、TAT)传来的首层柱、墙内力信息，把它们作为基础设计的外加荷载。操作步骤：选择【读取荷载】菜单→弹出【请选择荷载类型】对话框，如图 7.18 所示。对话框左侧显示所有荷载类别，右侧列表框显示上部结构分析计算所生成的荷载→单击选择→完成后确认本操作或放弃本操作，退出。

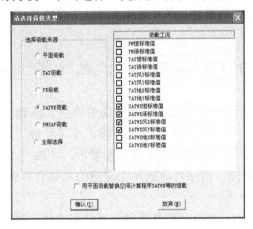

图 7.18 【请选择荷载类型】对话框

⬤ 特 别 提 示 ....

● 【砖混荷载】与【PM 荷载】(恒荷载＋活荷载)的主要区别在于砖混荷载来自砖混抗震验算，它已将构造柱的荷载分配到各墙段上，以便于形成条形基础。

6.【荷载编辑】

本菜单对【附加荷载】和【上部荷载】进行查询或修改。

1) 点、线荷编辑

选择【点荷编辑】或【线荷编辑】菜单→依据命令提示区提示，选择要修改荷载的节点或网格线→弹出点或线荷编辑对话框→在弹出的对话框中修改节点的轴力、弯矩和剪力→修改完毕，单击【确认】按钮完成操作。

2) 点、线荷复制

选择【点荷复制】或【线荷复制】菜单→依据命令信息提示区提示，选中被复制的点、线荷载→选择预复制的目标位置，即可完成复制。

3) 清除荷载

本菜单用来完成所有输入荷载的清除。

【当前组合】、【目标组合】、【单工况值】用于选择查看各种组合或某种单工况下的荷载值，基础程序自动在各种荷载组合中选择计算所需要的组合，过滤掉不需要的组合。

7.3.6 基础布置

完成了地质资料、参数输入、网格节点、荷载输入及上部构件等各项操作后，接下来进行基础的布置。进行独基的设计和布置，需执行【柱下独基】菜单；进行条基的设计和布置，需执行【墙下条基】菜单；进行筏板基础的设计和布置，需执行【筏板】菜单，若筏板上要设置梁或需要设置柱下板带，还需执行【地基梁】或【板带】菜单。桩基础的布置执行【承台桩】、【非承台桩】、【导入桩位】菜单。

本节操作，主要介绍独立基础、条形基础和筏板基础的布置。

1. 独立基础布置

独立基础布置主要通过【柱下独基】菜单来完成，它包含以下几个子菜单。

1)【自动生成】

选择【自动生成】菜单→程序提示选择自动生成独立基础的柱→选择柱成功→弹出图 7.19 所示的【基础设计参数输入】对话框，输入相关参数，单击【确定】按钮→程序自动在所选择的柱下布置独立基础，结果呈黄色显示。在图 7.19(a)中，勾选【自动生成基础时做碰撞检查】复选框，程序自动把发生碰撞的基础合并成双柱或多柱基础。

2)【计算结果】

选择【计算结果】菜单，可打开独立基础计算结果文件，文件名 jc0.out。用户可对独立基础计算结果进行查询，也可作为计算书存档。注意把计算结果另存，否则会被覆盖。

3)【控制荷载】

选择【控制荷载】菜单，选择控制荷载需要输出的文件和图名，单击【确定】按钮后可以在工作目录文件夹生成相应的图形文件。

4)【单独计算】

选择【单独计算】菜单，按照命令提示区提示"选择要查看计算书的独基"，选择后打开所选独立基础的计算结果文件。

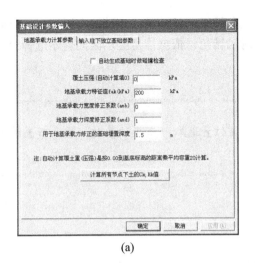
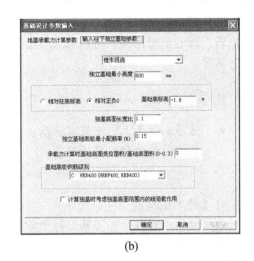

(a)   (b)

图 7.19   【基础设计参数输入】对话框

5)【多柱基础】

选择【多柱基础】菜单，按照命令提示区提示"输入围栏第一点……"，围栏选择多柱后按【Enter】键，所选多柱合并为一个独立基础。

6)【独基布置】

本菜单用于定义独基类型并进行布置或对自动生成的独基进行编辑修改和删除等操作。选择【独基布置】菜单，弹出【请选择[柱下独立基础]标准截面】对话框，如图 7.20 所示。对话框列表框中列出了平面简图中已布置的独基类型、数量、尺寸及特征信息，并在顶部提供了【新建】、【修改】、【删除】、【布置】、【退出】等 8 个按钮。用户可在列表框中选中已布置的某独基，执行【修改】、【删除】、【布置】命令对独基类型进行修改、删除和布置操作，或执行【新建】命令重新定义新的独基类型，然后执行【布置】命令进行布置。

执行【新建】或【修改】命令时，弹出【柱下独立基础定义】对话框，如图 7.21 所示。可对独立基础的类型特征进行选择修改，程序提供了 8 种基础类型；可输入柱下独基的长、宽、高及基础底标高；可输入移心数值；可进行长度方向与宽度方向的配筋等级、大小和间距设置。完成对话框中各参数输入或修改后，单击【确认】按钮即完成了新独基的定义或已有独基的修改操作。

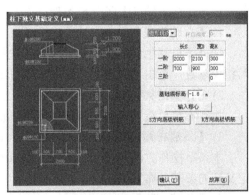

图 7.20   【请选择[柱下独立基础]标准截面】对话框   图 7.21   【柱下独立基础定义】对话框

选择对话框列表框中的某独基，单击【布置】按钮，开始独立基础的布置过程，此时弹出输入移心值对话框，可以输入移心值及相对轴转角，依据信息提示区的提示选择目标进行布置。

● 特 别 提 示 ··

● 若原来位置上已布置有独基，则再次在该位置选取并布置独基时，原来布置的独基将被替为新布置的独基。

7) 【独基删除】

本菜单用于对多余的独基进行删除。

8) 【双柱基础】

选择【双柱基础】菜单，弹出图 7.22 所示的【生成双柱基础参数输入】对话框，选择新生成基础底面形心位置后单击【确认】按钮→命令提示区提示"请用光标点取基础所属的第一根柱"，点取→命令提示区提示"请用光标点取基础所属的第二根柱"，点取→程序自动重新计算布置双柱基础，得到合适的基础类型。

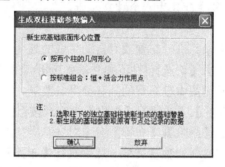

图 7.22　【生成双柱基础参数输入】对话框

2. 条形基础布置

条形基础的布置通过【墙下条基】菜单来进行。该菜单可根据输入的多种荷载自动选取条形基础的尺寸，并可灵活地进行人工干预。该菜单包含 5 项子菜单，其基本功能和使用方法与【柱下独基】子菜单类似。

1) 【自动生成】

选择【自动生成】菜单→程序提示选择需要布置条基的网格→选中后弹出对话框，输入相关参数，单击【确定】按钮→程序自动在所选择的墙下布置条形基础。

2) 【计算结果】

执行本菜单查看条基设计计算结果，也可作为计算书存档。

3) 【条基布置】

本菜单操作方法与【独基布置】菜单类似，可对已布置的条基进行编辑修改，也可以定义新的条基并布置。

4) 【条基删除】

本菜单用于多余条形基础的删除操作。

5) 【双墙条基】

本菜单用于布置双墙条基，操作方法与【双柱独基】菜单相同。

特 别 提 示

● 若墙下已布置筏板基础，则该墙下条基将不会生成。

● 对于框架结构中的填充墙下设置条基，则用户需首先在【上部构件】菜单下的【填充墙】菜单中输入首层的填充墙，并在【输入荷载】菜单中以附加荷载方式将填充墙荷载输入到网格上，然后进行条基的自动生成，程序就会根据填充墙的受荷情况自动计算生成墙下条形基础。

3. 筏板基础布置

筏板基础的布置主要通过【筏板】菜单来完成。若筏板上要设置梁或需要设置柱下板带，还需执行【地基梁】或【板带】菜单。

1) 【筏板】

选择【筏板】菜单，弹出筏板菜单界面，对其子菜单做如下介绍。

当筏板上有覆土或其他荷载作用时，可通过【筏板荷载】菜单进行考虑设计。下面对筏板布置操作相关菜单逐一介绍。

(1)【围区生成】。选择该菜单，进行新建筏板基础的定义，然后进行筏板基础的布置、修改、删除等操作。选择【围区生成】菜单，弹出【请选择[筏板]标准截面】对话框，如图 7.23 所示，对话框顶部有 8 个按钮。

【新建】按钮用于定义一个新的筏板基础。单击该按钮，程序弹出【筏板定义】对话框，如图 7.24 所示，在对话框中输入筏板厚度、板底标高，单击【确认】按钮进行操作确认。

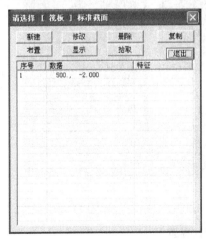

图 7.23   【请选择[筏板]标准截面】对话框

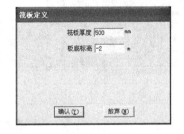

图 7.24   【筏板定义】对话框

【修改】按钮对已定义的筏板基础进行修改操作。操作步骤：在图 7.23 所示的对话框的列表框中选择需要修改的筏板基础→单击【修改】按钮→在弹出的对话框进行相关参数设置。

【删除】按钮用于删除已定义的多余筏板基础类型。

【布置】按钮进行筏板基础的布置。操作步骤：在图 7.23 所示的对话框的列表框中选择当前需要布置的筏板基础类型→单击【布置】按钮→弹出【输入筏板相对于网格线的挑出宽度】对话框，其参数含义如下。

① 【挑出宽度 E(mm)】：指筏板相对于网格线的挑出距离。

② 【布置子筏板】：勾选该复选框时，对话框界面增加子筏板下底面边界挑出宽度 Eb(mm)及下沉子筏板侧壁坡度(B/H)参数输入项。当需要布置电梯井、下沉的集水坑等筏板基础时，应考虑选中该项。

完成对话框的输入后，单击【确认】按钮进行筏板基础布置→根据命令提示区的提示信息，采用围栏方式沿所包围的外网格线布置筏板，即可形成一个闭合的多边形筏板基础。

对于每一块筏板，程序允许在其内设置加厚区，设置方法仍采用筏板输入，只是要求加厚区在已有的板内。加厚区最多可以设置 9 个，可放在一块筏板中，也可以放置在多块筏板中。

(2) 【修改板边】。当设计的筏板板边挑出轴线距离各不相同时，选择本菜单修改筏板板边外挑长度。操作方法：单击【修改板边】按钮→命令提示区提示"用光标点取要选择的筏板"→选择后确认→弹出【输入筏板相对于网格线的挑出宽度】对话框，如图 7.25 所示→输入挑出宽度后确认→命令提示区提示"选择要修改挑出宽度的网格"→依次选择需修改的网格，完成后按【Esc】键退出。

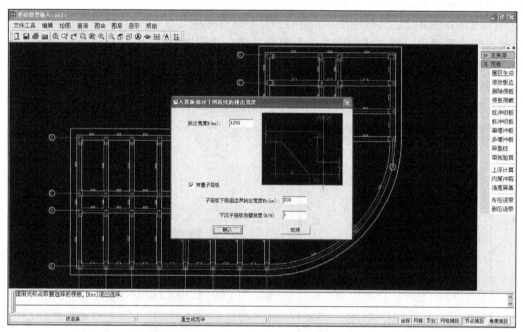

图 7.25　筏板板边修改界面

(3) 【删除筏板】。选择本菜单，将已布置的筏板基础删除。

(4) 【筏板荷载】。本菜单用于布置各筏板上的覆土重量和覆土上的设计荷载。若不进行该菜单操作，基础自重将漏掉该部分荷载。选择【筏板荷载】菜单，弹出【输入筏板荷载】对话框，如图 7.26 所示，需要输入 4 个相关设计参数。

①【筏板上单位面积覆土重】：覆土重量只包括板上的土重，不涉及板及梁肋自重，它们由程序自动计算。

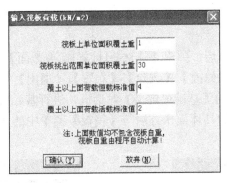

图 7.26　　【输入筏板荷载】对话框

②【筏板挑出范围单位面积覆土重】：对于有地下室或室内外高度差造成整块筏板上覆土重不相等，在此输入筏板挑出部分上的覆土重，可区别计算。

③【覆土以上面荷载恒载标准值】：根据实际填写，主要包括地面做法和地面恒荷载。

④【覆土以上面荷载活载标准值】：根据实际填写，包括地面活荷载。

(5)【柱冲切板】。本菜单用于柱下平板基础的冲切验算。窗口绘图区自动显示验算结果，显示绿色数字表示符合规范要求，显示红色数字表示不符合规范要求。

(6)【桩冲切板】。选择本菜单进行桩对平板基础的冲切验算，布置有桩的平板基础应执行该操作。

(7)【内筒冲剪】。本菜单用于内筒的冲剪验算。

(8)【清理屏幕】。本菜单用于刷新清理屏幕。

特 别 提 示

● 在这里进行筏板基础布置，一次最多输入 10 块筏板。

● 当采用地基梁元法计算时，务必在需要的轴线上及板边界的网格线上布置肋梁。墙下筏板要将墙作为等宽度折算梁输入，柱下平板要在柱网轴线适当位置布置板带，否则将不能形成正确的数据信息，发生设计错误；采用板元法计算则无此要求。

2)【地基梁】

该菜单用于输入各种钢筋混凝土基础梁，包括普通交叉地基梁、有桩无桩筏板上的肋梁、墙下筏板上的墙折算梁、桩承台梁等。布置方法是先定义梁类型，然后沿网格线布置梁。若梁要挑出，应先在【网格节点】菜单中重新补充网格线，然后在此输入。对于不同的梁，计算方法不同，梁类型定义时输入的参数略有不同。例如，按弹性地基梁元法计算的肋梁只需输入肋宽、梁高两个参数，而其他梁应输入全部参数。特别是使用板元法计算时，梁应设置一定的翼缘宽度，其宽度值可参考《混凝土结构设计规范》(GB 50010—2010)确定，翼缘的厚度取板厚，梁高按实际高度。

一般情况下，弹性地基梁基础，墙下都要布置梁。选择【墙下布梁】菜单，程序自动在没布梁的墙下生成一个与墙同宽、梁高等于板厚的混凝土梁。如果不布置梁，也应该布置板带。

选择【地基梁】菜单，包含 5 项子菜单：【地梁布置】、【翼缘宽度】、【翼缘删除】、【地梁删除】及【墙下布梁】。

选择【地梁布置】菜单后，弹出【请选择[地梁]标准截面】对话框，如图 7.27 所示。该对话框顶部有【新建】、【修改】、【删除】、【布置】、【退出】等 8 个按钮，单击【新建】按钮后，弹出图 7.28 所示的【基础梁定义】对话框，进行基础梁截面类型定义。基础梁的新建、修改、布置及删除的具体操作方法与【筏板】菜单中的【围区生成】子菜单操作相似，不再详述。

图 7.27　【请选择[地梁]标准截面】对话框　　　图 7.28　【基础梁定义】对话框

3）【板带】

该菜单是采用弹性地基梁元法计算柱下平板基础时必须执行的菜单。采用板元法计算平板基础时，最好也布置板带，这样可以使用板钢筋交互设计和绘制板筋施工图。选择【板带】菜单，弹出板带菜单界面，包含【板带布置】和【板带删除】两个子菜单。【板带】菜单的操作很简单，无须进行板带定义，可以直接进行板带沿柱网轴线布置。

 特 别 提 示

● 板带的布置位置不同可导致配筋的差异。板带的布置原则是将板带视为暗梁，沿柱网轴线布置，但在抽柱位置不应布置板带，以免将柱上板带布置到跨中。

7.3.7　重心校核

【重心校核】菜单用于筏板基础、桩基础的荷载重心与基础形心的位置校核、基底反力与地基承载力的校核。选择【重心校核】菜单，包含 4 个子菜单：【选荷载组】、【筏板重心】、【桩重心】及【清理屏幕】。

1.【选荷载组】

选择该菜单后，弹出荷载组合类型选择对话框，对话框中列出了所有组合情况，但每次只能选一种组合进行重心校核。

2. 【筏板重心】

选择该菜单后，各筏板基础上分别显示出作用于该筏板上的荷载重心，筏板形心，平均反力，地基承载力设计值，最大、最小反力位置及数值。

3. 【桩重心】

选择该菜单后，提示用围区方式选择需要查看桩重心位置的几根桩。选中后将显示选择范围内荷载重心与合力值、群桩形心坐标、群桩总抗力及群桩重心二者的偏心距。

4. 【清理屏幕】

本菜单用于刷新清理屏幕。

7.3.8 局部承压

【局部承压】菜单进行柱对独基、承台、基础梁以及桩对承台的局部承压验算。选择【局部承压】菜单，显示下拉菜单，包含【局压柱】、【局压桩】及【清理屏幕】3 项子菜单，分别用于柱和桩的局压计算。任意选择一项后进行局压计算，自动弹出相应计算结果，当局压结果大于 1.0 即为满足局部承压要求。

7.3.9 图形管理

【图形管理】菜单用于控制图形显示区的图形显示。选择【图形管理】菜单，可根据需要选择相应的子菜单，调整图形的显示。

例 7-2

要求：接【例 7-1】完成基础人机交互输入。

操作步骤：

(1) 在图 7.1 所示界面下，当前工作目录选择 "G:\案例" 并选择主菜单 2【基础人机交互输入】，在弹出的图 7.10 所示的对话框中选择【重新输入基础数据】选项，确认后进入图 7.12 所示的基础模型输入主界面。

(2) 选择【地质资料】菜单→弹出对话框：查找范围为当前文件夹，文件名 "a1.dz"，打开→选择【平移】菜单，依据信息栏提示移动处理好地质资料网格和基础平面网格的坐标对应关系。

(3) 选择【参数输入】菜单，具体操作如下。

① 选择【基本参数】子菜单→弹出对话框，进行参数数值输入，如图 7.13(a)、(b)、(c)所示。单击【确定】按钮完成输入。

② 选择【参数输出】子菜单→显示记事本文件 "基础参数输入.txt"，可以文件另存为，之后关闭记事本退出参数输出。

(4) 选择【上部构件】菜单→继续选择【拉梁】子菜单，弹出图 7.29 所示的对话框，单击【新建】按钮→弹出【拉梁定义】对话框，按图 7.30 所示输入。单击【确定】按钮完成拉梁定义→选择拉梁 1，单击 "布置" 按钮，进行拉梁布置，外轴线拉梁考虑外墙与柱外边平齐，走廊考虑墙体与走廊一侧柱边平齐，这些位置拉梁需要输入一定的偏心值(结合第 2 章应用案例自行输入，不再详述)，其余拉梁没有偏心。拉梁布置如图 7.31 所示。

图 7.29　【请选择[拉梁]标准截面】对话框

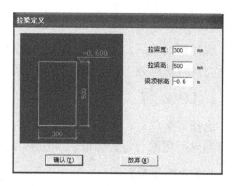

图 7.30　【拉梁定义】对话框

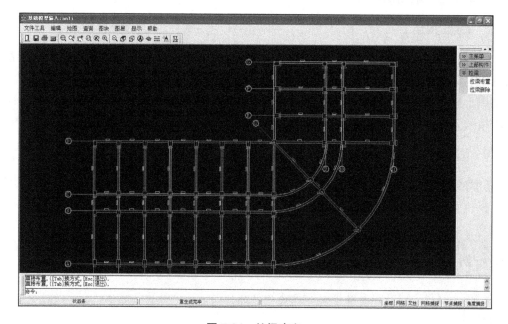

图 7.31　拉梁定义

(5) 选择【荷载输入】菜单→继续选择【荷载参数】子菜单，在弹出的对话框中进行参数数值输入，如图 7.17 所示。单击【确定】按钮完成输入→将一层填充墙自重以点荷载恒载标准值附加在墙体相邻两侧的柱上，选择【附加荷载】、【加点荷载】菜单，弹出对话框并输入附加点荷载恒载标准值，按命令提示区提示选择柱子，依次输入所有附加荷载→选择【读取荷载】菜单，弹出对话框，按图 7.18 所示进行选择。单击【确认】按钮完成输入。

(6) 选择【柱下独基】菜单→继续选择【自动生成】子菜单，按【Tab】键换方式，窗口选择所有柱子，弹出【基础设计参数】对话框，按图 7.19 所示输入，单击【确定】按钮→柱下独基自动生成，如图 7.32 所示。

→继续选择子菜单【双柱基础】→弹出【生成双柱基础参数输入】对话框，如图 7.22 所示，选择新生成底面形心位置后单击【确定】按钮→命令提示区提示"请用光标点取基础所属的第一根柱"，点取⑨轴与 D 轴相交处的柱子→命令提示区提示"请用光标点取基础所属的第二根柱"，点取⑩轴与 D 轴相交处的柱子→程序自动重新计算布置双柱基础，得到合适的基础类型。

→继续选择【计算结果】子菜单→可以打开 jc0.OUT 记事本，查看基础计算结果文件。

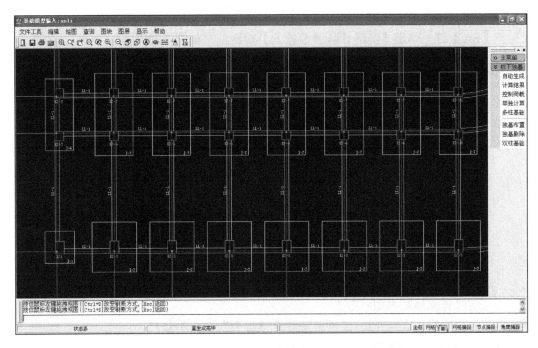

图 7.32　独基生成

(7) 选择【图形管理】菜单→继续选择【三维显示】子菜单，可以查看柱下独基的三维图。

7.4　基础梁板弹性地基梁法计算

本节介绍 JCCAD 主菜单 3【基础梁板弹性地基梁法计算】，采用弹性地基梁元法进行基础结构计算，包含【基础沉降计算】、【弹性地基梁结构计算】、【弹性地基板内力配筋计算】及【弹性地基梁板结果查询】4 个子菜单。在图 7.1 所示 JCCAD 主菜单下，单击菜单 3【基础梁板弹性地基梁法计算】右侧的三角图形，在其右侧弹出 4 个子菜单，选择需要执行的子菜单即可。

7.4.1　基础沉降计算

【基础沉降计算】菜单用于按弹性地基梁元法输入的独立基础、条形基础、筏板(带肋梁或板带)基础和梁式基础的沉降计算。如不进行基础沉降计算可不运行该菜单，如采用广义文克尔法计算的筏板基础必须执行本菜单，并按刚性底板假定进行计算。

操作步骤：选择【基础沉降计算】子菜单→进入基础沉降计算工作界面，右侧包含【退出】、【刚性沉降】、【柔性沉降】、【结果查询】4 个功能菜单。

基础沉降计算可在【刚性沉降】或【柔性沉降】中选择其一。【刚性沉降】适用于基础和上部结构刚度较大的筏板基础，如用梁元法计算的筏板基础。【柔性沉降】即常用的规范手算方法，适用于独立基础、条形基础、梁式基础等刚度较小或刚度不均匀的筏板基础沉降计算。

1.【柔性沉降】

选择【柔性沉降】菜单，窗口显示地质资料勘探孔与建筑相对位置，命令提示区提示

"检查地质资料位置是否正确！然后按 Esc 键继续进行"→用户检查地质资料位置布置，完成后按【Esc】键→弹出【沉降计算参数输入】对话框，如图 7.33 所示。

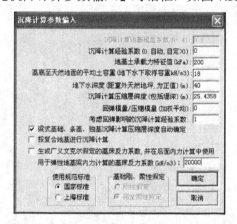

图7.33　【沉降计算参数输入】对话框

1)【沉降计算地基模型系数】

程序的初始默认值为 0.2。柔性沉降计算该行为灰色，不修改。

2)【沉降计算经验系数】

该系数的默认值为 0，程序可自动按《建筑地基基础设计规范》(GB 50007—2011)给出的沉降计算经验系数进行沉降修正计算。若用户不想采用程序的默认值进行修正，而想采用箱基规程或各地区的沉降计算经验系数进行沉降修正，则输入自己选择的数值。

3)【地基土承载力特征值】

采用国家规范时，可根据地质勘测报告填写；采用上海规范时，程序默认 180kPa。

4)【基底至天然地面的平均土容重(地下水下取浮容重)】

可根据地质勘查报告填写，程序初始默认值 18kN/m^3。

5)【地下水深度(距室外天然地坪)】

可根据地质勘查报告填写。

6)【沉降计算压缩层深度(包括埋深)】

沉降计算压缩层深度参数值的确定方法：对于筏板基础，程序初次运行时按《建筑地基基础设计规范》(GB 50007—2011)第 5.3.7 条中的近似公式给出初始值；梁式基础，可参考上述近似公式确定压缩层深度；对于独立基础和墙下条形基础，程序可自动计算压缩层深度，无需填写。如果用户要采用人工确定的压缩层深度计算独立基础和墙下条形基础的压缩层深度，只需在该值前加负号。

7)【回弹再压缩模量/压缩模量】

根据《建筑地基基础设计规范》(GB 50007—2011)和《高层建筑箱形与筏形基础技术规范》(JGJ6—2011)填写，所不同的是后者采用回弹再压缩模量。这样在沉降计算中考虑了基坑底面开挖后回弹再压缩的影响，回弹模量或回弹再压缩模量应按相关试验值取值(见《建筑地基基础设计规范》(GB 50007—2011)的第 5.3.8 条和《高层建筑箱形与筏形基础技术规范》(JGJ6—2011)的第 3.3.1 条)。程序的初始默认值为 0，即不考虑回弹再压缩的影响。

8)【回弹再压缩沉降计算经验系数】

程序初始默认值为 1。当不考虑回弹影响时，该值取 1。

9)【梁式基础、条基、独基沉降计算压缩层深度自动确定】

选择本选项，则程序自动确定压缩层深度，否则需自行计算并输入。

10)【使用规范标准】

根据实际工程情况选择需执行的规范标准。

在图 7.33 所示对话框中输入和修改完相关参数，单击【确定】按钮，弹出沉降计算结果数据文件保存对话框，程序默认沉降计算结果数据文件名是 CJJS.OUT，也可以其他文件名保存。

在沉降计算数据文件对话框单击【确定】按钮后，进行基础沉降计算，工作窗口显示基础各区格(梁)附加压力。右侧功能菜单【改附加力】用于修改区格的附加压力；【显示编号】和【显示反力】菜单用于各区格编号图和区格的附加压力交替显示；选择【沉降计算】菜单，完成沉降计算并在窗口图形显示沉降计算结果，如图 7.34 所示。

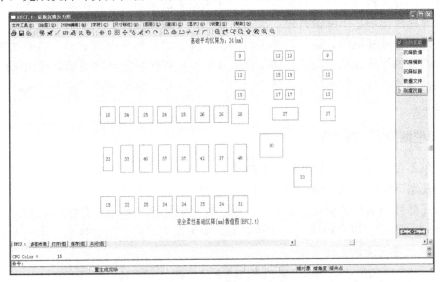

图 7.34　基础沉降计算窗口

右侧菜单【沉降数值】、【沉降横剖】、【沉降纵剖】、【数据文件】用于显示相应的图形或文件。

2.【刚性沉降】

【刚性沉降】适用于基础和上部结构刚度较大的筏板基础，如用梁元法计算的筏板基础。单击【刚性沉降】按钮，弹出基础沉降计算区格数据选择对话框，提示读取原有区格数据或清除原有区格数据。

→一般第一次执行时单击【否】按钮，即清除原有区格数据→弹出网格宽度和高度输入对话框，输入新的区格数据(一般输入宽度和高度约 2000～3000mm)，尽量使区格与边界对齐。

→若单击【是】按钮，程序读取原有区格数据，并弹出区格数据修改对话框。若选择【否】，则不进行区格数据修改；若选择【是】，接下来可对区格数据进行修改。

→确定好区格数据后，显示地质资料勘探孔与建筑相对位置，命令提示区提示"检查地质资料位置是否正确！然后按 Esc 继续进行"→用户检查地质资料位置布置，完成后按

【Esc】键→弹出图 7.33 所示的【沉降计算参数输入】对话框。该对话框参数含义及输入的原则，在前面介绍柔性沉降时已经介绍，不再详述。仅【沉降计算地基模型系数】一项刚性沉降中不是灰色，容许修改。沉降计算地基模型系数即地基变形计算原理中的 $k_{ij}(i \neq j)$，当取 0 时为文克尔模型。一般取值范围为 0.1～0.4，软土取小值，硬土取大值。程序的初始默认值为 0.2。对于矩形板基础，四世纪黏性土取 1.3～1.7，软土取 1.22 左右，砂土取 1.8～2.2；对于异形板基础，枯土取 1.9～2.2，砂土取 1.8～2.6。一般正方形、圆形基础取较大值；细长条形基础取小值。

在图 7.33 所示的对话框中输入和修改完相关参数，单击【确定】按钮，弹出沉降计算结果数据文件保存对话框，程序默认沉降计算结果数据文件名是 CJJS.OUT，也可以其他文件名保存。

在【沉降计算数据文件】对话框中单击【确定】按钮后，进行基础沉降计算，工作窗口显示计算结果图形，沉降值黄色，反力值紫色。【数据文件】菜单用于文本显示沉降计算结果；选择【刚度沉降】菜单将弹出对话框，提示"是否采用按基础实际刚度并可考虑上部结构刚度的沉降计算方法"。如果选择【是】，程序将把两种方法计算出来的各区格或各梁的地基刚度分别作为地梁的基床反力系数代入梁的结构计算程序中，从而得到地梁的沉降结果。

7.4.2　弹性地基梁结构计算

该菜单不仅适用于弹性地基梁的结构计算，还可用于划分了板带的平板式基础、带肋板式基础及墙下筏板式基础的结构计算。

选择【弹性地基梁结构计算】菜单，弹出对话框提示"基础计算结果数据文件将保存入 JCJS.OUT 文件"，用户可键入新文件名称，也可以采用默认的文件名。单击【确定】按钮，进入图 7.35 所示的工作界面。

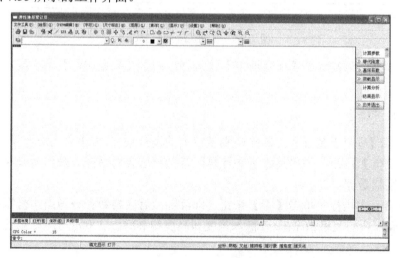

图 7.35　弹性地基梁结构计算窗口

1.【计算参数】

单击【计算参数】按钮，弹出图 7.36 所示【计算模式及计算参数修改】对话框。

1)【弹性地基梁计算参数修改】

单击【弹性地基梁计算参数修改】按钮，程序将弹出【弹性地基梁计算参数修改】对话框，如图 7.37 所示。

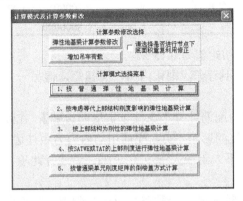

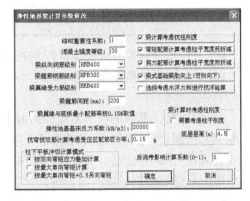

图 7.36　【计算模式及计算参数修改】对话框　　图 7.37　【弹性地基梁计算参数修改】对话框

【结构重要性系数】、【混凝土强度及钢筋等级别】：根据各工程情况确定。

【梁翼缘与底板最小配筋率按 0.15% 取值】：如不选取，则自动按《混凝土结构设计规范》(GB 50010—2010) 第 8.5.1 条规定为 0.2 和 45ft/fy 中的较大值；如选取，则按《混凝土结构设计规范》(GB 50010—2010) 第 8.5.2 条规定适当降低为 0.15%。

【弹性地基基床反力系数】：该参数的输入可参考表 7-1 提供的推荐值，单位为 kN/m^3。初始值为 20000。

表 7-1　基床反力系数 K 的推荐值

地基一般特征	土的种类	K/(kN/m^3)
松软土	流动砂土、软化湿土、新填土	1000～5000
	流塑黏性土、淤泥及淤泥质土、有机质土	5000～10000
中等密实土	黏土及亚黏土：软塑的	10000～20000
	可塑的	20000～40000
	轻亚黏土：软塑的	10000～30000
	可塑的	30000～50000
	砂土：松散或稍密的	10000～15000
	中密的	15000～25000
	密实的	25000～40000
	碎石土：稍密的	15000～25000
	中密的	25000～40000
	黄土及黄土亚黏土	40000～50000
密实土	硬塑黏土及黏土	40000～100000
	硬塑轻亚土	50000～100000
	密实碎石土	50000～100000
极密实土	人工压实的亚黏土、硬黏土	10000～20000
坚硬土	冻土层	20000～100000
岩石	软质岩石、中等风化或强风化硬岩石	20000～100000
	微风化的硬岩石	100000～150000

续表

地基一般特征	土的种类	$K/(\mathrm{kN/m^3})$
桩基	弱土层内的摩擦桩	10000～50000
	穿过弱土层达密实砂层或黏性土层的桩	50000～150000
	打至岩层的支承桩	8000000

【抗弯按双筋计算考虑受压区配筋百分率】：初始值为 0.15%。

【梁计算时考虑抗扭刚度】：默认为考虑；若不考虑，则梁内力没有扭矩，但另一方向梁的弯矩会增加。

【弯矩配筋计算考虑柱子宽度而折减】、【剪力配筋计算考虑柱子宽度而折减】：在弹性地基梁元法配筋计算时，程序考虑了支座(柱)宽度的影响，实际配筋用的内力为距柱边 B/3 处得计算内力(B 为柱宽)，同时规定折减的弯矩不大于最大弯矩的 30%。若选择此项，则相应的配筋值是用折减后的内力值计算出来的。

【梁式基础梁肋向上(否则向下)】：按工程实际选择，一般在肋板式基础中，大部分基础都是使梁肋朝上，这样便于施工，梁肋之间回填或盖板处理。

【选择考虑水浮力和进行抗浮验算】：选择此项将在梁上加载水浮力线荷载(反向线荷载)。

2) 【请选择是否进行节点下底面积重复利用修正】

选中该项，即进行修正。对于柱下平板基础一般需要修正，其他情况可不予修正。

3) 计算模式选择菜单

模式 1 "按普通弹性地基梁计算"，表示进行弹性地基结构计算时不考虑上部结构刚度对基础计算的影响，绝大多数工程都可以采用此种方法，只有当该方法计算截面不够且不宜扩大再考虑其他模式。

模式 2 "按考虑等代上部结构刚度影响的弹性地基梁计算"，程序在进行弹性地基结构计算时可考虑一定的等代上部结构刚度的影响。上部结构刚度的影响可根据具体情况输入一个地基梁刚度倍数。

模式 3 "按上部结构为刚性的弹性地基梁计算"，程序在进行弹性地基结构计算时，把等代上部结构刚度考虑得非常大，即上部结构为刚性，此时几乎不存在整体弯矩，而只有局部弯矩。采用这种方法进行基础计算时，对于跨度相差不大的结构，各梁的弯矩接近，配筋较均匀，便于基础梁中的钢筋归并，从而简化结构施工图。

模式 4 "按 SATWE 或 TAT 的上部刚度进行弹性地基梁计算"，程序将 SATWE 或 TAT 计算的上部结构刚度用子结构方法凝聚到基础上。该方法最接近实际情况，用于框架结构最为理想；按 SATWE 的上部刚度对于剪力墙结构同样适用，但 TAT 按该模式计算不太适用。

模式 5 "按普通梁单元刚度矩阵的倒楼盖方式计算"，程序采用传统的倒楼盖方法进行弹性地基梁计算。

2. 【等代刚度】

当考虑上部结构刚度时，选择本菜单，窗口显示上部结构等代刚度图，可以通过右侧菜单进行刚度修改和保存。

3. 【基床系数】

选择本菜单，显示梁节点平面图，如图 7.38 所示。在图 7.38 中，绿色代表梁编号，黄色代表截面号与尺寸，紫色代表基床反力系数，白色代表独基反力系数。此时，可通过右侧菜单【改基床值 K】进行修改操作，通过【是否保存 K】菜单选择是否保存修改的基床反力系数 K 值。

4.【荷载显示】

选择本菜单，显示 8 种工况下的荷载图。

5.【计算分析】

选择本菜单进行计算分析。

6.【结果显示】

选择本菜单，计算结果以图形形式显示给用户，可通过图 7.39 所示的窗口进行选择查看。另外，也可以查看计算结果数据文件，获得计算结果信息。

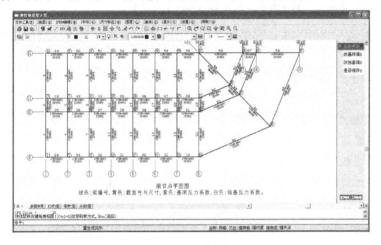

图 7.38　梁节点平面图窗口

图 7.39　计算结果图形
显示窗口

7.【归并退出】

选择本菜单，弹出梁归并对话框，输入归并系数后单击【确定】按钮，显示地梁归并结果，可以通过右侧菜单进行重新归并。完成后单击【退出】按钮退出。

特别提示

- 要执行【按 SATWE 或 TAT 的上部刚度进行弹性地基梁计算】菜单项，必须在进行 SATWE 或 TAT 计算时，在【计算控制参数】对话框中选中【生成传给基础的刚度】选项，否则本菜单程序无法进行。如果两种刚度数据同时存在，则程序优先使用 SATWE 的计算刚度。

7.4.3　弹性地基板内力配筋计算

该菜单的主要作用是进行地基板的内力计算及配筋计算。选择【弹性地基板内力配筋

计算】菜单，弹出【弹性地基板内力配筋计算参数表】对话框，如图7.40所示。

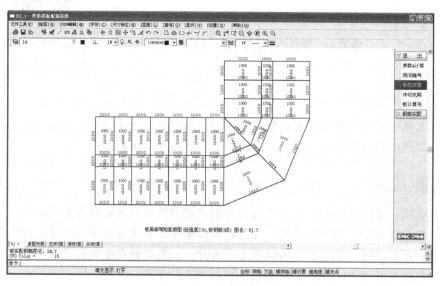

图7.40　【弹性地基板内力配筋计算参数表】对话框

【底板内力配筋计算结果数据文件名】：程序默认为DBJS.OUT，可在该对话框中进行重新命名。

【底板内力计算反力选择】：程序提供了两种选项供用户选择。

其余参数项都较容易理解，不再介绍。

图7.40所示对话框参数输入完毕，单击【确定】按钮，开始进行计算。图7.41所示为内力配筋计算工作窗口，可通过右侧菜单进行不同内容的查询修改。在该窗口中，【钢筋实配】菜单，可首先进行"通长筋区域"确定，之后选择【继续配筋】菜单，程序将自动进行钢筋配置，并以图形显示，可通过右侧菜单进行钢筋修改。通过【裂缝计算】菜单进行板的裂缝宽度计算。

图7.41　板配筋图窗口

7.4.4　弹性地基梁板结果查询

本菜单便于用户查询JCCAD主菜单3完成的计算结果，包括结果数据文件信息、图形信息等。选择【弹性地基梁板结果查询】菜单，弹出计算结果查询界面，如图 7.42 所示，可根据需要单击查看。

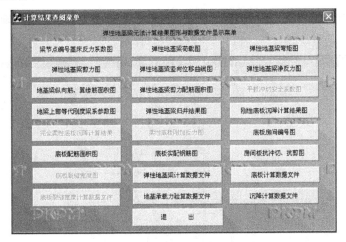

图 7.42　弹性地基梁板计算结果查询窗口

 例 7-3

要求：接【例 7-2】进行基础沉降计算。

操作步骤：

(1) 在图 7.1 所示的主界面下选择主菜单 3 的子菜单【基础沉降计算】，进入工作界面。

(2) 选择右侧菜单【柔性沉降】，窗口显示地质资料勘探孔与建筑相对位置，命令提示区提示"检查地质资料位置是否正确！然后按 Esc 键继续进行"→检查地质资料位置布置，检查正确后按 Esc 键→弹出【沉降计算参数输入】对话框，按图 7.33 所示输入参数。

(3) 弹出文件名窗口，单击【确定】按钮，窗口显示基础各区格附加压力图。

(4) 选择右侧菜单【沉降计算】。沉降计算结果如图 7.34 所示。

 特 别 提 示

独立基础的沉降计算也可以通过图 7.1 所示主菜单 4【桩基承台与独基沉降计算】完成，其操作较简单，不再详细叙述，读者可以自学完成。

7.5　基础施工图

选择图 7.1 所示 JCCAD 主菜单 7【基础施工图】菜单，进入施工图工作界面。JCCAD主菜单 7【基础施工图】用于所有类型基础的施工图绘制。独立基础和条形基础需要绘制基础平面图和基础详图；弹性地基梁板基础绘制筏板配筋图和地梁图；桩基础、桩筏基础绘制桩位平面图、筏板配筋图、桩承台详图。

7.5.1 基础平面施工图

选择图 7.1 所示主菜单 7【基础施工图】，首先进入基础平面施工图绘制窗口，如图 7.43 所示。

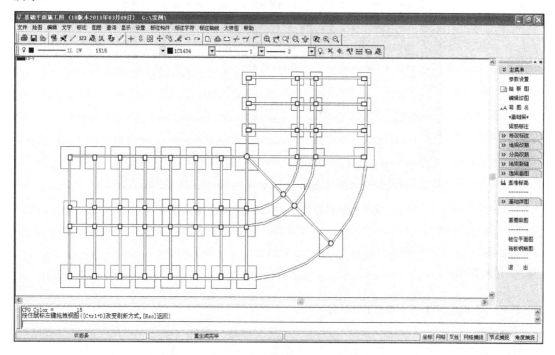

图 7.43 基础平面施工图绘制窗口

1.【参数设置】

选择【参数设置】菜单，弹出【地基梁平面施工图参数设置】对话框，如图 7.44 所示。

(1)【钢筋标注】选项卡：可以在该选项卡中设置地基梁名称、梁筋归并系数、梁筋放大系数及钢筋直径间距等信息，并选择平法标注方法、是否根据裂缝宽度自动选筋等信息。

(2)【绘图参数】选项卡：可以在该选项卡中进行绘图内容的选择，包括柱、墙、拉梁、独基、条基、桩、承台、弹性地基梁、筏板、柱填充、后浇带等，还可以设置预制地梁端头距柱边的距离。

独立基础、条形基础只有【绘图参数】一个选项卡，完成以上参数设置后单击【确定】按钮，进入基础平面施工图绘制界面。

2.【绘新图】

选择【绘新图】菜单，可按照参数设置内容重新绘制新图。

3.【编辑旧图】

本菜单用于对旧图进行编辑修改。

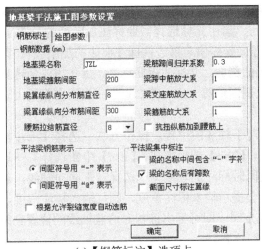

(a)【钢筋标注】选项卡

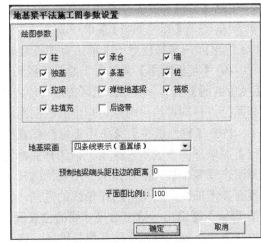

(b)【绘图参数】选项卡

图 7.44 　【地基梁平法施工图绘制参数设置】对话框

4.【写图名】

选择【写图名】菜单,弹出对话框输入图名,单击【确定】按钮,用鼠标将图名(基础平面布置图 1:×××)拖到适当位置→按 Enter 键即可。

5.【标注构件】

窗口第二行菜单栏【标注构件】菜单对所有基础构件进行尺寸和位置的标注。该菜单中包含 14 项子菜单。

(1)【条基尺寸】菜单用于标注条形基础和上面墙体的宽度。操作方法:选择【条基尺寸】菜单→命令提示区提示"请选择所要标注的条基"→选择要标注的任意条基的任意位置→在该位置上标出条基相对于轴线的宽度。

(2)【柱尺寸】菜单用于标注柱子及相对于轴线的尺寸。操作方法:选择【柱尺寸】菜单→命令提示区提示"请选择所要标注的柱"→选择要标注的任意一个柱子,鼠标偏向哪边尺寸线就标注于哪边→【Esc】退出。

(3)【拉梁尺寸】菜单用于标注拉梁及相对于轴线的尺寸。操作方法与前面菜单相同。

(4)【独基尺寸】菜单用于标注独立基础及相对于轴线的尺寸。操作方法:选择【独基尺寸】→命令提示区提示"请选择所要标注的基础"→选择任意一个独立基础,鼠标偏向哪边尺寸线就标注于哪边。

(5)【承台尺寸】菜单用于标注桩基承台及相对于轴线的尺寸,操作方法:选择【承台尺寸】菜单→命令提示区提示"请选择要标注的承台"→选择任意一个桩基承台,鼠标偏向哪边尺寸线就标注于哪边。

(6)【地梁长度】菜单用于标注弹性地基梁(包括板上的肋梁)长度。操作方法:选择【地梁长度】菜单→命令提示区提示"移动光标点取需标尺寸的梁(按 Esc 退出)"→选择要标注的一根弹性地基梁→指定梁长尺寸线标注位置。

(7)【地梁宽度】菜单用于标注弹性地基梁(包括板上的肋梁)宽度及相对于轴线的尺寸。操作方法与【地梁长度】菜单相似。

(8)【标注加腋】菜单用于标注弹性地基梁(包括板上的肋梁)对柱子的加腋线尺寸。操作方法：选择【标注加腋】菜单→命令提示区提示"请用光标选择需要标注加腋处的位置(按Esc 退出)"→选择任意一个周边有加腋线的柱子，鼠标偏向哪边就标注哪边的加腋线尺寸。

(9)【筏板剖面】菜单用于绘制筏板和肋梁的剖面，并标注板底标高。操作方法：选择【筏板剖面】菜单→命令提示区提示"输入筏板剖面的第一点、第二点"→依次在筏板上选择两个点→即可绘出两点切割出的板剖面图。

(10)【标注桩位】菜单用于标注任意桩相对于轴线的位置。操作方法：选择【标注桩位】菜单→命令提示区提示"请选择要标注桩，【Tab】转换方式，【Esc】中断选择"→选择一个或多个桩→信息提示"用光标选择和桩同时标注的轴线"→选择若干同向轴线，若没有参考轴线，当用户选择轴线的时候，程序会提示输入标注角度，则可输入标注角度，按【Esc】键退出→给出绘尺寸线的位置及引线方向→即可标出桩相对这些轴线的位置。如轴线方向不同，可多次重复选择轴线、定尺寸线位置。

(11)【标注墙厚】菜单用于标注底层墙体相对于轴线的位置和厚度。操作方法：选择【标注墙厚】菜单→命令提示区提示"移动光标点取需标注尺寸的墙"→选择要标注的一道墙体的任意位置→可在该位置上标出其相对于轴线的宽度。

(12)【移动尺寸】菜单用于移动已标注的尺寸。操作方法：选择【移动尺寸】菜单→命令提示区提示"请用光标点取图素(【Tab】转换方式/【Esc】返回)"→选择要移动的尺寸图素→选中后移动尺寸图素到新的位置→选择引线方向即完成移动尺寸操作。

(13)【绘制图框】菜单用于在当前平面布置图中插入图框。操作步骤：选择【插入图框】菜单→弹出【输入图纸尺寸】对话框→在对话框中输入图纸号、图纸加长比例、图纸加宽比例及图纸尺寸等信息，完毕后单击【确认】按钮→拖动图框到合适位置，单击【确认】按钮。

(14)【修改图签】菜单用于对图签的内容进行修改。操作步骤：选择【修改图签】菜单→弹出【修改图签内容】对话框→输入单位、工程名称等信息，完毕后单击【确认】按钮。

6.【标注字符】

本菜单是给柱、梁和独基标注编号及在墙上设置、标注预留洞口，其中包含 7 项子菜单。

【注柱编号】、【拉梁编号】、【独基编号】、【承台编号】4 个菜单分别用于标注柱的编号、拉梁的编号、独基的编号、承台的编号。操作方法：选择菜单→命令提示区提示"请选择需作标注的柱或拉梁或独基或承台"→选择一个或多个构件→移动鼠标到合适位置并写好编号。【拉梁编号】要先在弹出拉梁标注字符内容输入对话框输入拉梁的编号内容并按【Enter】键。

【输入开洞】菜单的主要功能是在底层墙体上开预留洞。操作方法：选择【输入开洞】菜单→提示"请选择开洞所在的墙"→选择要设置洞口的墙体→弹出【墙体洞口布置参数输入】对话框→在对话框中输入洞口宽和洞边距左(或下)节点的距离→完成墙体开洞。

【标注开洞】菜单用于标注输入开洞菜单在底层墙体上开的预留洞。操作方法：选择【标注开洞】菜单→提示"请选择所要标注的开洞"→选择需要标注的洞口，→弹出【墙体开洞标注参数输入】对话框→在对话框中输入开洞高度及底标高→移动标注线到合适的位置即可。

【地梁编号】菜单主要对按弹性地基梁元法计算后进行归并的地基连续梁进行编号。程序提供了自动标注与交互标注两种方式,选择【地梁编号】菜单→弹出【地梁编号】对话框。

→选择【自动标注基础梁】选项,程序自动对各根连梁进行标注编号;

→选择【交互标注基础梁】选项,允许用户对各根连梁进行交互式标注编号。操作方法与【拉梁编号】相似。

7.【标注轴线】

本菜单用于标注各类轴线(包括弧轴线)间距、总尺寸和轴线编号等,其中包含 12 项子菜单。

【自动标注】菜单自动标注水平向、垂直向轴线的间距、总尺寸和轴线编号。操作方法:选择【自动标注】菜单→弹出【自动标注轴线位置】对话框→根据需要选择标注轴线的位置→选择完毕后,单击【确定】按钮,程序自动完成轴线标注。

【交互标注】菜单采用交互方式标注任意方向上的任意根同向轴线。操作方法:选择【交互标注】按钮→提示"移光标点取起始轴线"→选择要标注轴线的起始轴线→提示"移光标点取终止轴线"→选择要标注轴线的最后一根轴线→提示"移光标去掉不标的轴线(【Esc】没有)"→选择起始轴线与终止轴线间不需要标注的轴线,按【Esc】键确认,如果没有需要去掉的轴线,直接按【Esc】键→弹出【标注轴线参数】对话框→根据需要选择相关的标注轴线参数,单击【确定】按钮→拖动尺寸线图素到合适的位置,并指定引线方向→完成。

【逐根点取】菜单操作方法与【交互标注】菜单类似,只是在选择轴线时是逐根选择需要标注的轴线。

【标注板带】菜单用于平板基础的柱上及跨中板带位置标注。操作方法:选择【标注板带】菜单→提示"请按顺序逐根点取要标注板带的轴线,移光标点取要画的轴线(点取完按【Esc】键)"→逐根选择要标注的轴线,完毕后按【Esc】键→弹出【标注总尺寸线】对话框→如画总尺寸线,输入 1,否则输入 0,按【Enter】键确认→弹出【标注轴线号】对话框,操作方法与标注总尺寸线选择框相同→选择适当位置放置标注尺寸图素,并指定引线方向→弹出是否重画选择框,输入 0 并按【Enter】键确认刚才的标注;输入 1 按【Enter】键重新进行标注。

【标注弧长】至【半径角度】的 6 项菜单是标注弧轴线的相关菜单,标注弧轴线的轴线号、弧轴线间某段的弧长、半径、角度以及弧长、半径、角度的单独标注和组合标注。菜单的操作方法与直轴线标注操作相似,可依据命令提示区的提示信息进行相关操作。

【楼层标高】菜单用于输入楼层标高。操作方法:单击【楼层标高】按钮→弹出【楼面标高】对话框,输入标高文字位置、转角等信息,单击【确定】按钮→弹出对话框输入标高值,单击【确定】按钮→移动光标到标注位置,按【Enter】键确认标注。

【标注图名】菜单用于书写图名,与【写图名】操作类似,不再详述。

7.5.2 地基梁施工图

地基梁施工图通过【梁筋标注】、【修改标注】、【地梁改筋】、【分类改筋】、【地梁裂缝】、【选梁画图】菜单完成。

(1)【梁筋标注】:选择该菜单以平法表示方式绘制地基梁的施工图。

(2)【修改标注】：有 5 个下级子菜单。其中，【水平开关】、【垂直开关】菜单用于交替显示水平地梁、垂直地梁的标注；【移动标注】菜单用于移动标注内容的位置；【标注换位】菜单用于同一类型的梁改变标注位置；【改字大小】菜单用于改变字符的大小。

(3)【地梁改筋】：用于修改地梁的钢筋，有 6 个下级子菜单。选择【连梁改筋】子菜单，依据命令提示区选择要修改的连梁，选好后按【Esc】键退出，弹出该连梁钢筋表格，在表格中选中需要修改的钢筋进行修改即可；【单梁改筋】菜单用于单跨梁的钢筋修改，操作步骤与【连梁改筋】菜单类似；【原位改筋】菜单用于梁原位标注的钢筋修改；【附加箍筋】、【删附加箍筋】、【附箍全删】菜单用于附加箍筋的设置、删除操作。

(4)【分类改筋】：通过子菜单【梁上部筋】、【左支座筋】、【底跨中筋】、【右支座筋】、【箍筋】、【腰筋】菜单对相应的钢筋进行显示修改。

(5)【地梁裂缝】：对地梁裂缝进行验算并在窗口显示验算结果。

(6)【选梁画图】：用于绘制指定梁的立剖面施工图，有 4 个下级子菜单。其中，【参数修改】菜单用于进行绘图参数的修改设置；【选梁画图】菜单用于绘制指定地梁的立剖面图。操作步骤：选择【选梁画图】菜单→选择梁→弹出【立剖面图参数】对话框，输入后确定→弹出【另存为】对话框输入图形文件名，单击【保存】按钮→指定梁的立剖面图绘制完成。【移动图块】、【移动标注】菜单用于移动图块或标注的位置。

7.5.3 基础详图

本菜单用于绘制独立基础和条形基础的大样详图。选择图 7.43 所示窗口右侧的【基础详图】菜单，弹出选择窗口：

(1)→【新建 T 图绘制详图】：选择该项，则打开一张新的 T 图，绘制基础详图。

(2)→【在当前图中绘制详图】：选择该项，则详图与现在的基础平面图绘制在同一张 T 图上。

选择后进入基础详图绘图界面，其中包含 5 项子菜单。

1.【绘图参数】

选择【绘图参数】菜单，弹出图 7.45 所示【绘图参数】对话框，输入参数后单击【确定】按钮。

图 7.45　【绘制参数】对话框

2. 【插入详图】

【插入详图】菜单用于绘制独立基础、条形基础的大样详图。

操作方法：选择【插入详图】按钮→弹出【选择基础详图】对话框→对话框的列表框中列出了程序已经计算好的基础类型及编号→选择其中某种基础，拖动到合适位置→完成该型基础详图绘制。

3. 【删除详图】

【删除详图】菜单用于删除已布置的基础详图。操作方法：单击【删除详图】菜单→选择要删除的基础详图。

4. 【移动详图】

【移动详图】菜单用于移动调整已布置基础详图在平面图上的位置。操作方法：选择【移动详图】菜单→选择需要移动的基础详图→拖动详图到合适的新位置→单击【确认】按钮。

5. 【钢筋表】

【钢筋表】菜单用于绘制柱下独基的底板配筋的钢筋表。操作方法：选择【钢筋表】菜单→移动光标到合适位置，单击【确认】按钮，程序自动把所有柱下独基的钢筋进行统计并绘制钢筋表。

7.5.4　筏板钢筋图

图 7.43 所示窗口右侧的【筏板钢筋图】菜单用于根据前面菜单中筏板基础的布置情况及内力计算结果对筏板基础进行配筋并绘制筏板基础施工图。执行本菜单前必须确认已在 JCCAD 主菜单 2【基础人机交互输入】中布置了筏板基础。程序可按照运行 JCCAD 主菜单 3【基础梁板弹性地基梁元法计算】中【弹性地基板内力配筋计算】菜单或 JCCAD 主菜单 5【桩筏筏板有限元计算】形成的板内力计算结果进行配筋设计，之后进行筏板基础配筋施工图的绘制。

选择【筏板钢筋图】菜单，弹出数据文件对话框，包括 2 个选择项：【读取旧数据文件】、【建立新数据文件】。本菜单若是第一次执行，则第一选项不能被选中，若执行过本菜单且保存了相关数据信息后，可选择第一选择项，在上一次操作的基础上进行修改编辑。

在数据文件对话框中设置后单击【确定】按钮，启动筏板钢筋图程序。程序在工具栏中列出了【设计参数】中的菜单快捷图标，包括布钢筋参数、钢筋显示参数、校核参数、剖面图参数、统计钢筋量参数等。

下面对筏板钢筋图程序右侧功能菜单进行介绍。

1. 【网线编辑】

该菜单用于修改、删除、合并与布筋范围无关的网线，包括 14 项子菜单。

(1)【两点连线】菜单用于连接图上已存在的两个节点，形成一条网线。

(2)【点线连线】菜单用于连接图上已存在的某个节点及某条网线上的某一点位，形成一条网线。

(3)【加连续线】菜单用于在图上连续捕捉多个点，形成多条连续网线。

(4)【加矩形框】菜单用于在图上某点插入矩形框，可直接选择点，也可输入点坐标值。矩形框的尺寸及相对 X 轴的旋转角度通过对话框设置。

(5)【删除网线】菜单用于删除不需要的网线。

(6)【恢复网线】菜单用于恢复此前被删除的网线。通过执行【恢复网线】菜单对本次执行【网线编辑】中此前删除的网线进行恢复。

(7)【修改字高】菜单用于调整图上显示字符的高度。通过选择该菜单，在弹出的对话框中输入合适的字符高度值完成。

(8)【显示编号】菜单用于显示网线编号及网点编号。

(9)【设通筋边】菜单解决如下问题：在【设计参数】的布置钢筋信息对话框中选中【通长筋定位边：只能是黄线】选项时，在两非黄线间不能布置通长筋；执行【设通筋边】菜单选中通长筋定位边的网线，程序会把选定的网线作为黄线，从而完成局部区域通长筋的布置。

(10)【删通筋边】菜单删除执行【设通筋边】菜单后由网线生成的通筋边。

(11)【合并边界】菜单对可合并筏板边界进行合并操作。在执行【筏板基础配筋施工图】菜单前，已自动对筏板边界作了合并处理。选择【合并边界】菜单，程序在图上提示出可合并的点位；如没有可合并的筏板边界，命令提示区提示"没有可合并的板边界！"。

(12)【分断边界】对执行过合并边界的筏板边界进行分断操作。执行【合并边界】菜单时若没有筏板边界可合并，则执行【分断边界】菜单时，也会提示"没有可分断的板边界！"。

(13)【查找节点】、【查找杆件】菜单用于查找节点或杆件。

2.【取计算配筋】

选择该菜单，弹出对话框并选择采用弹性地基梁元法的计算配筋结果。

3.【改计算配筋】

该菜单用于对弹性地基梁元法的计算配筋结果进行编辑修改操作，也可增加钢筋布置，如增加板带钢筋、区域钢筋、全板区布筋等。

4.【画计算配筋】

该菜单用于依据弹性地基梁元法的计算配筋结果进行配筋绘制。

5.【布板上筋】、【布板中筋】及【布板下筋】

这 3 项菜单可分别完成筏板板面、板厚中间层位置、板底的钢筋布置。在各菜单中可分别布置通长筋、支座钢筋、自由筋及板带筋等。操作步骤：根据信息提示栏提示，选择目标布置位置→选择布筋参考点及终止位置→进行钢筋的核查修改→完成钢筋的布置操作。

6.【展开-收回】

该菜单用于切换钢筋显示，不影响实际配筋量。

7.【裂缝验算】

该菜单用于根据板的实际配筋量，计算出板边界及跨中处的裂缝宽度。

8.【裂缝文件】

选择该菜单可打开 CRACK.PRT 文件，在这里查看裂缝验算的详细信息。

9.【画施工图】

该菜单用于绘制筏板基础平面施工图，包含 17 项子菜单：【绘制内容】、【移钢筋位置】、【标钢筋范围】、【标直径间距】、【标支筋尺寸】、【标注板带】、【画钢筋表】、【画剖面图】、【插入图框】等。子菜单操作方法与基础平面施工图中的相关菜单操作相似，不再详述。

7.5.5　【圈梁简图】

本菜单用于为布置过地圈梁的砖混结构绘制地圈梁布置简图。其中包含 3 个子菜单。

(1)【简图参数】菜单用于圈梁简图相关参数的输入。选择【简图参数】菜单→弹出圈梁简图参数输入对话框→填写圈梁简图相关绘制参数。

(2)【画布置图】：完成简图参数输入后，选择本菜单自动进行圈梁简图布置。窗口绘图区若不显示圈梁简图，按【F5】键即可显示。

(3)【移动简图】菜单用于进行简图移动。选择【移动简图】菜单→拖动简图到合适位置→单击即可。

例 7—4

要求：接【例 7-3】进行基础施工图绘制。

操作步骤：

1. 基础平面布置图

(1) 在图 7.1 所示主界面下选择主菜单 7【基础施工图】，选择"绘新图"后确定，进入图 7.43 所示工作界面。

(2) 选择右侧【参数设置】菜单，弹出对话框，按图 7.44(b)所示输入。

(3) 选择右侧【写图名】菜单，弹出对话框，输入图名"基础平面布置图"，单击【确定】按钮，移动光标到合适位置确定，图名书写完成。

(4) 选择窗口第二行菜单栏中的【标注字符】菜单，选择【独基编号】子菜单，弹出选择对话框，选择【自动标注】选项，独基编号标注完成。

(5) 选择窗口第二行菜单栏中的【标注构件】菜单，选择【独基尺寸】子菜单，选择要标注的基础，独基的尺寸自动标注在所选基础上。

(6) 选择窗口第二行菜单栏中的【标注轴线】菜单，选择【自动标注】子菜单，选择【横向标注在下侧，纵向标注在左侧】选项，单击【确定】按钮，轴线自动标注在所选基础上。

基础平面布置图如图 7.46 所示。

2. 基础详图

(1) 在图 7.46 所示界面选择右侧【基础详图】菜单，在弹出的窗口中选择【在当前图中绘制详图】选项。

(2) 选择右侧【绘图参数】菜单，弹出对话框，按图 7.45 所示输入。

(3) 选择右侧【插入详图】菜单，弹出对话框，选择详图"J-1"后确定，移动光标到合适位置确定，继续选择详图"J-2"后确定，移动光标到合适位置确定……依次完成所需绘制的基础详图。

"J-1"、"J-2"基础详图如图 7.47 所示。

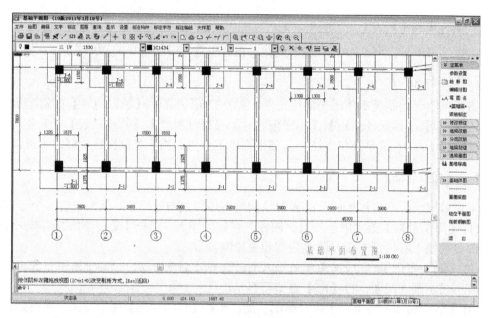

图 7.46　基础平面布置图

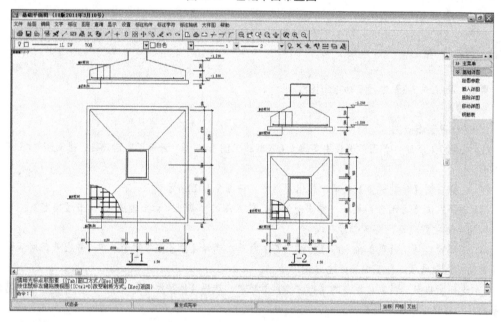

图 7.47　基础详图

本 章 小 结

本章对 PKPM 系列中的基础辅助设计软件 JCCAD 的基本操作方法做了较全面的讲述，包括软件的基本功能、软件的启动，地质资料输入、基础人机交互输入，基础梁板弹性地基梁法计算，基础施工图绘制等。

　　总的来说，JCCAD 的操作分为地质资料输入、基础设计有关参数确定、基础构件定义布置、基础内力与配筋计算、施工图绘制几个步骤。

　　地质资料输入是按地质勘查报告输入地基土的基本信息，通过主菜单 1 完成。

　　基础人机交互输入是进行基础的参数输入、荷载输入或读取，并进行基础布置，从而为基础结构计算建立模型并提供必需的数据，通过主菜单 2 完成。

　　基础内力和配筋计算是选择适用的方法进行基础的结构计算，从而得出基础构件的内力和配筋，为绘制施工图做准备，合理选用主菜单 3～5。

　　施工图绘制是完成基础最后的施工图。常见工程项目主要完成基础平面图和必需的基础详图，合理进行施工图图面布置，准备最后打印出图，交付使用，通过主菜单 7 完成。

　　本章的教学目标是具备软件的实际操作能力。要达到这个目标，除了应当熟练掌握讲授的基本操作方法外，还应当多结合实际工程上机练习。正是基于这一点，本书专门通过真实案例，对软件的操作步骤做了较细致的讲解。

思　考　题

1．简述 JCCAD 软件的基本功能和应用范围。

2．简述应用人机交互方式输入地质资料的基本步骤。

3．【基础人机交互输入】菜单的主要功能是什么？

4．简述多层框架结构进行柱下独立基础设计的主要操作步骤。

第 8 章

楼梯计算机辅助设计软件 LTCAD

教学目标

通过本章学习，了解 LTCAD 软件的基本功能和应用范围，掌握该软件的操作步骤和操作方法，能够应用 LTCAD 软件进行普通楼梯的结构设计。其具体包括：通过人机交互方式输入楼梯数据，建立楼梯模型；进行楼梯钢筋校核；绘制楼梯平面图、剖面图、配筋图等施工图。

教学要求

能力目标	知识要点	权重
了解 LTCAD 软件	(1) 了解软件的基本功能和应用范围； (2) 能启动 LTCAD 软件	10%
掌握交互式输入 LTCAD 数据文件的方法	(1) 熟悉楼梯交互式数据输入的步骤；掌握主信息、楼梯间、楼梯布置、梯梁布置、竖向布置、数据检查及各下级菜单的操作方法； (2) 能进行常见类型楼梯的交互式数据输入	40%
掌握楼梯钢筋校核	启动菜单进行楼梯内力及配筋检查，修改楼梯配筋	20%
掌握绘制楼梯施工图的方法	应用各级菜单进行楼梯平面图、楼梯立面图、楼梯配筋图的绘制，合理进行施工图图面布置	30%

8.1　LTCAD 软件的功能及应用范围

楼梯 CAD(LTCAD)是 PKPM 系列建筑结构设计软件的一个组成部分,该软件采用人机交互方式建立各层楼梯模型,并完成混凝土结构楼梯的结构计算、配筋计算及施工图绘制。软件包含普通楼梯设计、螺旋楼梯设计、组合螺旋楼梯设计、悬挑楼梯设计,这里重点介绍普通楼梯设计。

普通楼梯设计可完成单跑、双跑、三跑、四跑等如图 8.1 所示多种类型楼梯的辅助设计。

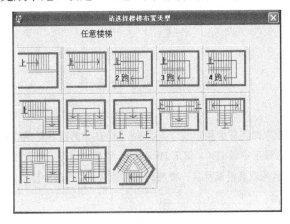

图 8.1　楼梯类型

各层楼梯布置的类型可以不同,例如第一层是双跑类型,而第二层可以选择三跑或四跑等其他类型。对图 8.1 所示第一至五、七、八类型的楼梯,房间楼梯所在的两边应平行,其余边可不平行;对第十一、十二类型的楼梯房间应为矩形。

软件适用的楼梯层数小于等于 75;楼梯标准层小于等于 25。

LTCAD 可以全部采用主菜单方式,也可以直接启动各项功能执行文件。移动光标取菜单是较常用的操作方法。在 PKPM 软件窗口的【结构】选项卡左侧选择【LTCAD】,进入 LTCAD 主菜单,如图 8.2 所示。

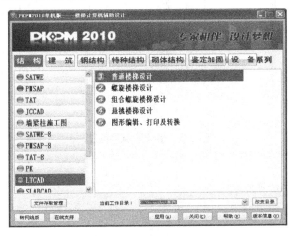

图 8.2　LTCAD 主菜单

任一工程，均需按顺序进行楼梯交互式数据输入和楼梯钢筋校核，形成描述楼梯结构的数据文件并完成结构设计计算后，楼梯绘图功能才能实现。保留一项已建楼梯的数据文件，包含人机交互建立的数据，即工程名称加扩展名的若干文件和其余的*.LT 文件，把上述文件复制到另一台计算机的工作子目录即可在另一台计算机上继续工作。

当交互式输入数据时，在图形下面有中文提示，向用户提示或解释各项数据的意义，用户应随时关注提示，按照提示内容键入相关数据即可。若同时键入多个数据，数据之间用空格或逗号隔开，数据为默认值时可直接按【Enter】键。

本章 LTCAD 软件的操作结合【应用案例 8-1】进行学习。

应用案例 8-1

楼梯设计项目任务书

1. 设计项目资料

【应用案例 2-1】多层框架结构综合楼工程，②-③轴交 C-D 轴的楼梯建筑布置平面图(图 8.3)，采用现浇钢筋混凝土结构，混凝土强度等级 C30，钢筋 HRB400，楼梯间地面工程做法：30mm 厚瓷砖面层(包含水泥砂浆打底)；20mm 厚水泥砂浆板底抹灰。楼梯间均布活荷载 2.5kN/m²。

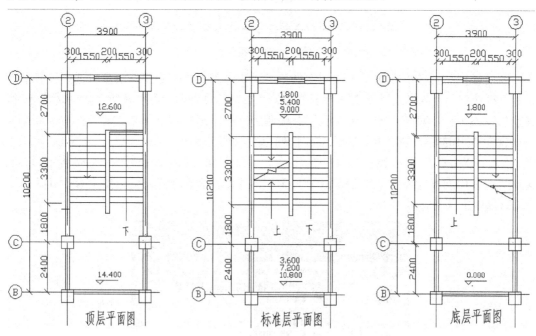

图 8.3 楼梯建筑平面图

2. 设计项目任务书

(1) 交互式输入 LTCAD 数据文件。

(2) 楼梯钢筋校核。

(3) 绘制楼梯施工图。

8.2　普通楼梯设计

8.2.1　楼梯数据的交互输入

选择图 8.2 所示 LTCAD 主菜单 1【普通楼梯设计】，进入普通楼梯设计工作窗口，如图 8.4 所示。

图 8.4　普通楼梯设计工作窗口

本程序采用交互式进行数据输入。LTCAD 数据分为两类：一类是楼梯间数据，包含楼梯间的轴线尺寸，周边墙、梁、柱及门窗洞口的布置，总层数及层高等；另一类是楼梯布置数据，包含楼梯板、楼梯梁和楼梯基础信息等。

楼梯数据的交互输入通过图 8.4 右侧部分功能菜单完成，这些菜单包括【主信息】、【梯梯间】、【楼梯布置】、【梯梁布置】、【竖向布置】、【数据检查】。在进行交互式数据输入之前，应该通过【新建楼梯工程】或【打开楼梯工程】菜单，进入相应的工程。

1.【新建楼梯工程】

选择图 8.4 右侧功能菜单【新建楼梯工程】，程序弹出图 8.5 所示的【新建楼梯工程】对话框。选择【手工输入楼梯间】选项，并在【楼梯文件名】后边空格处输入文件名称(注意文件名后不应加扩展名)，单击【确认】按钮，则可以应用图 8.4 所示右侧各功能菜单交互输入楼梯间的数据。选择【从整体模型中获取楼梯间】选项，可与 APM 或 PMCAD 接口使用，单击【确认】按钮，弹出图 8.6 所示的对话框，在该窗口输入楼梯文件名并进行相关选择后，单击【确认】按钮，窗口绘图区出现原工程第一标准平面图后，用户可选择楼梯间所在网格。此时，程序会自动从 APM 或 PMCAD 中抽取选定楼梯间的数据，用户可在此处补充修改，使输入数据量大大减小。

图 8.5　【新建楼梯工程】对话框

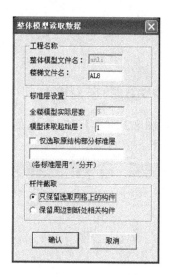

图 8.6　【整体模型读取数据】对话框

特　别　提　示 ....

● 当从整体模型中获取楼梯时，当前工作目录应该有 APM 或 PMCAD 建立的工程整体模型数据文件。否则，该项操作不能完成。

....

2.【打开楼梯工程】

选择图 8.4 右侧功能菜单【打开楼梯工程】，程序弹出图 8.7 所示的【打开楼梯工程】对话框。输入楼梯文件名单击【查找】按钮，可在指定区间查找以前的楼梯文件；选择【上次退出时保存的楼梯工程】选项，则可以打开最近的一次楼梯工程。

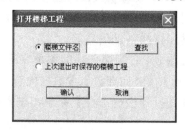

图 8.7　【打开楼梯工程】对话框

交互式输入生成的各层楼梯间和楼梯布置信息均存在相应的楼梯文件名加各种扩展名的若干文件里。

若独立使用 LTCAD，进入程序前，注意应先查看程序的配置文件 LTSR.CEG，用户必须保证该文件在当前的工作目录中，一般只修改【Width】、【Height】、【Deep】3 项。

程序所用尺寸单位全部为 mm。

3.【主信息】

每一个新建文件均需首先执行该项菜单，来确定项目的基本信息。选择图 8.4 右侧【主信息】菜单，弹出图 8.8 所示【LACAD 参数输入】对话框。

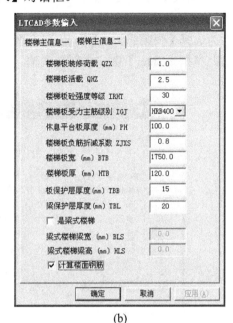

图 8.8　【LTCAD 参数输入】对话框

施工图纸规格：输入数值 1，2，3 或 2.5 等，表示施工图纸规格，2.5 为二号加长图纸。

X 向尺寸线标注位置 MXD：输入数值 1 或 2，表示楼梯平面图中 X 向各跨轴线与总尺寸线标注位置，1 下，2 上。

Y 向尺寸线标注位置 MYD：输入数值 1 或 2，表示楼梯平面图中 Y 向各跨轴线与总尺寸线标注位置，1 左，2 右。

总尺寸线留宽(mm)BLKD：输入数值 0 或其他，表示总尺寸线在建筑平面图上应留宽度，0 为 0.5m(为平面实际尺寸)。

踏步等分：输入数值 0 或 1(−1)，表示踏步是否等分。0 是，1(−1)否，对踏步第一步(最后一步)作调整。

表格中其他参数含义和数值输入，依据结构知识确定，不再详述。

4.【梯梯间】

【梯间间】菜单完成楼梯间数据输入，包含楼梯间的轴线尺寸，周边墙、梁、柱及门窗洞口的布置，板厚及层高等。用户单击图 8.4 右侧菜单中的【梯梯间】按钮，进入输入状态，现对其下级菜单的操作逐一介绍。

【矩形房间】菜单适用于楼梯间为矩形时的快速输入，可通过弹出的对话框直接输入楼梯间的开间、进深、层高及四周墙或梁的尺寸，并可选择插入点坐标，如图 8.9 所示。

【本层信息】菜单在选择后弹出对话框，输入本层板厚度和层高信息。

【轴线】菜单绘制各种节点、轴线，并可进行轴线显示或轴线命名等操作，包含以下下级子菜单：【节点】、【两点直线】、【平行直线】、【三点圆弧】、【轴线显示】、【轴线命名】、【删除节点】、【形成网点】和【清理网点】。

【画墙线】、【画梁线】菜单项可以把梁或墙连同相应的轴线一起输入，【画梁线】菜单下包含子菜单【梁布置】、【绘连续梁】、【平行直梁】、【绘圆弧梁】、【三点弧梁】。操作过程为选择【画梁线】→梁布置(包含新建梁定义和布置)→选择绘制梁的类型菜单→输入偏轴距离按【Enter】键→类似轴线输入方式，输入梁所在位置。【画墙线】菜单操作与此类似。

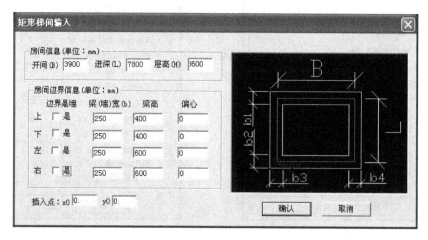

图 8.9　【矩形房间输入】对话框

【洞口布置】菜单用于完成楼梯间四周墙上洞口的定义和布置。

【柱布置】菜单用于完成楼梯间四周或其他位置柱的定义和布置输入。

【构件删除】下级菜单包含主梁、柱、墙、洞口删除项，主要进行对已布置构件的删除。以上这些子菜单的输入方法同 PMCAD 相同，不再作详细介绍。

楼梯轮廓输入完成单击【楼梯间】按钮返回，继续进行楼梯布置的输入。

5.【楼梯布置】

凡楼梯间布置与楼梯布置完全相同的层程序视为一个楼梯标准层，进入程序后，如果是新文件程序自动指定本层为第一标准层。新标准层用户可以复制旧标准层的网格轴线、楼梯布置、建筑布置等信息。

程序提供了两种楼梯布置的方式，即对话框方式和鼠标布置方式。对话框方式由【对话输入】菜单引导，限于布置比较规则的楼梯形式。鼠标布置方式分别定义楼梯板、基础等，再用鼠标将构件布置在网格上，通过【楼梯基础】、【单跑布置】、【梯间布置】、【楼梯替换】、【楼梯删除】等菜单完成。

1) 对话框方式

单击【楼梯布置】按钮→在楼梯布置下级菜单中选择【对话输入】菜单→通过弹出【楼梯类型】对话框(图 8.1)选择楼梯类型→选定后，弹出对话框如图 8.10 所示。

输入第一跑楼梯所在网格的起始节点号，选择顺时针和逆时针，即可从定位起始节点开始布置楼梯板，依据菜单提示依次输入踏步单元设计、各梯段宽、梯板厚、平台宽度等信息。【踏步单元设计】菜单中【踏步总数】子菜单为该层楼梯的踏步总数，每跑的踏步数在各标准跑详细设计数据中单击修改，起始位置为楼梯第一步距起始节点(第一跑)或距与梯跑平行的下方轴线(其他跑)的距离。

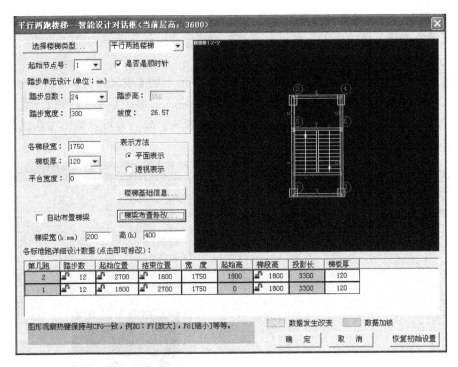

图 8.10　楼梯智能设计对话框

　　楼梯基础用于描述与楼梯板连接的楼梯基础或地梁，单击图 8.10 中【楼梯基础信息】按钮，弹出的对话框如图 8.11 所示，可直接进行相关信息输入，基础信息 1 为楼梯基础，基础信息 2 为地梁形式。

　　单击图 8.10 中【梁梁布置修改】按钮，可进行平台梁和梁式楼梯斜梁的信息输入及修改，弹出的对话框如图 8.12 所示。在该对话框中，若【是否是梁式楼梯】复选框处于选中状态，可进行边梁宽和边梁高的输入修改。

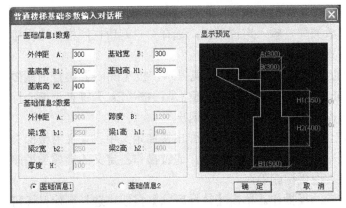

图 8.11　楼梯基础对话框界面

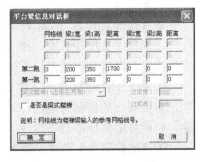

图 8.12　平台梁信息对话框

　　2) 鼠标布置方式

　　鼠标布置使用【楼梯布置】下的子菜单【楼梯基础】、【单跑布置】、【梯间布置】、【梁式楼梯】等菜单完成输入。

(1) 梯段板：通过【单跑布置】、【梯间布置】菜单完成梯段板的设置及布置。

①【单跑布置】菜单适用于布置任意类型的楼梯或对已布置好的楼梯的某一跑进行修改，先进行楼梯的定义，再进行布置。

楼梯定义。单击【单跑布置】按钮，弹出图 8.13 所示的【截面列表】对话框→单击【新建】按钮，弹出图 8.14 所示的楼梯参数对话框，参数输入后单击【确定】按钮→返回图 8.13 所示的对话框，一个楼梯布置完成并显示在截面列表中。此时，可以单击【新建】按钮继续定义楼梯，也可以随用随时定义。

图 8.13 【截面列表】对话框

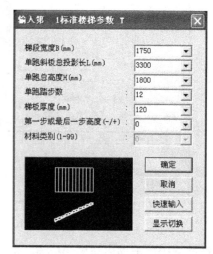

图 8.14 楼梯参数对话框

楼梯布置。在图 8.13 所示的对话框中选择已定义的楼梯类型，单击【布置】按钮→弹出对话框进行定位数据(起始踏步距离、起始标高、挑出方向、上楼方向)的输入→之后点取布置位置对应的节点，一跑楼梯布置完成，可以继续选择楼梯进行其他布置。

②【梯间布置】。单击【梯间布置】按钮，弹出楼梯类型选择窗口，选择楼梯类型后，在命令行提示下，输入楼梯间跑数后按【Enter】键，依据提示顺序操作，选择楼梯间第一跑上楼起始节点，选择第一跑楼梯板类型，输入定位数据，选择第一跑所在网格，选择第二跑楼梯板类型……直到所有跑布置完成。

③【楼梯查询】。单击【楼梯查询】按钮，命令栏出现提示，按【Enter】键查询截面尺寸，即楼梯宽度和长度；按【Tab】键选择构件查询全部信息；按【Esc】键查询偏心标高信息。查询过程中依据提示按键操作可改变字体大小或退出。

④【楼梯取消】。单击【楼梯取消】按钮，右侧菜单区弹出楼梯定义中已定义的楼梯类型，单击某一类型即可删除。本菜单为楼梯定义的反操作，通过操作将定义的楼梯类型删除，也就将所有标准层布置过的该类型楼梯删除。

⑤【楼梯删除】菜单为楼梯布置的反操作。单击【楼梯删除】按钮，选择删除目标可删除当前标准层的楼梯布置。选择目标的方法通过按【Tab】键转换，分为光标方式、轴线方式、窗口方式、围栏方式 4 种。

⑥【楼梯替换】菜单将已布置的一种类型楼梯替换为另外一种类型，选择该菜单弹出已定义的楼梯类型，先选择需替换的楼梯类型，再选择替换结果的楼梯类型。该操作只对当前标准层有效。

● 以上楼梯布置方式根据工程实际，合理选择方便的方式，一般建议选择【梯间布置】菜单完成。

(2) 楼梯基础：用于定义与楼梯板连接的楼梯基础。选择该菜单后，弹出含有楼梯基础全部参数的窗口，选择指定数据进行输入或修改，各参数含义同对话框输入。

(3) 梁式楼梯：选择该菜单，通过弹出的对话框输入斜梁宽度和高度。

3) 其他菜单操作

(1)【本层层高】：要求输入本标准层板厚度和层高，在最终楼层组装时层高值可取标准层层高，也可以重新输入。

(2)【换标准层】：单击相应按钮弹出对话框，可以通过单击不同的标准层号在已存在的标准层间进行转换，也可以单击【添加新标准层】按钮，增加一个新的标准层。新增加的标准层可以复制其他标准层的信息，有全部复制或部分复制或只复制网格 3 种选择。

(3)【楼梯复制】：将已布置好的楼梯间复制到另一标准层上。在新的标准层下选择该菜单，通过弹出的对话框选择被复制的标准层后单击【确定】按钮，此标准层的楼梯布置信息就全部复制到当前标准层上。

(4)【网格线号】：控制楼梯网格和节点号的显示，单击相应按钮则显示或不显示交替变化。

6.【梯梁布置】

单击【梯梁布置】按钮，进行楼梯间边轴线或内部的与梯段板相连的直梁段的布置，且梯梁布置是以梯段板为参照物的，程序自动取梯段板的顶标高为梯梁的布置高度，其下级子菜单包括【梯梁布置】、【梯梁删除】、【自动布置】、【调整位置】。

(1)【梯梁布置】。单击【梯梁布置】按钮，弹出梁截面列表对话框，PMCAD 中定义的普通标准梁截面可传来作为梯梁截面。选择楼梯梁标准截面(没有所需梁截面可以先定义)，继续选择楼梯梁所属楼梯，拾取这个楼梯，输入梁第一点、第二点，楼梯梁布置完成。

(2)【梯梁删除】。它是【梯梁布置】的反操作。选择要删除的梯梁后确认即可。

(3)【自动布置】。单击相应按钮自动布置梯梁。

(4)【调整位置】。单击相应按钮后在弹出的对话框输入梯梁的截面尺寸、位置，对梯梁进行调整。

7.【竖向布置】

在各标准层平面布置完成后，通过该菜单确定各楼层所属的标准层号及层高，完成各层楼梯的竖向布置。

(1)【楼层布置】。单击【楼层布置】按钮，在弹出的楼层组装窗口选择复制层数、标准层号、层高；单击【添加】按钮，可在当前状态添加与复制层数相等的层数；单击【删除】按钮可将组装结果中所选当前楼层删除；单击【修改】按钮可将所选楼层修改为新的信息；单击【插入】按钮为在当前位置插入新的楼层。通过逐次选择完成全楼梯的竖向布置。

（2）【删标准层】。单击【删标准层】按钮，在弹出的对话框中选择要删除的标准层，单击【确定】按钮，这一标准层连同楼层布置中选择了这一标准层的楼层一并被删除。

（3）【插标准层】。标准层的定义是有序号的，一般后定义的排在最后，采用该命令可人为选择新标准层的序号。

（4）【换标准层】、【楼梯复制】。同前边介绍。

（5）【全楼组装】。单击【全楼组装】按钮，弹出的窗口有 3 个选项：【重新组装】选项一般用于楼梯外围不是封闭墙体的情况，可以简化操作过程；【分层组装】选项在楼梯外围为封闭墙时，逐层组装，这样方便更好的观察楼梯布置情况；【按上次方案组装】选项表示以前已执行过组装方案，对原组装方案不修改。

（6）【本层全楼】。选择该菜单可在本楼模型与当前标准层间进行显示切换。

全楼组装完成可通过菜单栏视窗变换的下拉菜单进行透视图、侧立面、正立面的显示观察。

8.【检查数据】

对输入的各项数据进行检查，判断合理性，并向 LTCAD 中后续操作项传送数据。

要求：结合【应用案例 8-1】的工程完成人机交互式数据输入。

操作步骤：

（1）双击桌面 PKPM 图标，启动程序，在 PKPM 主界面下选择【结构】选项卡，单击左侧【LTCAD】按钮，即显示 LTCAD 主菜单，选择主菜单 1【普通楼梯设计】，改变当前工作目录为"G:\案例"，单击【应用】按钮进入人机交互输入程序，如图 8.4 所示。

（2）单击【新建楼梯工程】按钮，在弹出的如图 8.5 所示的对话框中选择【从整体模型中获取楼梯间】选项→弹出相应对话框，输入楼梯文件名"AL8"，如图 8.6 所示，单击【确认】按钮→窗口绘图区出现【应用案例 2-1】综合楼工程 PMCAD 中输入的第一标准平面图，选择楼梯间所在网格(②、③轴与 C、D 轴围成的 4 条网格线)。此时，程序自动从 PMCAD 中抽取选定楼梯间的数据，如图 8.15 所示。

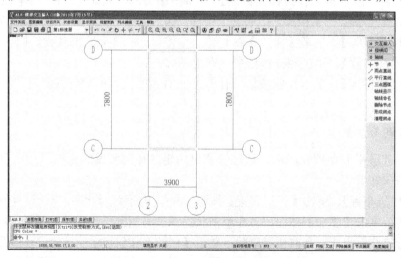

图 8.15　第一标准层梯间轮廓

(3) 主信息：在图 8.4 右侧功能菜单区选择【主信息】菜单，弹出对话框，参数输入如图 8.8 所示。

(4) 楼梯间：在图 8.4 右侧功能菜单区选择【楼梯图】菜单，因为轴线、梁、柱已经从整体模型中获取。此处只进行本层信息的输入和休息平台梁梯柱的设置。单击【本层信息】按钮→弹出对话框，输入"板厚120，层高 3600"确认。通过【轴线】和【柱布置】菜单，在 D 轴下方 2.6m 休息平台梁处绘制与 D 轴平行的轴线，并在该轴线与②、③轴交点处设置 250×250 的柱子，柱高 1800，作为支撑休息平台梁的柱子。

(5) 楼梯布置。具体布置如下。

第一标准层：单击【楼梯布置】按钮→选择右侧【对话输入】菜单弹出楼梯类型对话框(图 8.1)，选择第三个类型，弹出对话框并按图 8.10 所示输入，其中选择【楼梯基础信息】选项，对话框参数输入如图 8.11 所示；选择【梯梁布置修改】选项，对话框参数输入如图 8.12 所示。第一标准层楼梯布置信息如图 8.16 所示。

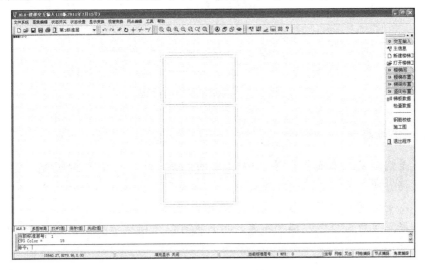

图 8.16　第一标准层楼梯布置

选择右侧【换标准层】菜单→依次进入第 2、3、4 标准层→选择【对话输入】菜单，在图 8.10 所示对话框中做同样输入。也可以通过【楼梯复制】菜单完成其他标准层的楼梯布置。

(6) 竖向布置：选择【竖向布置】菜单下的【楼层布置】子菜单，弹出对话框如图 8.17(a)所示；因为是从 PMCAD 整体模型中获取的楼梯间，第一标准层层高默认 4500，但结构中首层层高是从基础顶部开始计算的，而楼梯高度考虑室内地坪开始算起，所以把第一标准层层高修改为 3600，如图 8.17(b)所示，单击【确定】按钮完成楼层组装。单击【全楼组装】按钮，再选择【重新组装】选项查看整体模型，如图 8.18 所示。

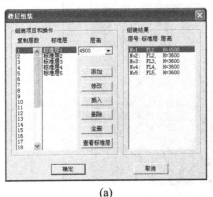
(a)

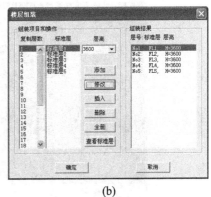
(b)

图 8.17　【楼层组装】对话框

(7) 单击【数据检查】按钮，无错误提示即可。

人机交互输入数据完成。

图 8.18　楼梯组装整体模型

特　别　提　示

本例题是继续完成【应用案例 2-1】工程的楼梯设计，而且从 PMCAD 整体模型中获取了楼梯数据，所以采用了同一工作目录"G:\案例"，如果不从整体模型获取楼梯数据，工作目录可以重新建立，可以不与【应用案例 2-1】工程相同。

本案例采用了对话框输入楼梯布置，用户也可以采用鼠标交互方式输入，只需选择习惯的输入方法即可。

8.2.2　楼梯钢筋校核

楼梯钢筋校核必须在交互式输入楼梯数据完成后进行。选择图 8.4 所示右侧功能菜单【钢筋校核】，进入图 8.19 所示的工作窗口，程序将计算的第一标准层第一跑的楼梯板、平台板和梯梁的内力计算结果及程序自动选出的钢筋显示在窗口绘图区上。

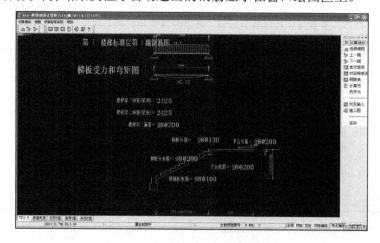

图 8.19　钢筋计算校核窗口

通过选择【下一跑】或【上一跑】或【选择梯跑】菜单在不同标准层不同跑间进行显示转换。【表式修改】或【对话框修改】菜单用于对程序自动选出的钢筋进行修改。

单击【表式修改】按钮，弹出图 8.20 所示的对话框，直接单击欲修改的钢筋进行修改即可。

楼梯钢筋验算及修改					
⊞ 梯板	第1标准层第1跑	第1标准层第2跑	第2标准层第1跑	第2标准层第2跑	第3标准层
底筋	B 8-100	B 8-100	B 8-100	B 8-100	B 8-100
分布筋	A 8-200	A 8-200	A 8-200	A 8-200	A 8-200
负筋	B 8-130	B 8-130	B 8-130	B 8-130	B 8-130
上部负筋长度	830	830	830	830	830
下部负筋长度	830	830	830	830	830
⊞ 平台	第1标准层第1跑	第1标准层第2跑	第2标准层第1跑	第2标准层第2跑	第3标准层
x方向正筋	B 8-200		B 8-200		B 8-200
x方向负筋	B 8-200		B 8-200		B 8-200
x方向负筋长度	850		850		850
y方向正筋	B 8-200		B 8-200		B 8-200
y方向负筋	B 8-200		B 8-200		B 8-200
y方向负筋长度	1150		1150		1150
⊞ 梯梁1	第1标准层第1跑	第1标准层第2跑	第2标准层第1跑	第2标准层第2跑	第3标准层
上部纵筋	46596572157...	46596572157...	46596572157...	46596572157...	46596572
下部纵筋					
箍筋					
⊟ 梯梁2	第1标准层第1跑	第1标准层第2跑	第2标准层第1跑	第2标准层第2跑	第3标准层

梯板底筋输入示例：A10-100（表示一级Φ10钢筋，间距100mm）
A, B, C分别表示一、二、三级钢筋，+代表负筋连通

退出

图 8.20　表式修改楼梯钢筋对话框

单击【对话框修改】按钮，弹出图 8.21 所示的对话框，该对话框可显示钢筋形状。单击欲修改的钢筋类别，进行修改即可。

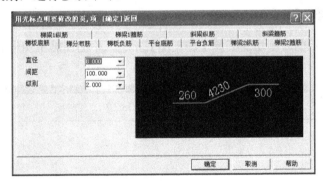

图 8.21　钢筋修改对话框

(特)(别)(提)(示)

● 【表式修改】菜单可以对整个楼梯的配筋进行修改，而【对话框修改】菜单只对当前梯跑有效。

单击【钢筋表】按钮，窗口显示楼梯的钢筋列表。
单击【计算书】按钮，弹出【计算书设置】对话框如图 8.22 所示，输入相关参数，单

击【生成计算书】按钮，弹出【楼梯计算书】窗口，如图 8.23 所示，可打印或保存。

单击【另存为】按钮，可以将当前图形保存在指定位置。

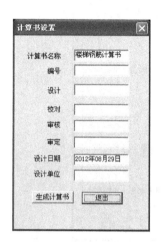

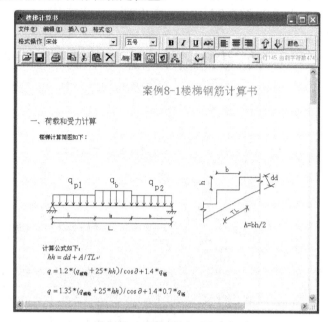

图 8.22　【计算书设置】对话框　　　　图 8.23　【楼梯计算书】窗口

单击【交互输入】按钮可返回交互输入楼梯界面，单击【施工图】按钮进入楼梯施工图绘制。单击【返回】按钮，可回到图 8.4 所示的窗口。

8.2.3　楼梯施工图绘制

选择图 8.4 所示的右侧功能菜单【施工图】，进入平面图施工图绘制窗口，如图 8.24 所示。

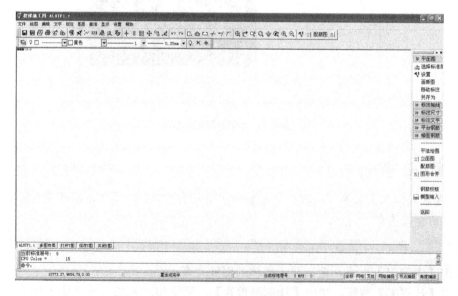

图 8.24　楼梯施工图绘制窗口

楼梯施工图绘制包括【平面图】、【平法绘图】、【立面图】、【配筋图】、【图形合并】5 项内容,选择图 8.24 所示的右侧相应菜单可以进入对应图形的绘制。通过这些菜单下包括的各子菜单,可完成施工图的绘制编辑。

1. 平面图

1) 绘制楼梯平面图

(1)【选择标准层】。单击相应按钮并在弹出的对话框中输入标准层号和梯跑号,进行选择部分的平面图绘制。

(2)【设置】。本菜单用于绘图信息的设置,单击【设置】按钮,弹出图 8.25 所示的对话框,输入后单击【确认】按钮,绘图信息设置完成。该对话框中选择按梯板合并后编号输出,则尺寸配筋相同的梯段板合并为统一编号。

图 8.25　【设置】对话框

(3)【画新图】。选择菜单程序在绘图区域按设置内容绘制所选标准层的楼梯平面图。图形文件名为"楼梯文件名 TP*.T"。

(4)【移动标注】。单击【移动标注】按钮,选择要移动的图素,选择新的位置,单击【确认】按钮可完成标注的移动。

(5)【另存为】。本菜单可以将当前图形保存在指定位置。

更换标准层或做完所有标准层后退出楼梯平面图。

2)【标注轴线】

【标注轴线】菜单可完成楼梯平面图上轴线和总尺寸线的绘制,下级菜单操作如下。

(1)【自动标注】:对正交轴网适用,按用户前面文件的信息自动绘出轴线和总尺寸线。

(2)【交互标注】:按提示选择起始轴线、终止轴线并且去掉不标的轴线,按提示选择是否画总尺寸线(是 1/否 0),是否标轴线号,指示起始画位置,然后单击【确认】按钮即可。

(3)【逐根点取】:逐根选择要标注的轴线,选择是否画总尺寸线和是否标轴线号,指示起始画位置,然后单击【确认】按钮即可。

3)【标注尺寸】

【标注尺寸】菜单用于标注平面图各种尺寸,其下级菜单介绍如下。

(1)【注柱尺寸】、【注梁尺寸】、【注墙尺寸】:分别选择这 3 项菜单,依据下方提示单击需标注尺寸的柱、梁或墙,即可标出柱截面尺寸、梁宽或墙厚,标注完成按【Esc】键退出。

(2)【标注标高】：选择该菜单，下方提示需标注几个楼层标高值，输入正确数值，按【Enter】键，程序提示连续键入标高值并用空格分开，指出标高在图上的标注位置单击【确认】按钮，标高即可标在指定位置，按【Esc】键退出。

(3)【楼梯走向】：在平面图上画一根折线，折线端头标"上"或"下"反映楼梯走向。依次选择起始点、下一点、下一点……按【Esc】键结束，输入"U"或"D"在起始点处标注"上"或"下"，一条折线标注完成可继续选择起始点开始标注下一条，也可以按【Esc】键退出。

(4)【扶手连接】：选择转角起点、终点和转角位置，用于任意类型的楼梯将扶手连接起来，按【Esc】键退出。

(5)【画剖面图】：为消隐法画楼梯剖面图确定剖面位置，选择起始点位置、指定下一点位置……按【Esc】键结束，在剖断线一侧点出视向位置，输入剖断线号，单击【确认】按钮。

4)【标注文字】

【标注文字】菜单用于对梁、柱等编号或其他字符进行标注，下级菜单介绍如下。

(1)【注柱字符】、【注梁字符】、【注墙字符】：分别选择这 3 项菜单，依据下方提示输入需标注的字符，如 TL1，选择需标注字符的梁、柱或墙，即可标出相应字符，选择位置偏向构件的哪一边，则字符标在构件的哪一边，标注完成按【Esc】键退出。

(2)【任意标字】：该菜单可将任意字符书写在图面的任意位置。先依提示输入字符内容，输入字符书写角度，在图面选择书写位置，确认即可，按【Esc】键退出。

5)【平台钢筋】

【平台钢筋】菜单用来绘制或修改平台板的钢筋，下级菜单操作如下。

(1)【修改正筋】、【修改负筋】：用于完成对平台板底、板顶钢筋的修改。选择该菜单可弹出对话框，选择板底钢筋布置方向，选择后弹出钢筋布置对话框，输入相应钢筋即完成修改。

(2)【画平台钢筋】：选择菜单后，可完成对平台钢筋的绘制。

6)【楼面钢筋】

【楼面钢筋】完成楼梯间与楼面相连部分的钢筋绘制。下级菜单包括【画楼面钢筋】、【修改正筋】、【修改负筋】，其操作方法与平台钢筋类似，不再赘述。

2. 平法绘图

在图 8.24 所示的窗口中选择【平法绘图】菜单，程序以平法制图规则绘制楼梯的配筋图。其下级菜单有【选择标准层】、【设置】、【移动标注】、【标注轴线】、【标注尺寸】、【标注文字】、【平台钢筋】等。

3. 立面图

在图 8.24 所示的窗口中选择【立面图】菜单，则楼梯的立面图绘制在窗口绘图区域。

选择【梯板钢筋】菜单，选择要标注钢筋的梯段板，则梯板钢筋可标注在剖面图上。当然梯板配筋也可不在剖面图标注。

其他菜单的操作与前边类似，不再详细介绍。运行楼梯剖面图菜单形成的图形文件为"LTPM.T"，可在工作文件夹查找。

4. 配筋图

这项功能菜单根据楼梯板的顺序编号出图，名称为"TB-*.T"，其对应的索引号可在楼梯剖面图中找到。

在图 8.24 所示的窗口中选择【配筋图】菜单，首先在窗口出现"TB-1"的配筋图，其子菜单操作如下。

1)【梯梁立面】

单击【梯梁立面】按钮可绘出梯梁的立面图。

2)【修改钢筋】

单击【修改钢筋】按钮，选择要修改的钢筋，依信息栏提示输入"钢筋直径、间距和级别"然后按【Enter】键，完成选中钢筋的修改。之后可继续选择其他钢筋进行修改，也可按【Esc】键退出钢筋修改。

【设置】、【画新图】、【选择梯跑】、【前一梯跑】、【后一梯跑】、【钢筋表】、【移动标注】、【另存为】、【标注文字】【标注尺寸】菜单的操作同前。完成各编号梯板的配筋图绘制后，单击右侧区域【返回】按钮退出。

5. 图形合并

【图形合并】菜单可以将前边 3 项完成的楼梯平面图、楼梯剖面图和楼梯配筋图有选择的布置在一张或几张图纸上。在图 8.24 所示的窗口单击【图形合并】按钮，绘图区域出现带有图框的图形。【图形合并】的下级菜单有【设置】、【新图形】、【插入图形】、【钢筋表】、【另存为】、【编辑】。

单击【设置】按钮，在弹出的对话框中输入"图形合并图纸大小"。

单击【新图形】按钮，则重新绘制新图。

单击【插入图形】按钮，弹出图 8.26 所示的对话框，对话框显示已形成各种图形的名称，选择要在本张图纸输出的图形，选一个，图框区域右侧出现所选图素的图块，命令提示区提示"请将图块拖至合适位置，请用光标点取图素"，此时拖动图素到图面的理想位置确认即可，之后可继续下一图块的布置。

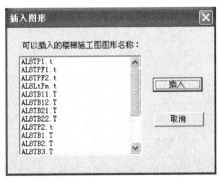

图 8.26　【插入图形】对话框

选择右侧菜单区的【编辑】菜单，包含【标注文字】、【标注尺寸】、【图块拖动】、【图块炸开】4 个子菜单，可在布图时应用进行图素的修改调整。本张图纸布置满后，单击新图纸进行下一张图纸的布置。形成的图纸文件名为"LT*.T"。

 例 8-2

要求：结合【应用案例 8-1】，接【例 8-1】完成楼梯钢筋校核及施工图绘制。

操作步骤：

(1) 楼梯钢筋校核：完成【例 8-1】楼梯的交互输入后，在图 8.4 所示的窗口选择右侧功能菜单【钢筋校核】→进入第一标准层第一跑，如图 8.19 所示，判断不用进行钢筋修改则继续，若需要修改可用右侧菜单【表式修改】或【对话框修改】完成→选择【下一跑】菜单进入第一标准层第二跑→依次完成所有标准层所有跑(图略)。

(2) 单击【计算书】按钮→弹出图 8.22 所示的对话框，计算书名称输入"案例 8-1 楼梯钢筋计算书"，之后单击【生成计算书】按钮，弹出图 8.23 所示的窗口，此时可打印计算书；也可单击【保存】按钮，保存至指定位置。然后关闭计算书窗口，单击【返回】按钮退出【钢筋校核】菜单。

(3) 楼梯平面施工图，具体操作如下。

在图 8.4 所示窗口选择右侧功能菜单【施工图】→进入底层平面图→选择右侧【设置】菜单，弹出对话框并按图 8.25 输入→选择右侧【画新图】菜单→选择【标注轴线】、【交互标注】菜单→选择右侧【标注尺寸】、【标注标高】菜单，需标几个楼层标高值，输入"1"，输入标高"0.000"，移动鼠标至指定位置确定，完成一个标高标注，再同样操作标注"1.800"。底层平面施工图如图 8.27 所示。

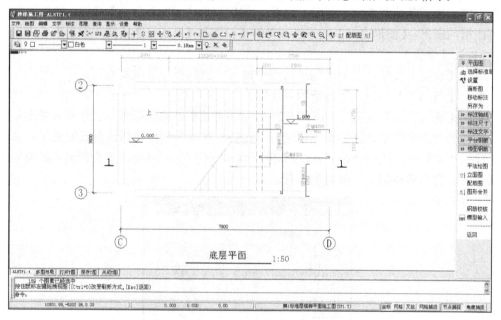

图 8.27　底层平面施工图

单击【选择标准层】按钮进入二层平面图→单击【楼面钢筋】、【画楼面钢筋】按钮→其余操作同首层→应用【文字】菜单的下级菜单【文字替换】，将"二层平面"换为"标准层平面"→二层平面(标准层)施工图如图 8.28 所示。

单击【选择标准层】按钮进入第 5 标准层平面图→标高、轴线标注操作方法同前层。顶层平面施工图如图 8.29 所示。

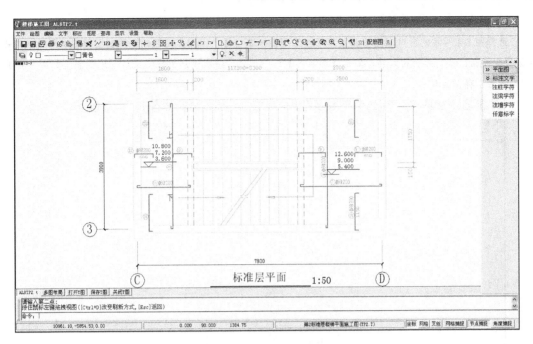

图 8.28　标准层平面施工图

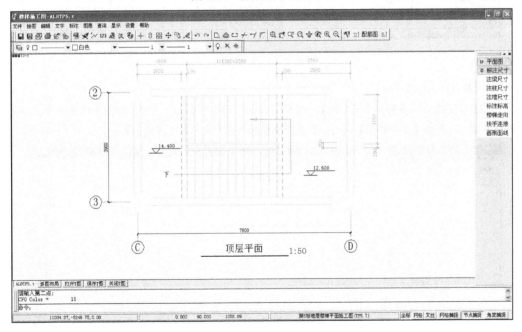

图 8.29　顶层平面施工图

特 别 提 示

● 在形成平面图过程中要灵活应用下拉菜单对图形进行调整，如【删除】、【移动】、
【点取修改】菜单等。

(4) 楼梯立面图，具体操作如下。

选择图 8.4 所示的窗口右侧功能菜单【施工图】→单击【立面图】按钮，出现剖面图基本形状→单击【设置】按钮，进行参数输入后，单击【画新图】按钮，之后进行图形编辑修改。形成剖面图如图 8.30 所示。最后，存图退出。

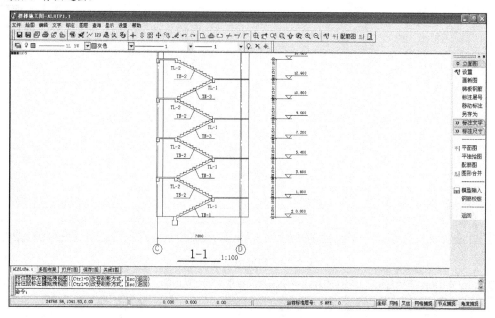

图 8.30　剖面图

(5) 配筋图，具体操作如下。

选择图 8.30 右侧功能菜单【配筋图】→当前窗口显示 TB1 的配筋施工图，如图 8.31 所示→进行必要的编辑修改后，单击【后一梯跑】按钮→直至所有梯跑全部完成，单击【返回】按钮。

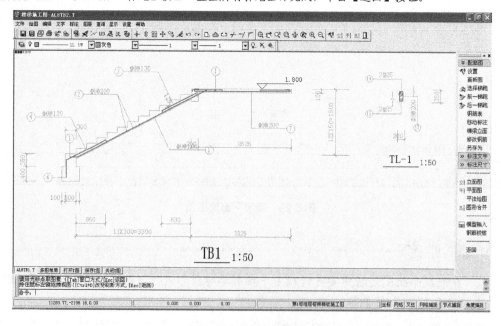

图 8.31　TB1 配筋图

(6) 楼梯施工图完成，也可以利用图形归并功能将这些施工图合理布置在一张或几张图纸上，具体操作方法如下。

选择右侧功能菜单【图形合并】→选择【插入图形】菜单→在图 8.26 所示的对话框中选择 "AL8TP1.t"，单击【插入】按钮→窗口图框附近出现图块，按照命令提示区提示点取图块图素，拖动到合适位置，单击确定，底层平面插入完成→依次插入标准层平面、顶层平面图和立面图，如图 8.32 所示。

【应用案例 8-1】完成。

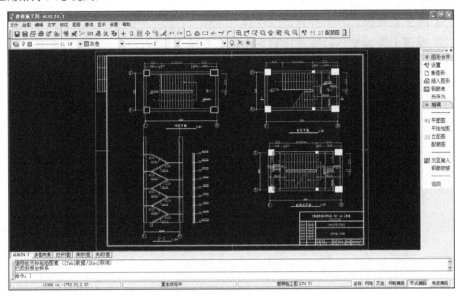

图 8.32　图形合并

本章小结

本章对 PKPM 系列中的楼梯辅助设计软件 LTCAD 的基本操作方法做了较全面的讲述，包括软件的基本功能、软件的启动，交互式数据输入，楼梯钢筋校核，楼梯平面图、剖面图、配筋图绘制等。

总的来说，LTCAD 的操作分为楼梯模型建立(数据输入)、钢筋校核(内力与配筋计算)、施工图绘制 3 个步骤。

楼梯模型建立(数据输入)采用人机交互的方式输入材料强度与荷载等基本信息、各标准层楼梯间建筑尺寸、楼梯板或楼梯板与楼梯梁、楼梯基础等的布置，并进行竖向布置、全楼组装、数据检查等工作。

楼梯钢筋校核是对内力和配筋计算的结果进行检查、调整。

施工图绘制是完成楼梯最后的的施工图。常见工程项目主要完成楼梯平面图、剖面图、配筋图并合理进行施工图图面布置，准备最后打印出图，交付使用。

本章的教学目标是具备软件的实际操作能力，要达到这个目标，除了应当熟练掌握讲授的基本操作方法外，还应当多结合实际工程上机练习。正是基于这一点，本书专门通过真实案例，对软件的操作步骤做了较细致的讲解。

思　考　题

1. 简述 LTCAD 软件的基本功能和应用范围。
2. 在【楼梯智能设计】对话框中各参数表示的意义如何？
3. 楼梯配筋如何进行修改？
4. 如何生成楼梯计算书并打印或保存？
5. 楼梯施工图绘制包括哪些内容？简述主要操作步骤。

第 9 章

砌体结构辅助设计软件 QITI

教学目标

通过本章学习，了解 QITI 的基本功能和应用范围，掌握砌体结构辅助设计的操作步骤和操作方法，能够分别进行普通砌体结构或底框-抗震墙结构的设计。

教学要求

能力目标	知识要点	权重
了解 QITI 软件	(1) 了解 QITI 软件的功能模块，熟悉软件的基本构成和各部分的基本功能； (2) 了解 QITI 软件的应用范围	15%
熟悉砌体结构辅助设计	熟练完成砌体结构的建模与荷载输入，平面荷载显示校核，砌体信息及计算，结构平面图、详图设计，图形编辑、打印及转换等工作	40%
掌握底框-抗震墙二维设计	掌握生成 PK 数据，PK 内力和配筋计算，底层框架施工图、连梁施工图绘制	15%
掌握底框-抗震墙三维设计	掌握底框-抗震墙结构中生成 SATWE 数据、SATWE 内力及配筋计算、SATWE 计算结果显示、生成 TAT 数据、TAT 内力及配筋计算、PM 次梁内力与配筋计算，底框梁、底框柱施工图绘制	30%

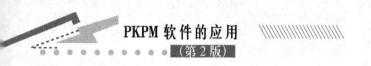

9.1 砌体结构辅助设计

9.1.1 基本功能

QITI 非常适合于各类砖砌体结合混凝土构造柱、圈梁设置形成承力体系的房屋结构，PKPM 系列软件 QITI 模块中的菜单专门为此类普通砌体结构的设计计算和施工图绘制提供很好的帮助。

QITI 结构设计主要有 6 个基本流程，分别如下。

(1) 通过【砌体结构建模及荷载输入】菜单，进行整体结构模型及荷载输入。

(2) 通过【平面荷载显示校核】菜单，进行荷载的校核与荷载信息存档工作。

(3) 通过【砌体信息及计算】菜单，补充输入信息参数，进行水平地震作用计算、砌体房屋上部结构抗震及其他计算。

(4) 通过【结构平面图】菜单，进行结构平面图(楼板配筋、构件布置)的绘制。

(5) 通过【详图设计】菜单，进行圈梁、构造柱等构造构件的结构布置图绘制和详图设计。

(6) 通过【底框及连梁结构二维分析】菜单，进行普通楼面梁的二维内力分析、内力组合、配筋计算与立面画法的施工图绘制。

下面以一个具体实例，介绍 QITI 模块在实际应用中的操作流程和一些设计方法。

9.1.2 工程实例

某住宅楼，地上 6 层，地下 1 层，建筑主体高度 18.75m；建筑结构形式为砖砌体结构，建筑设计使用年限为 50 年，抗震设防烈度为 7 度(0.15g)，场地土类别为Ⅱ类；建筑外围护墙除注明外均为 370mm 厚烧结多孔砖，内墙除注明者外，均为 240mm 厚烧结多孔砖，卫生间及管道间隔墙为 120mm 厚非承重的空心砖墙。其他相关的主要基本资料如下。

建筑抗震设防类别：丙类建筑；

工程环境类别：标高 −0.900m 以上为一类；标高 −0.900m 以下为二(b)类；

建筑结构安全等级：二级；

基本风压：0.40kN/m²，地面粗糙度：B；

不上人屋面；

施工质量控制等级：B 级；

本工程建筑方案具体见图 9.1(a)(b)(c)所示。

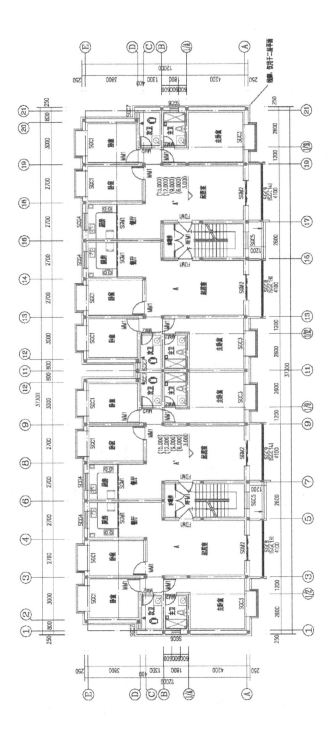

图 9.1(a)　标准层平面图

图 9.1(b)　正立面图

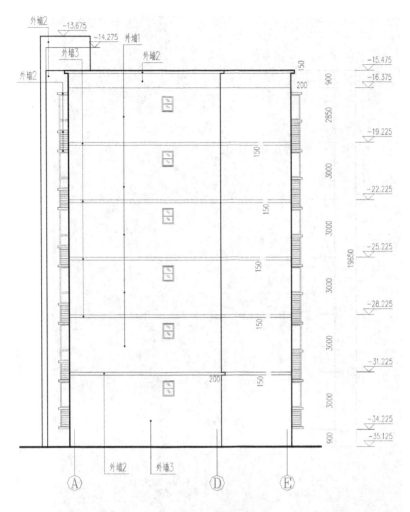

图 9.1(c)　侧立面图

9.1.3　结构建模与荷载显示校核

在 PKPM 窗口上选择【砌体结构】选项卡，并随后选择窗口左侧的 MN1 菜单【砌体结构辅助设计】，即出现砌体结构辅助设计的 6 项主菜单。

1.【砌体结构建模与荷载输入】

选择【轴线输入】菜单完成第 1 结构标准层的轴线输入。轴网是 PKPM 建模的基础，所有的构件必须以此为基础进行布置，再进行刚度求解、内力分析等一系列的结构分析。如同人体组成，衣服和负重属于荷载，皮肤属于建筑面层做法(形成荷载)，肌肉和骨骼属于结构承力构件，而神经元和结缔组织则是软件分析时的节点和网格。所有的构件必须建立在网格或节点上，并发生联系，才能进行结构计算和分析。网格和节点的建立可以在初步的"轴线"输入上形成和修改，此处的"轴线"可以理解为等级更低的方案网格。

选择【网格生成】菜单形成第 1 结构标准层的网格，并进行编辑。

选择【楼层定义】菜单进行第 1 结构标准层的构件定义及构件布置，如图 9.2 所示。本案例截面尺寸选择如图 9.3～图 9.4 所示，其余标准层图形略。

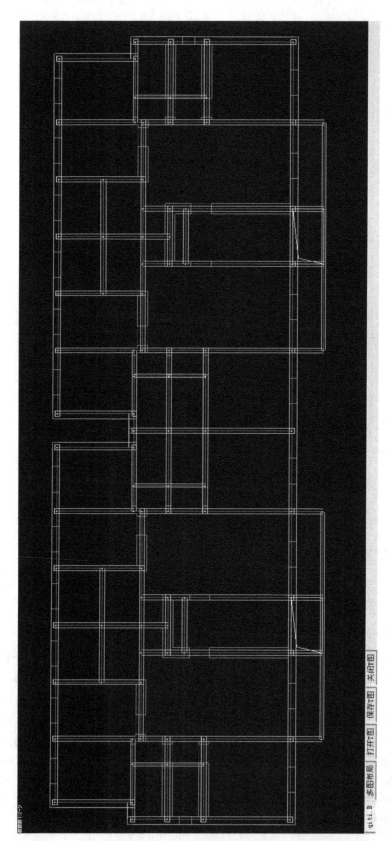

图 9.2　第 1 结构标准层(建模)

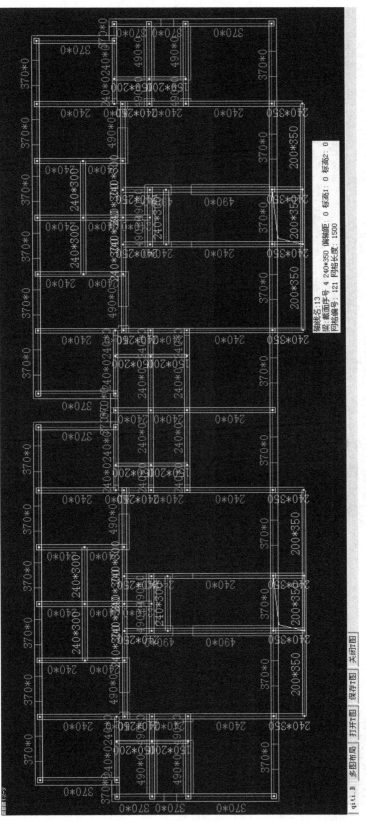

图 9.3　墙体和梁截面尺寸显示

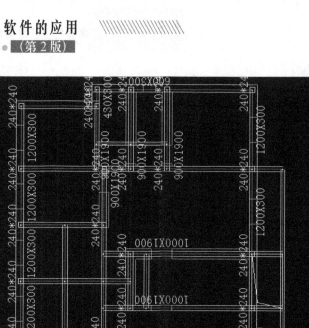

图 9.4　柱子和洞口截面尺寸显示

使用复制标准层操作并进行适当编辑修改，完成第 2～3 标准层的输入，如图 9.5 所示。

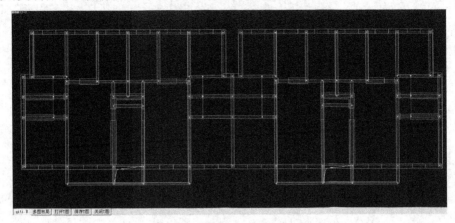

图 9.5　第 3 结构标准层(建模)

特 别 提 示

- 在轴网建立前，设计人员应确定哪些是承重墙需要建模输入，哪些是隔墙或围护墙按荷载输入。另外，还要初步规划好楼面梁的布置位置和截面尺寸，以便轴网建立时将梁构件的网格一并建入。
- 轴网和标准层的建立从任何标准层开始均可，不一定从下至上的顺序。用户可先对资料充分的楼层平面进行建立，同一个工程也可由几个人分块或分层建立，再采用程序中的"工程拼装"功能进行组合。
- 对于本标准层平面图，其左右两个单元是对称布置，而同一个单元的左右户型除墙体厚度外也是完全对称，故要充分利用建筑平面的对称性，在轴网输入及构件布置时，可先对其中一个户型进行建模，再利用 QITI 建模系统的编辑功能完成整个标准层的建模。

选择【荷载输入】和【设计参数】菜单进行楼面恒、活荷载和设计参数的输入。部分输入信息如图 9.6～图 9.13 所示。

图 9.6　楼面恒活荷载定义

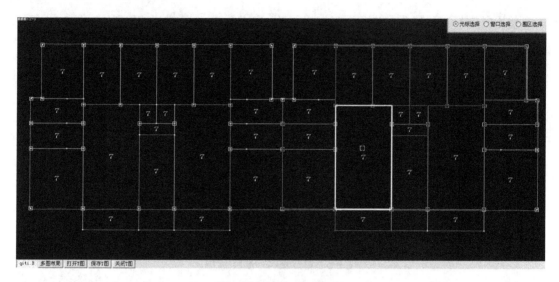

图 9.7　楼面恒荷载显示

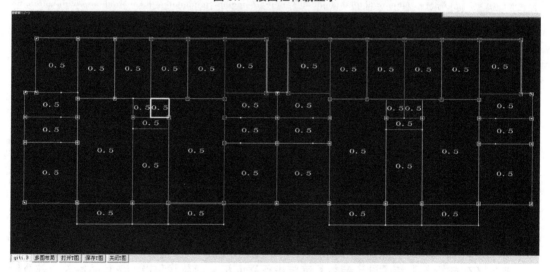

图 9.8　楼面活荷载显示

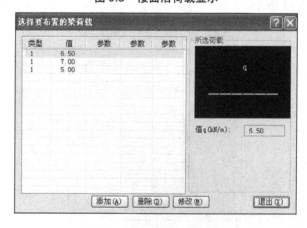

图 9.9　梁间荷载定义对话框

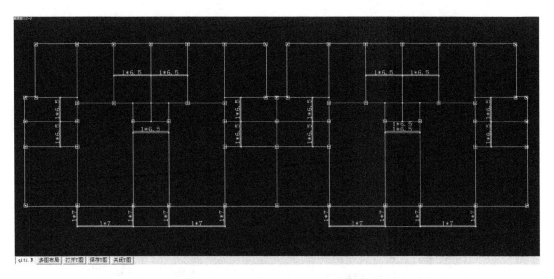

图 9.10　标准层 1 梁间荷载布置显示

图 9.11　【人防设置】对话框

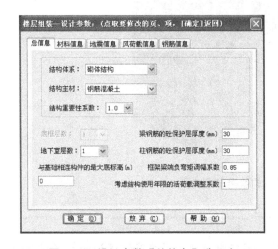

图 9.12　设计参数【总信息】选项卡

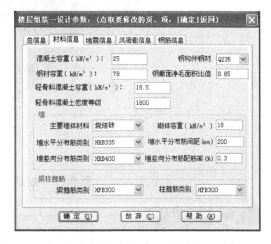

图 9.13　设计参数【材料信息】选项卡

　　选择【楼层组装】菜单进行楼层组装，弹出的【楼层组装】对话框如图 9.14 所示。楼层组装后整楼三维模型如图 9.15 所示。

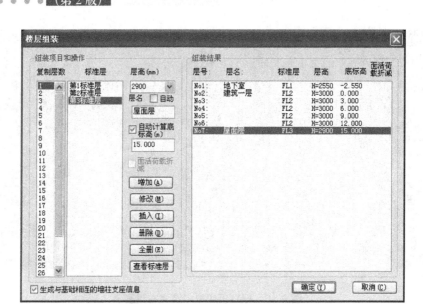

图 9.14　【楼层组装】对话框

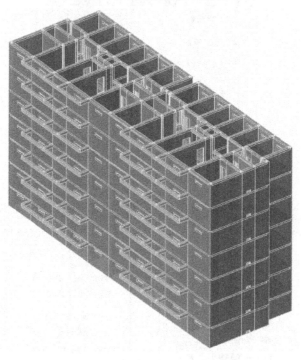

图 9.15　楼层组装后的整楼三维模型

特 别 提 示

● 由于平面组装要求两个工程必须有顶标高相同的结构层才能组装到一起形成新的
结构层,当B工程中的结构层与A工程中的结构层无相同顶标高时,则平面组装
方式将告失败。此时可利用楼层表叠加功能,从当前工程较低楼层处进行叠加,
且平面位置错开,此时即可组合成新的工程,新工程的标准层数目也会相应增加。

● 当单层拼装和工程拼装时，要善于在目标工程中建立辅助网格和辅助节点，利用节点的捕捉功能，避免拼装过程中的错误。

至此，以建筑专业图纸为基础，初步确定结构方案，再将方案中的构件布置、荷载布置等通过轴线输入→网格节点生成→楼层定义→每个标准层荷载布置→加入设计参数等信息→进行楼层组装等，成功建立整个结构分析模型。这些菜单的具体操作方法与第 2 章 PMCAD 相同，不再赘述。砌体结构建模与荷载输入的关键工作告一段落。在保存并退出时，弹出图 9.16 所示的对话框，对于本工程，较为简单，按程序默认选项单击【确定】按钮即可。

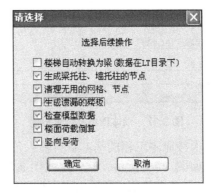

图 9.16　保存退出对话框

2. 运行主菜单 2【平面荷载显示校核】

本菜单主要是检查交互输入和自动导算的荷载是否准确，不会对荷载结果进行修改或重写，也可将校核过程归档保存，或送交后续工种作为校核检查的荷载资料。

9.1.4　砌体信息输入与计算

当荷载检查无误后，即可进行辅助设计的核心部分——砌体构件的各项计算。选择主菜单 3【砌体信息及计算】。该菜单可对 12 层以下任意平面布置的砌体房屋和底框-抗震墙房屋进行设计计算，对 20 层以下任意平面布置的配筋砌块砌体结构房屋进行墙体芯、构造柱布置，并生成 SATWE 计算数据进行空间整体分析。

【砌体信息及计算】模块集砌体结构信息补充、砌块材料修改、芯柱及排块设计、多层砌体结构抗震及其他计算及配筋砌块砌体结构计算数据生成等功能于一体，界面如图 9.17 所示。

1. 参数定义

选择图 9.17 所示的右侧【参数定义】菜单，弹出对话框可对"砌体结构总信息"、"砌体材料强度"、"底框-抗震墙计算数据"等参数进行定义修改。

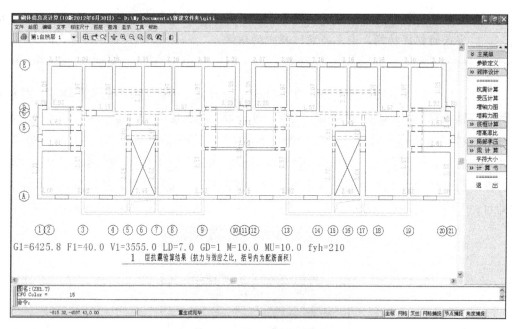

图 9.17　砌体信息及计算界面

【砌体结构总信息】选项卡按照本工程的基本资料输入各参数，如图 9.18 所示。

【砌体材料强度】选项卡如图 9.19 所示。软件用线性插值法计算非标准块体强度等级或非标准砂浆强度等级的砌体强度设计值。当采用水泥砂浆时，程序对砌体的抗压强度(乘以 0.9)及抗剪强度(乘以 0.8)做相应调整。

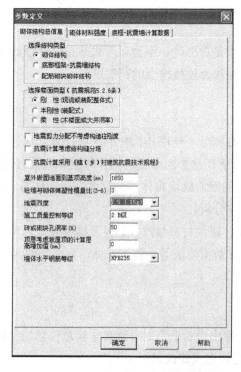

图 9.18　【砌体结构总信息】选项卡

图 9.19　【砌体材料强度】选项卡

2．构造柱布置与修改

【砌体设计】菜单中的【设计参数】子菜单为砌块建筑时对混凝土灌孔和芯柱的定义，对于普通砌体结构可不执行；【芯柱数】和【芯柱位】菜单也仅适用于砌块类结构，此处可不考虑。

【布构造柱】、【删构造柱】：可对砌体结构中构造柱进行补充设置和删除，菜单如图9.20所示。原先在楼层定义中以构造柱定义的柱构件，在此菜单中可进行配筋修改，也可删除其原先定义的构造柱属性，按普通柱对待。

【修改截面】和【修改钢筋】：可对某结构标准层中已布置的构造柱截面、钢筋进行修改，钢筋修改对话框如图9.21所示。构造柱的设置位置、最小截面尺寸、最小配筋等规定参照 ZBBZH/GJ 4《建筑结构抗震规范》第7.3节的要求。

【砌体设计】：该菜单中的其他按钮主要用于混凝土砌块结构。

【改墙等级】：可进行单片砌体墙体的块体强度等级、砂浆强度等级的单独定义。主要适用于工程加固设计时，楼层局部有个别墙体强度等级与本层不同等情况。

图 9.20　构造柱编辑菜单

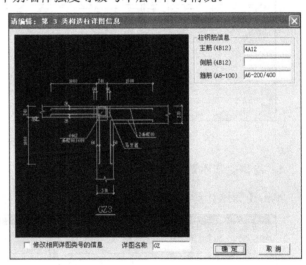

图 9.21　构造柱修改钢筋对话框

3．墙体抗震承载力计算

砌体结构构造柱布置修改完成后，即可单击【抗震计算】按钮重新进行抗震验算。在图9.22所示的抗震验算结果图中，黄色数字是各大段墙体的抗震验算结果，其值为大段墙抗力与荷载效应的比值。数字标注方向与大段墙的轴线垂直，当验算结果大于 1 时，表明墙体满足抗震抗剪强度要求；当验算结果小于 1 时，表明墙体不满足抗震抗剪强度要求，此时验算结果用红色数据表示。

蓝色数字是各门、窗间墙段的抗震验算结果，其值为墙段抗力与荷载效应的比值。数字标注方向与墙段平行，验算结果大于 1，表明墙段满足抗震抗剪强度要求，验算结果小于 1，表明墙段不满足抗震抗剪强度要求。对不满足抗震抗剪强度要求的墙段，程序用红色输出验算结果，并在括号中给出墙段在层间竖向截面中所需水平钢筋的总截面积，单位为 mm^2。用户对各墙段钢筋面积归并后可以算出水平配筋砌体的钢筋直径、根数和间距。

用户在查看抗震验算结果图时，通过选择屏幕右侧菜单中的【字符大小】菜单来改变图中字符大小。

砌体结构的抗震计算结果以图形方式输入，计算结果直接标注在各层平面图上，通过屏幕左上角的楼层切换下拉控件，可切换到任意层，查看抗震计算结果图。抗震计算结果图的图名为 ZH*.T，*代表层号。

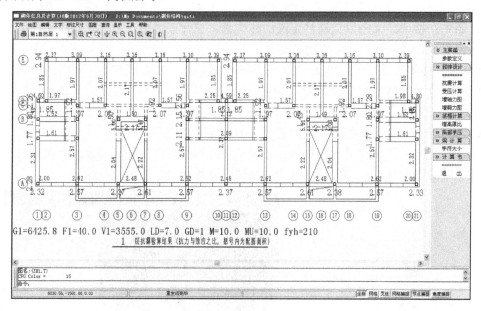

图 9.22　砌体结构抗震计算结果图

4. 墙体受压承载力计算

单击【受压计算】按钮可进行墙体的受压承载力验算，如图 9.23 所示。

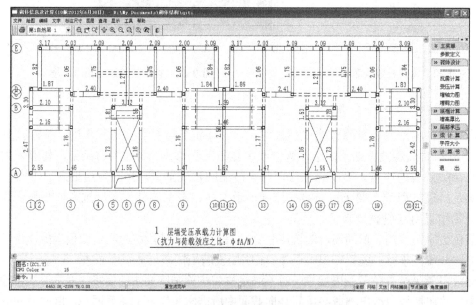

图 9.23　砌体结构受压承载力验算结果图

5. 墙体内力图显示

进行抗震验算和抗压计算后，通过【墙轴力图】、【墙剪力图】菜单可查看分配到每个墙段上的内力。

6. 墙体高厚比验算

通过【墙高厚比】菜单进行验算，结果满足要求时，用蓝色数字显示；不满足要求时，用红色数字表示。

7. 墙体局部承压验算

【局部承压】包含两个子菜单：【梁垫输入】和【详细结果】。

【梁垫输入】菜单用来对不满足局部受压要求的支座节点设置刚性垫块或长度大于πh_0的垫梁，重新进行局部受压计算。楼层定义中布置有圈梁时，程序自动按长度大于πh_0的垫梁进行计算。

【详细结果】菜单可用来输出每段小墙肢的详细计算结果。

9.1.5　绘制结构平面图

选择主菜单 4【结构平面图】。本菜单功能主要是进行各标准层楼板配筋施工图的绘制，可在荷载校核后直接运行，不必经过整体抗震验算。每个标准层的操作步骤如下：选择楼层和定义绘图参数→钢筋混凝土板配筋的计算→有预制板布置时进行预制楼板布置图绘制→进行现浇钢筋混凝土楼板钢筋的绘制→绘制楼板钢筋表→复杂楼面的剖面绘制。

1. 输入计算和绘图参数

【计算参数】菜单用来输入配筋计算参数、钢筋级配表、连板及挠度参数。

【绘图参数】菜单给出绘图时构件开关和绘图开关的一些选项。

2.【楼板计算】

【自动计算】：此时程序会对各块板逐块进行内力计算，并计算出板底和支座的配筋。对非矩形的凸形不规则板块，程序用边界元法计算该板块；对非矩形的凹形非规则板，程序用有限元法计算该板块，程序自动识别板的形状类型并选择相应的计算方法。

【连板计算】：对用户确定的连续板进行计算。用鼠标左键选择两点，这两点所跨过的板为连续板串，并沿这两点的方向进行计算，将计算结果显示在板块内，然后用连续板串的计算结果取代单个板块的计算结果。

【房间编号】：可全层显示各房间编号，当自动计算过程提示房间有错误时，方便用户检查。

【计算面积】：显示板的计算配筋图，梁、墙、次梁上的值用蓝色表示，各房间板块中的值用黄色显示。

【计算书】：该功能可详细列出指定板的详细计算过程。计算书仅针对弹性计算的规则现浇板。计算书包括内力、配筋、裂缝和挠度。

【面积校核】：该功能可将实配钢筋面积和计算钢筋面积进行比较，以校核实配钢筋是否满足计算要求。当实配钢筋与计算钢筋的比值小于 1 时，以红色显示。

3.【楼板钢筋】

单击进入操作界面，通过多个功能菜单，如【逐间布筋】、【板底正筋】、【支座负筋】、【板底通长】、【支座通长】及针对钢筋的编号、修改、拖动，可以完成楼板配筋图的准确绘制，具体参照图 9.24。

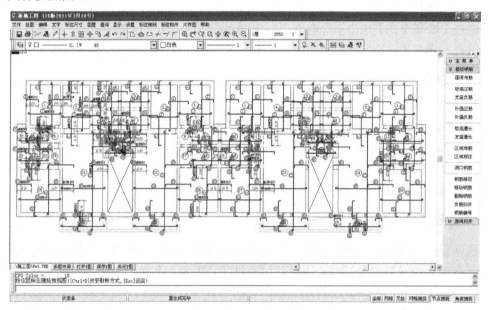

图 9.24　楼板配筋图

9.1.6　详图设计

选择主菜单 5【详图设计】，此菜单主要是对砌体结构按构造设置的圈梁和构造柱进行平面位置标注和详图绘制。

1.【圈梁】

【圈梁参数】菜单可编辑圈梁信息初始化时的参数值、绘图参数。

【重新生成】菜单仅与圈梁详图信息有关，与其他构件无关。

【改钢筋】菜单可按两种方式操作：

(1)【选取修改】菜单在平面图上将显示出各圈梁构件的钢筋类号，用户可用光标捕捉需要修改钢筋信息的圈梁构件；一次捕捉的目标既可单个，也可多个，当为多个时，它必须是同类号的，非同类号捕捉无效。对有效捕捉，程序会在目标所在网线上用粗白线示出。

(2)【列表修改】菜单直接对模型中形成的圈梁钢筋方案统计进行列表选择、修改钢筋。此项操作对于同类的圈梁钢筋方案均进行统一修改，相当于【选取修改】项操作时复选了【修改相同钢筋类号的信息】选项。

【改详图】菜单操作模式跟【改钢筋】菜单操作模式基本相同。

【详图名】菜单在施工图上标注各位置处圈梁所对应的详图剖面号。

【布详图】菜单将圈梁的剖面详图布置在施工图中，如图 9.25 所示，有"窗口布置"和"逐个布置"两种方式。

（1）【窗口布置】菜单在平面图上，开设窗口区域，程序自动绘制单线条的小比例圈梁布置图，并把圈梁详图根据其大小，填充到该区域中。

（2）【逐个布置】菜单在列表中选取单个详图的剖面号，拖动详图至图面合适位置。

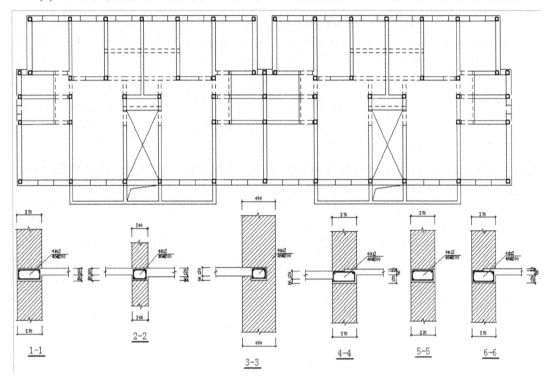

图 9.25　圈梁剖面位置图和详图

2.【构造柱】

【详图设计】菜单中的【构造柱】子菜单只对"楼层定义"→【柱布置】菜单中柱截面定义时复选【构造柱】选项的柱，才能在本模块中将其按构造柱处理。同时处理的还有在【砌体信息及计算】菜单中布置的构造柱。

对于不同尺寸和截面形状的构造柱，程序分别按矩形、L 形、T 形、十字形对其进行相应根数的纵筋设置，如图 9.26 所示。若构造柱尺寸过大，用户尚应在生成的详图上进行适当修改。

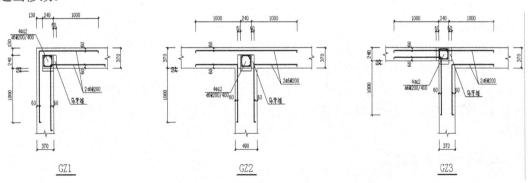

图 9.26　构造柱详图示例

9.1.7 楼面梁的计算与绘制

1.【生成 PK 数据】

单击【砌体结构】选项卡窗口左侧【底框及连续梁结构二维分析】进入其菜单系统，选择【生成 PK 数据】菜单，对于普通砌体结构的楼面梁，选用【3 连梁生成】选项功能，此处的连梁非剪力墙结构中的连梁，而是指楼面普通梁(简支单跨梁或连续梁)。

单击【连梁生成】按钮后，在弹出的对话框中选择要计算和绘图的梁所在楼层号→单击【继续】按钮→进入图形界面用光标选择所需要的梁→依顺序在屏幕上选择好一根梁→右击弹出对话框，要求定义梁名称，定义梁名称→选择梁和其他构件相交的节点上出现支座模式供修改→右击确定→数据检查。详细如图 9.27 所示。

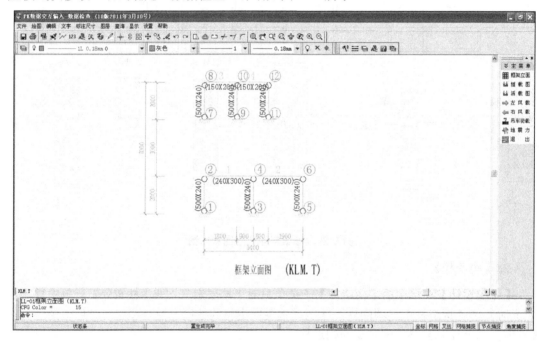

图 9.27　连续梁数据检查

2.【PK 内力及配筋计算】

进入【PK 内力及配筋计算】菜单→选择文件类型为"空间建模形成的连续梁文件(LL-*)"→选择 LL-01。

【参数输入】菜单的设计原本是为框架、排架等大结构来设计的，故在连梁的计算中，许多设置并未用到。本案例采用默认值即可，如图 9.28 所示。

参数设置完成后，通过【计算简图】菜单可以查看计算简图，计算简图检查无误后，单击【计算】按钮，进行结构计算，并可查看计算结果文本文件和计算结果的内力或配筋图。

3.【连续梁施工图】

程序首先要求进行选筋和绘图参数的定义，如图 9.29 所示。

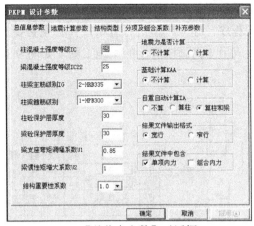

(a) 【总信息参数】对话框   (b) 【结构类型】对话框

图 9.28 平面分析系统的参数设置

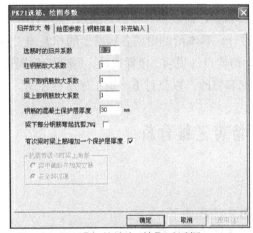

(a) 【归并放大 等】对话框   (b) 【绘图参数】对话框

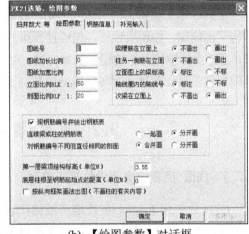

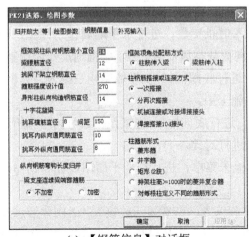

(c) 【钢筋信息】对话框   (d) 【补充输入】对话框

图 9.29 连续梁选筋、绘图参数定义

对未在整体模型中建入的梁，用户需先人工进行梁计算简图的绘制，包括跨度、尺寸及梁上荷载的确定，然后借助本书平面杆件分析程序，建立模型进行分析，并补充必要的计算和绘图参数，接着通过【施工图】菜单可生成用立面画法表示的梁施工图，如图 9.30 所示。

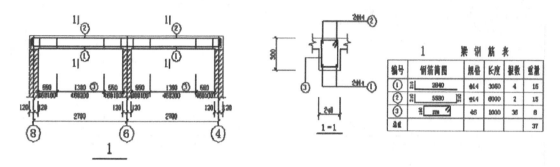

图 9.30　所选连续梁的施工图

至此，本工程实例的普通砌体结构在经过建模布置、荷载输入、信息录入、整体计算、结构平面绘制、楼面梁设计、构造柱圈梁的详图设计，基本绘制出了各标准层的相关施工图纸，上部主体结构的结构设计基本完成。可再增加结构设计说明、楼梯设计、局部节点详图、基础布置图和详图等并对各项图纸进行必要的补充和修改，以交付下一道工序审核使用。

9.2　底框-抗震墙结构三维分析

9.2.1　底框-抗震墙房屋设计基本流程

QITI 软件用于底框-抗震墙房屋结构设计的基本流程如下。

(1) 进入菜单【砌体结构建模及荷载输入】及【平面荷载显示校核】，进行整体结构模型及荷载输入。

(2) 进入【砌体信息及计算】菜单，补充输入信息参数，进行水平地震作用计算、砌体房屋上部结构抗震及其他计算、底框地震及竖向荷载与风荷载处理、底框地震作用调整。

(3) 进入【底框及连梁结构三维分析】菜单，进行底部框架-抗震墙结构三维内力分析、梁柱剪力墙构件内力组合与配筋计算、平法梁柱施工图。

(4) 进入【底框及连梁结构二维分析】菜单，进行底部框架-连梁结构二维内力分析、梁柱构件内力组合和配筋计算，与第 3 步的结果进行对比。

(5) 进入【砌体结构辅助设计】菜单中的其他子菜单，进行结构平面图设计和砌体结构的详图设计。

上述基本设计流程中，"1 砌体结构建模及荷载输入、荷载显示校核"、"2 砌体信息及计算"、"4 底框及连续梁结构二维分析"、"5 结构平面图和砌体结构详图设计"的操作方法与上节相同，不再赘述。下面以一个具体实例，介绍底框-抗震墙三维分析模块在实际应用中的操作流程和一些设计方法。

9.2.2　工程实例

结构的平面布置和轴线尺寸如图 9.31～图 9.33 所示，底框架剪力墙采用 C30 砼，柱 500mm×500mm，托梁截面 400mm×800mm 和 400×600mm，其余框架梁为 300mm×600mm，次梁为 250mm×500mm，剪力墙 200mm 和 250mm，砌体结构采用 MU10 砖，各层砂浆均为 M10 混合砂浆。

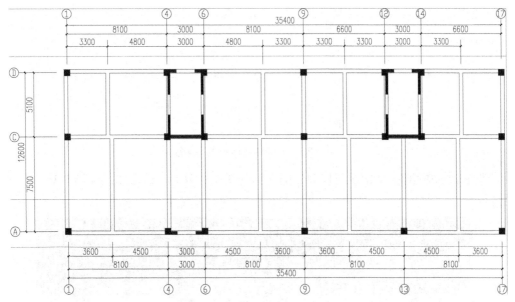

图 9.31　底层框架结构平面图

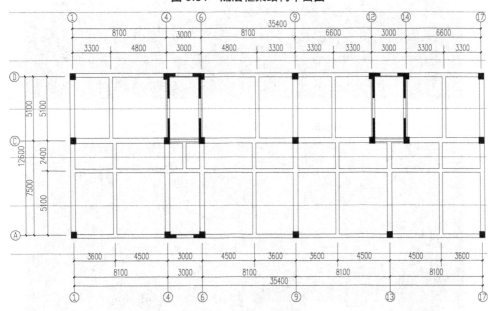

图 9.32　二层框架结构平面图

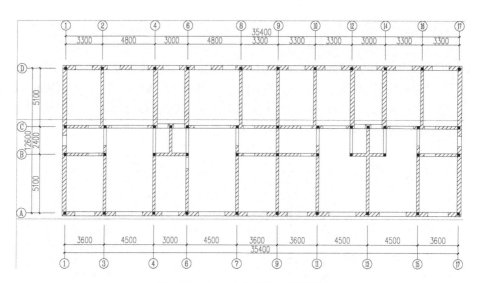

图 9.33　上部结构标准层平面图

结构建模过程略，结构各层模型如图 9.34～图 9.37 所示，楼层组装如图 9.38 和图 9.39 所示。

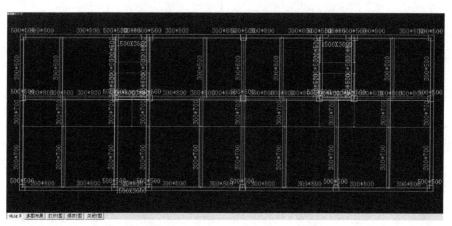

图 9.34　结构建模——底框架 1 层平面

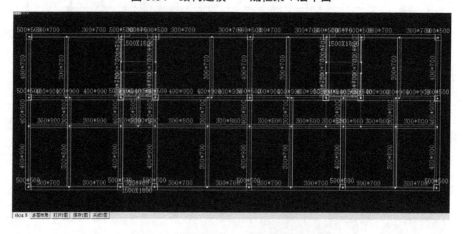

图 9.35　结构建模——底框架 2 层平面

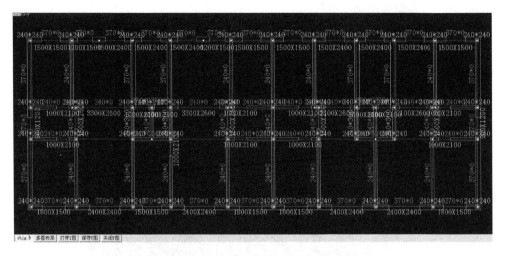

图 9.36　结构建模——第 3、4 标准层平面

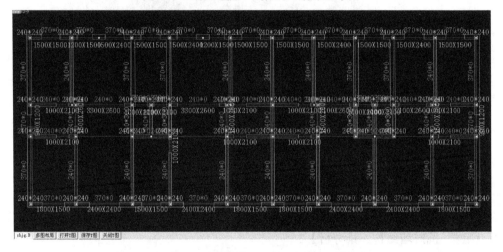

图 9.37　结构建模——第 5 标准层平面

图 9.38　结构建模——底框架楼层组装

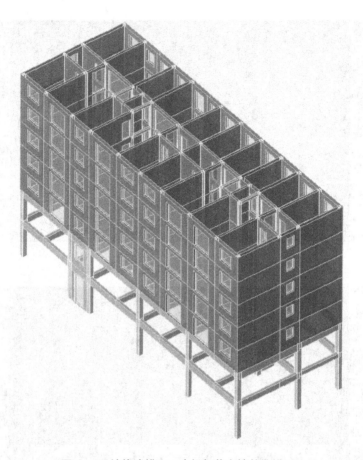

图 9.39　结构建模——底框架剪力墙整楼模型

楼层组装完成后运行【平面荷载显示校核】和【砌体信息及计算】菜单，之后才可以运行【底框-抗震墙结构三维分析】。

9.2.3　底框-抗震墙结构三维分析

1.【生成 SATWE 数据】

1)【分析与设计参数补充定义】

在总信息中，结构材料信息隐含为"砌体结构"，一些无关参数输入框也呈灰色关闭状态。地震作用从【砌体信息及计算】步骤来读取，故也不再进行地震信息的录入。部分参数定义如图 9.40 所示。

2)【生成 SATWE 数据文件及数据检查】

本菜单为 SATWE 前处理的核心，是 SATWE 的前处理向内力分析与配筋计算及后处理过渡的一项菜单，其功能是结合【砌体结构辅助设计】菜单生成的数据和前述几项菜单输入的补充信息，将其转换成空间结构有限元分析所需的数据格式。不经过【生成 SATWE 数据文件及数据检查】这项菜单，SATWE 程序的计算功能无法正常执行。

选择【生成 SATWE 数据文件及数据检查】菜单→生成 SATWE 数据文件，执行数据检查→查看数检报告文件→单击【退出】按钮。

图 9.40 总信息和地震信息输入

2.【SATWE 内力及配筋计算】

　　【SATWE 内力及配筋计算】菜单是 SATWE 的核心功能，也是底框-抗震墙结构三维整体分析的重要部分。由于规范对底框结构上下层刚度比的控制较为严格，因而在施工图前的方案阶段要进行多次调整和整改。本菜单可有效地提高计算效率，减少不必要的重复计算。

　　在此菜单中，计算过程可分为 6 步，由 6 个参数控制。各步之间相互独立，可以依次连续计算，也可分步计算，用户可灵活控制。如在方案修改时，仅改动了荷载信息，可不用再重复进行总刚计算。用鼠标在计算控制参数复选框点选，即可进行计算与否的切换。

　　在弹出的 SATWE 计算控制参数输入对话框中按图 9.41 所示输入，确认后程序自动进行计算，计算完成返回 SATWE 主菜单界面。

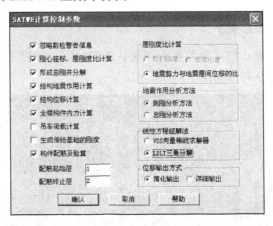

图 9.41 【SATWE 计算控制参数】对话框

3.【SATWE 计算结果显示】

　　通过右侧菜单进行各层计算结果的图形和文本显示，图 9.42 所示为第 1 层混凝土梁设计主筋包络图。不满足规范要求的一般飘红示意，可在前边相应位置进行修改并重新计算，直到满足规范要求。接下来，就可以绘制梁柱施工图了。

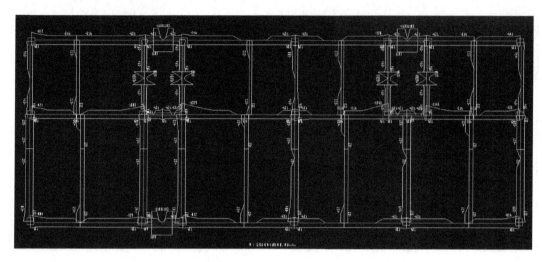

图 9.42　第 1 层混凝土梁设计主筋包络图

特 别 提 示

- 结构整体分析方法并不唯一，还可以根据工程的实际情况采用 TAT 或 PK 进行分析。

- SATWE 模块将混凝土墙按细分后的墙元进行力学计算，而 TAT 模块将剪力墙按薄壁柱单元进行力学计算。两者在等效模式、计算精度上存在差别，其中 SATWE 计算结果比较接近结构原型，故 TAT 计算方法不再介绍，用户可参照前述 SATWE 分析的操作流程进行学习。

4.【底框架梁施工图绘制】

选择【梁归并】菜单，归并系数取程序默认的初始值。选择【绘新图】菜单，形成的一层梁平法施工图如图 9.43 所示。

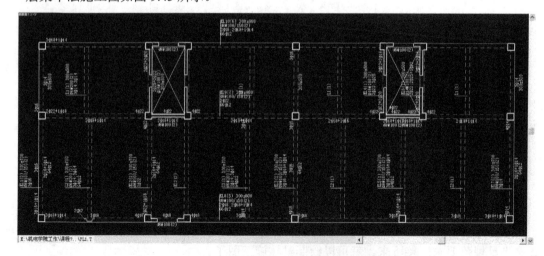

图 9.43　第 1 层楼面梁平面画法施工图

5.【底框架柱施工图绘制】

选择【柱归并】菜单，归并系数取程序默认的初始值，进行柱的全楼归并。选择【绘新图】菜单，形成的柱平法施工图表示方法有平法截面注写、平法列表注写、PKPM 截面注写 1(原位)、PKPM 截面注写 2、PKPM 剖面列表法、广东柱表以及传统的柱立剖面图，如图 9.44～图 9.48 所示。可用右侧菜单进行轴线绘制、文字标注等编辑图纸。

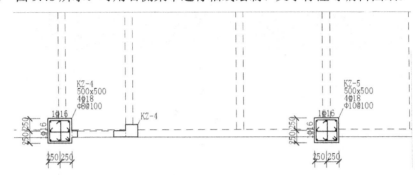

图 9.44　平法截面注写

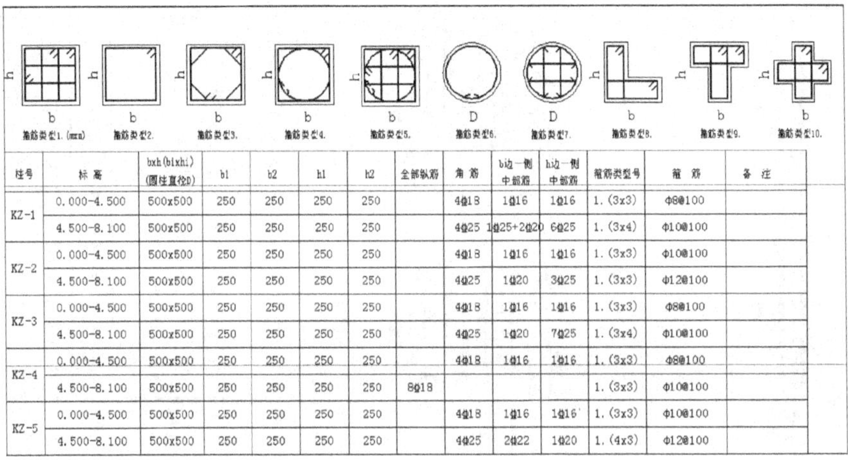

柱号	标高	bxh(bixhi)(圆柱直径D)	b1	b2	h1	h2	全部纵筋	角筋	b边一侧中部筋	h边一侧中部筋	箍筋类型号	箍筋	备注
KZ-1	0.000~4.500	500x500	250	250	250	250		4Φ18	1Φ16	1Φ16	1.(3x3)	Φ8@100	
	4.500~8.100	500x500	250	250	250	250		4Φ25	1Φ25+2Φ20	6Φ20	1.(3x4)	Φ10@100	
KZ-2	0.000~4.500	500x500	250	250	250	250		4Φ18	1Φ16	1Φ16	1.(3x3)	Φ10@100	
	4.500~8.100	500x500	250	250	250	250		4Φ25	1Φ20	3Φ25	1.(3x3)	Φ12@100	
KZ-3	0.000~4.500	500x500	250	250	250	250		4Φ18	1Φ16	1Φ16	1.(3x3)	Φ8@100	
	4.500~8.100	500x500	250	250	250	250		4Φ25	1Φ20	7Φ25	1.(3x4)	Φ10@100	
KZ-4	0.000~4.500	500x500	250	250	250	250		4Φ18	1Φ16	1Φ16	1.(3x3)	Φ8@100	
	4.500~8.100	500x500	250	250	250	250	8Φ18				1.(3x3)	Φ10@100	
KZ-5	0.000~4.500	500x500	250	250	250	250		4Φ18	1Φ16	1Φ16	1.(3x3)	Φ10@100	
	4.500~8.100	500x500	250	250	250	250		4Φ25	2Φ22	1Φ20	1.(4x3)	Φ12@100	

图 9.45　平法列表注写

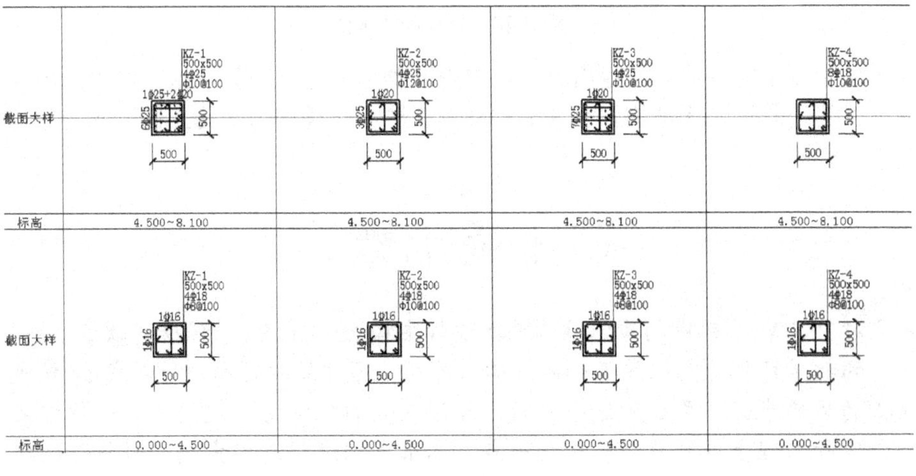

图 9.46　PKPM 截面注写

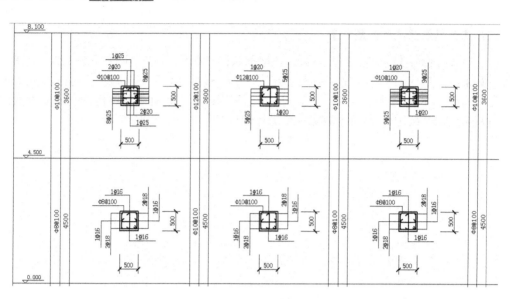

图 9.47　PKPM 剖面列表

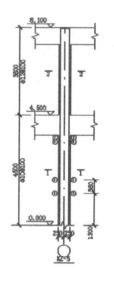

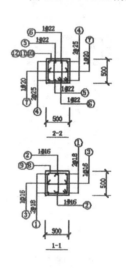

序号	钢筋简图	规格	长度	成加密 区区距	成加密 头个数
1	2400	Φ18	2400		
2	3710	Φ16	3710		
3	1840	Φ16	1840		
4	4960	Φ25	4960		
5	2500	Φ22	2770		
6	4530	Φ22	4530		
7	4660	Φ20	4660		
8	480	Φ10	2000		
9	480	Φ10	680		
10	480	Φ12	2065		
11	480	Φ12	1550		
12	480	Φ12	730		

图 9.48　立剖面图画法

底框柱绘制完成后或中间退出时，单击屏幕菜单的【退出】按钮，退出此项操作。

剪力墙的绘制可在【结构】→【墙梁柱施工图】→【剪力墙施工图】菜单中完成，也可自行手动绘制。

本章小结

本章对 PKPM 系列中的砌体结构辅助设计主模块(QITI)的工程应用做了系统的讲述。

本章的教学目标是熟练掌握砌体结构设计涉及砌体结构辅助设计、底框-抗震墙结构三维分析的操作步骤，要达到这个目标，除了应当熟练掌握讲授的基本操作方法外，还应当结合实际工程上机练习。基于这一点，本书专门通过真实案例，对软件的操作步骤既重点突出，又系统全面地做了较细致的论述和介绍。

思　考　题

1．简述应用 PKPM 系列砌体结构设计软件完成一栋砖混结构建筑设计的基本步骤和使用的主要菜单。

2．简述 QITI 软件设计底框-抗震墙结构的基本流程。

3．砌体结构设计模块中 SATWE 计算结果显示出现红色数字应该如何处理？有哪些解决办法？

第 10 章

PKPM 工程设计训练项目

教学目标

通过本章学习，熟悉应用 PKPM 系列结构软件完成一项混凝土框架结构工程或多层砖混结构工程设计的基本步骤，进一步熟悉操作方法。

教学要求

能力目标	知识要点	权重
熟悉框架结构设计的步骤	了解框架结构设计应用的程序模块;熟练进行框架结构设计的各项操作	70%
熟悉砖混结构设计的步骤	了解砖混结构设计应用的程序模块;熟练进行砖混结构设计的各项操作	30%

10.1　多层混凝土框架结构设计训练项目

10.1.1　工程概况

某公司综合楼工程，位于市区繁华地段，一层层高 3.9m，二层层高 3.6m，三、四层及局部五层层高 3.2m，建筑方案如图 10.1～图 10.5 所示。

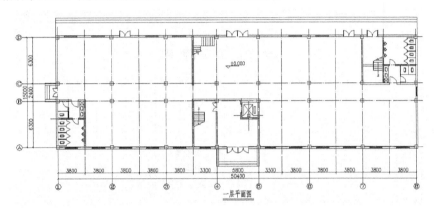

图 10.1　一层平面图

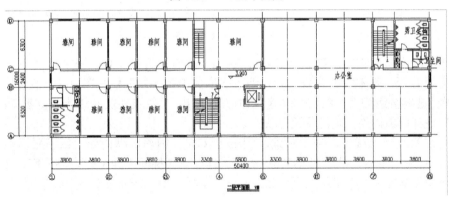

图 10.2　二层平面图

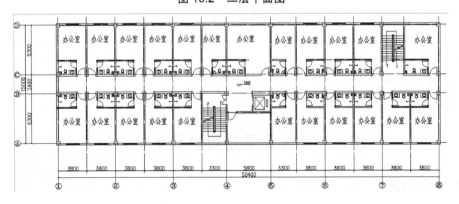

图 10.3　三层平面图

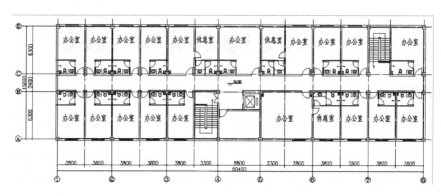

图 10.4　四层平面图

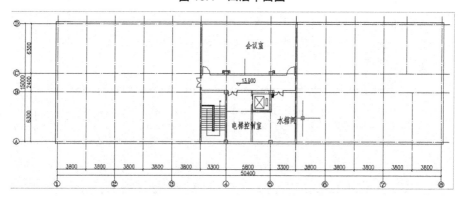

图 10.5　五层平面图

钢筋混凝土框架结构，建筑使用年限 50 年，室内外高差 0.3m。基本风压 0.5kN/m^2，地面粗糙度 B 类。基本雪压 0.3kN/m^2，地下水位大于 25m。工程所在地区抗震设防烈度为 7 度，设计地震分组为第一组，基本地震加速度 0.1g，抗震设防类别丙类，抗震等级三级，地基基础设计等级丙级，场地土为 II 类土。

现浇钢筋混凝土楼盖，独立基础，混凝土 C30。钢筋，纵向受力钢筋采用热轧钢筋 HRB400，其余采用热轧钢筋 HPB300；活荷载标准值楼梯间 3.5kN/m^2，办公室、办公厕所及上人屋面 2.0kN/m^2，雅间及散座区 2.5kN/m^2，电梯机房 7.0kN/m^2，不上人屋面 0.7kN/m^2。

10.1.2　设计任务

采用 PKPM 系列软件完成建筑结构设计。

(1) 利用 PMCAD 完成结构建模及结构平面图。

(2) 利用 SATWE 进行结构整体分析。

(3) 绘制梁柱施工图。

(4) 利用 JCCAD 完成基础设计。

10.2　多层砖混结构设计训练项目

10.2.1　工程概况

某小区住宅楼工程，该住宅楼采用砖混结构，现浇钢筋混凝土楼、屋盖。层数 6 层，结构总高度 21.00 米。建筑物安全等级为二级，Ⅱ类场地，抗震设防分类丙类，地基基础设计等级丙级，建筑使用年限 50 年。抗震设防烈度为 8 度(0.2g)，设计分组第一组。基础采用钢筋混凝土条形基础。荷载效应：考虑水平地震作用，不考虑竖向地震、风荷载、雪荷载的作用。

建筑方案如图 10.6～图 10.8 所示。

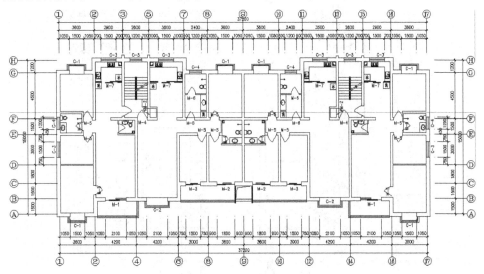

图 10.6　标准层平面图

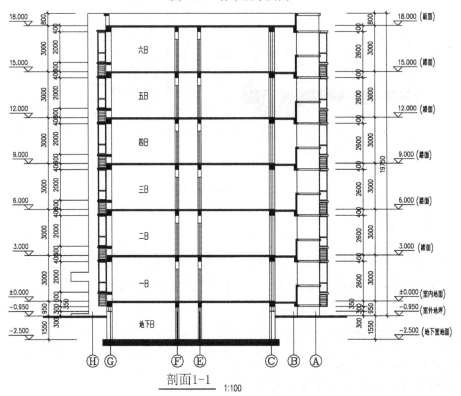

剖面1-1　1:100

图 10.7　Ⅰ—Ⅰ剖面图

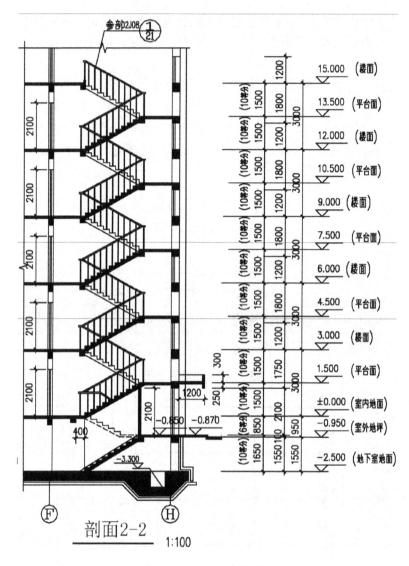

图 10.8　Ⅱ—Ⅱ剖面图

10.2.2　设计任务

采用 PKPM 系列软件中"砌体结构"与"JCCAD"软件完成建筑结构设计。

(1) 利用砌体结构建模与荷载输入，并进行平面荷载显示校核。

(2) 输入砌体结构信息并进行砌体计算。

(3) 绘制结构平面图。

(4) 进行圈梁构造柱等详图设计。

(5) 利用 JCCAD 完成条形基础设计。

本章小结

　　本章通过一个混凝土框架结构工程和一个多层砖混结构工程项目实训，对应用 PKPM 系列结构软件进行框架或砖混结构设计的基本步骤、方法进行训练。

　　本章的教学目标是在了解应用软件进行一个独立工程设计的基础上，能够正确地选择软件模块，并进行操作。

思考题

　　简述应用 PKPM 系列结构软件完成一栋混凝土框架结构建筑设计的基本步骤及使用的主要菜单。

参 考 文 献

[1] 崔钦淑. PKPM 系列程序在土木工程中的应用[M]. 北京：中国水利水电出版社，2006.

[2] 张宇鑫. PKPM 结构设计应用[M]. 北京：高等教育出版社，2002.

[3] 王小红. 建筑结构 CAD——PKPM 软件应用[M]. 北京：中国建筑工业出版社，2006.

[4] 易富民，等. PKPM 建筑结构设计——快速入门及使用技巧[M]. 大连：大连理工大学出版社，2008.

[5] 常彦斌，等. PKPM 设计软件参数定义丛书[M]. 北京：人民交通出版社，2007.

[6] 李星荣，等. PKPM 结构系列软件应用与设计实例[M]. 北京：机械工业出版社，2007.

[7] 张宇鑫，等. PKPM 结构设计应用[M]. 上海：同济大学出版社，2006.

[8] 贾英杰，等. PKPM 软件砌体与底框结构设计入门[M]. 北京：中国建筑工业出版社，2009.

[9] 中国建筑科学研究院 PKPMCAD 工程部. 二维图形设计软件 PKPM 通用图形平台 MODIFY 用户手册，2002.

[10] 中国建筑科学研究院 PKPMCAD 工程部. PMCAD 用户手册及技术条件，2005.

[11] 中国建筑科学研究院 PKPMCAD 工程部. 钢筋混凝土框、排架及连续梁结构计算与施工图绘制软件 PK 用户手册及技术条件，2002.

[12] 中国建筑科学研究院 PKPMCAD 工程部. TAT 用户手册及技术条件，2005.

[13] 中国建筑科学研究院 PKPMCAD 工程部. 多层及高层建筑结构空间有限元分析与设计软件 SATWE 用户手册与技术条件，2005.

[14] 中国建筑科学研究院 PKPMCAD 工程部. 梁柱施工图，2005.

[15] 中国建筑科学研究院 PKPMCAD 工程部. 基础工程计算机辅助设计 JCCAD，2005.

[16] 中国建筑科学研究院 PKPMCAD 工程部. 普通楼梯与异形楼梯 CAD 软件 LTCAD 用户手册与技术条件，2005.

北京大学出版社高职高专土建系列教材书目

序号	书　名	书　号	编著者	定价	出版时间	配套情况
	"互联网+"创新规划教材					
1	建筑工程概论(修订版)	978-7-301-25934-4	申淑荣等	41.00	2019.8	PPT/二维码
2	建筑构造(第二版)(修订版)	978-7-301-26480-5	肖　芳	46.00	2019.8	APP/PPT/二维码
3	建筑三维平法结构图集(第二版)	978-7-301-29049-1	傅华夏	68.00	2018.1	APP
4	建筑三维平法结构识图教程(第二版)(修订版)	978-7-301-29121-4	傅华夏	69.50	2019.8	APP/PPT
5	建筑构造与识图	978-7-301-27838-3	孙　伟	40.00	2017.1	APP/二维码
6	建筑识图与构造	978-7-301-28876-4	林秋怡等	46.00	2017.11	PPT/二维码
7	建筑结构基础与识图	978-7-301-27215-2	周　晖	58.00	2016.9	APP/二维码
8	建筑工程制图与识图(第三版)	978-7-301-30618-5	白丽红等	42.00	2019.10	APP/二维码
9	建筑制图习题集(第三版)	978-7-301-30425-9	白丽红等	28.00	2019.5	APP/答案
10	建筑制图(第三版)	978-7-301-28411-7	高丽荣	39.00	2017.7	APP/PPT/二维码
11	建筑制图习题集(第三版)	978-7-301-27897-0	高丽荣	36.00	2017.7	APP
12	AutoCAD建筑制图教程(第三版)	978-7-301-29036-1	郭　慧	49.00	2018.4	PPT/素材/二维码
13	建筑装饰构造(第二版)	978-7-301-26572-7	赵志文等	42.00	2016.1	PPT/二维码
14	建筑工程施工技术(第三版)	978-7-301-27675-4	钟汉华等	66.00	2016.11	APP/二维码
15	建筑施工技术(第三版)	978-7-301-28575-6	陈雄辉	54.00	2018.1	PPT/二维码
16	建筑施工技术	978-7-301-28756-9	陆艳侠	58.00	2018.1	PPT/二维码
17	建筑施工技术	978-7-301-29854-1	徐　淳	59.50	2018.9	APP/PPT/二维码
18	高层建筑施工	978-7-301-28232-8	吴俊臣	65.00	2017.4	PPT/答案
19	建筑力学(第三版)	978-7-301-28600-5	刘明晖	55.00	2017.8	PPT/二维码
20	建筑力学与结构(少学时版)(第二版)	978-7-301-29022-4	吴承霞等	46.00	2017.12	PPT/答案
21	建筑力学与结构(第三版)	978-7-301-29209-9	吴承霞等	59.50	2018.5	APP/PPT/二维码
22	工程地质与土力学(第三版)	978-7-301-30230-9	杨仲元	50.00	2019.3	PPT/二维码
23	建筑施工机械(第二版)	978-7-301-28247-2	吴志强等	35.00	2017.5	PPT/答案
24	建筑设备基础知识与识图(第二版)(修订版)	978-7-301-24586-6	靳慧征等	59.50	2019.7	二维码
25	建筑供配电与照明工程	978-7-301-29227-3	羊　梅	38.00	2018.2	PPT/答案/二维码
26	建筑工程测量(第二版)	978-7-301-28296-0	石　东等	51.00	2017.5	PPT/二维码
27	建筑工程测量(第三版)	978-7-301-29113-9	张敬伟等	49.00	2018.1	PPT/答案/二维码
28	建筑工程测量实验与实训指导(第三版)	978-7-301-29112-2	张敬伟等	29.00	2018.1	答案/二维码
29	建筑工程资料管理(第二版)	978-7-301-29210-5	孙　刚等	47.00	2018.3	PPT/二维码
30	建筑工程质量与安全管理(第二版)	978-7-301-27219-0	郑　伟	55.00	2016.8	PPT/二维码
31	建筑工程质量事故分析(第三版)	978-7-301-29305-8	郑文新等	39.00	2018.8	PPT/二维码
32	建设工程监理概论(第三版)	978-7-301-28832-0	徐锡权等	48.00	2018.2	PPT/答案/二维码
33	工程建设监理案例分析教程(第二版)	978-7-301-27864-2	刘志麟等	50.00	2017.1	PPT/二维码
34	工程项目招投标与合同管理(第三版)	978-7-301-28439-1	周艳冬	44.00	2017.7	PPT/二维码
35	工程项目招投标与合同管理(第三版)	978-7-301-29692-9	李洪军等	47.00	2018.8	PPT/二维码
36	建设工程项目管理(第三版)	978-7-301-30314-6	王　辉	40.00	2019.6	PPT/二维码
37	建设工程法规(第三版)	978-7-301-29221-1	皇甫婧琪	45.00	2018.4	PPT/二维码
38	建筑工程经济(第三版)	978-7-301-28723-1	张宁宁等	38.00	2017.9	PPT/答案/二维码
39	建筑施工企业会计(第三版)	978-7-301-30273-6	辛艳红	44.00	2019.3	PPT/二维码
40	建筑工程施工组织设计(第二版)	978-7-301-29103-0	鄢维峰等	37.00	2018.1	PPT/答案/二维码
41	建筑工程施工组织实训(第二版)	978-7-301-30176-0	鄢维峰等	41.00	2019.1	PPT/二维码
42	建筑施工组织设计	978-7-301-30236-1	徐运明等	43.00	2019.1	PPT/二维码
43	建设工程造价控制与管理(修订版)	978-7-301-24273-5	胡芳珍等	46.00	2019.8	PPT/答案/二维码
44	建筑工程计量与计价——透过案例学造价(第二版)	978-7-301-23852-3	张　强	59.00	2017.1	PPT/二维码
45	建筑工程计量与计价	978-7-301-27866-6	吴育萍等	49.00	2017.1	PPT/二维码
46	安装工程计量与计价(第四版)	978-7-301-16737-3	冯　钢	59.00	2018.1	PPT/答案/二维码
47	建筑工程材料	978-7-301-28982-2	向积波等	42.00	2018.1	PPT/二维码
48	建筑材料与检测(第二版)	978-7-301-25347-2	梅　杨等	35.00	2015.2	PPT/答案/二维码
49	建筑材料与检测	978-7-301-28809-2	陈玉萍	44.00	2017.11	PPT/二维码
50	建筑材料与检测实验指导(第二版)	978-7-301-30269-9	王美芬等	24.00	2019.3	二维码
51	市政工程概论	978-7-301-28260-1	郭　福等	46.00	2017.5	PPT/二维码
52	市政工程计量与计价(第三版)	978-7-301-27983-0	郭良娟等	59.00	2017.2	PPT/二维码

序号	书 名	书 号	编著者	定价	出版时间	配套情况
53	🖋市政管道工程施工	978-7-301-26629-8	雷彩虹	46.00	2016.5	PPT/二维码
54	🖋市政道路工程施工	978-7-301-26632-8	张雪丽	49.00	2016.5	PPT/二维码
55	🖋市政工程材料检测	978-7-301-29572-2	李继伟等	44.00	2018.9	PPT/二维码
56	🖋中外建筑史(第三版)	978-7-301-28689-0	袁新华等	42.00	2017.9	PPT/二维码
57	🖋房地产投资分析	978-7-301-27529-0	刘永胜	47.00	2016.9	PPT/二维码
58	🖋城乡规划原理与设计(原城市规划原理与设计)	978-7-301-27771-3	谭婧婧等	43.00	2017.1	PPT/素材/二维码
59	🖋BIM 应用：Revit 建筑案例教程（修订版）	978-7-301-29693-6	林标锋等	58.00	2019.8	APP/PPT/二维码/试题/教案
60	🖋居住区规划设计（第二版）	978-7-301-30133-3	张 燕	59.00	2019.5	PPT/二维码
61	🖋建筑水电安装工程计量与计价(第二版)(修订版)	978-7-301-26329-7	陈连姝	62.00	2019.7	PPT/二维码
62	🖋建筑设备识图与施工工艺(第2版)(修订版)	978-7-301-25254-3	周业梅	48.00	2019.8	PPT/二维码

"十二五"职业教育国家规划教材

序号	书 名	书 号	编著者	定价	出版时间	配套情况
1	★🖋建设工程招投标与合同管理(第四版)（修订版）	978-7-301-29827-5	宋春岩	44.00	2019.9	PPT/答案/试题/教案
2	★🖋工程造价概论（修订版）	978-7-301-24696-2	周艳冬	45.00	2019.8	PPT/答案/二维码
3	★建筑装饰施工技术(第二版)	978-7-301-24482-1	王 军	39.00	2014.7	PPT
4	★建筑工程应用文写作(第二版)	978-7-301-24480-7	赵 立等	50.00	2014.8	PPT
5	★建筑工程经济(第二版)	978-7-301-24492-0	胡六星等	41.00	2014.9	PPT/答案
6	★建设工程监理(第二版)	978-7-301-24490-6	斯 庆	35.00	2015.1	PPT/答案
7	★建筑节能工程与施工	978-7-301-24274-2	吴明军等	35.00	2015.5	PPT
8	★土木工程实用力学(第二版)	978-7-301-24681-8	马景善	47.00	2015.7	PPT
9	★🖋建筑工程计量与计价(第三版)（修订版）	978-7-301-25344-1	肖明和等	60.00	2019.9	APP/二维码
10	★建筑工程计量与计价实训(第三版)	978-7-301-25345-8	肖明和等	29.00	2015.7	

基础课程

序号	书 名	书 号	编著者	定价	出版时间	配套情况
1	建设法规及相关知识	978-7-301-22748-0	唐茂华等	34.00	2013.9	PPT
2	建筑工程法规实务(第二版)	978-7-301-26188-0	杨陈慧等	49.50	2017.6	PPT
3	建筑法规	978-7301-19371-6	董 伟等	39.00	2011.9	PPT
4	建设工程法规	978-7-301-20912-7	王先恕	32.00	2012.7	PPT
5	AutoCAD 建筑绘图教程(第二版)	978-7-301-24540-8	唐英敏等	44.00	2014.7	PPT
6	建筑 CAD 项目教程(2010 版)	978-7-301-20979-0	郭 慧	38.00	2012.9	素材
7	建筑工程专业英语(第二版)	978-7-301-26597-0	吴承霞	24.00	2016.2	PPT
8	建筑工程专业英语	978-7-301-20003-2	韩 薇等	24.00	2012.2	PPT
9	建筑识图与构造(第二版)	978-7-301-23774-8	郑贵超	40.00	2014.2	PPT/答案
10	房屋建筑构造	978-7-301-19883-4	李少红	26.00	2012.1	PPT
11	建筑识图	978-7-301-21893-8	邓志勇等	35.00	2013.1	PPT
12	建筑识图与房屋构造	978-7-301-22860-9	贠 禄等	54.00	2013.9	PPT/答案
13	建筑构造与设计	978-7-301-23506-5	陈玉萍	38.00	2014.1	PPT/答案
14	房屋建筑构造	978-7-301-23588-1	李元玲等	45.00	2014.1	PPT
15	房屋建筑构造习题集	978-7-301-26005-0	李元玲	26.00	2015.8	PPT/答案
16	建筑构造与施工图识读	978-7-301-24470-8	南学平	52.00	2014.8	PPT
17	建筑工程识图实训教程	978-7-301-26057-9	孙 伟	32.00	2015.12	PPT
18	◎建筑工程制图(第二版)(附习题册)	978-7-301-21120-5	肖明和	48.00	2012.8	PPT
19	建筑制图与识图(第二版)	978-7-301-24386-2	曹雪梅	38.00	2015.8	PPT
20	建筑制图与识图习题册	978-7-301-18652-7	曹雪梅等	30.00	2011.4	
21	建筑制图与识图(第二版)	978-7-301-25834-7	李元玲	32.00	2016.9	PPT
22	建筑制图与识图习题集	978-7-301-20425-2	李元玲	24.00	2012.3	PPT
23	新编建筑工程制图	978-7-301-21140-3	方筱松	30.00	2012.8	PPT
24	新编建筑工程制图习题集	978-7-301-16834-9	方筱松	22.00	2012.8	

建筑施工类

序号	书 名	书 号	编著者	定价	出版时间	配套情况
1	建筑工程测量	978-7-301-16727-4	赵景利	30.00	2010.2	PPT/答案
2	建筑工程测量实训(第二版)	978-7-301-24833-1	杨凤华	34.00	2015.3	答案
3	建筑工程测量	978-7-301-19992-3	潘益民	38.00	2012.2	PPT
4	建筑工程测量	978-7-301-28757-6	赵 昕	50.00	2018.1	PPT/二维码
5	建筑工程测量	978-7-301-22485-4	景 铎等	34.00	2013.6	PPT
6	建筑施工技术	978-7-301-16726-7	叶 雯等	44.00	2010.8	PPT/素材
7	建筑施工技术	978-7-301-19997-8	苏小梅	38.00	2012.1	PPT
8	基础工程施工	978-7-301-20917-2	董 伟等	35.00	2012.7	PPT

序号	书　名	书　号	编著者	定价	出版时间	配套情况
9	建筑施工技术实训(第二版)	978-7-301-24368-8	周晓龙	30.00	2014.7	
10	PKPM软件的应用(第二版)	978-7-301-22625-4	王　娜等	34.00	2013.6	
11	◎建筑结构(第二版)(上册)	978-7-301-21106-9	徐锡权	41.00	2013.4	PPT/答案
12	◎建筑结构(第二版)(下册)	978-7-301-22584-4	徐锡权	42.00	2013.6	PPT/答案
13	建筑结构学习指导与技能训练(上册)	978-7-301-25929-0	徐锡权	28.00	2015.8	PPT
14	建筑结构学习指导与技能训练(下册)	978-7-301-25933-7	徐锡权	28.00	2015.8	PPT
15	建筑结构(第二版)	978-7-301-25832-3	唐春平等	48.00	2018.6	PPT
16	建筑结构基础	978-7-301-21125-0	王中发	36.00	2012.8	PPT
17	建筑结构原理及应用	978-7-301-18732-6	史美东	45.00	2012.8	PPT
18	建筑结构与识图	978-7-301-26935-0	相秉志	37.00	2016.2	
19	建筑力学与结构	978-7-301-20988-2	陈水广	32.00	2012.8	PPT
20	建筑力学与结构	978-7-301-23348-1	杨丽君等	44.00	2014.1	PPT
21	建筑结构与施工图	978-7-301-22188-4	朱希文等	35.00	2013.3	PPT
22	建筑材料(第二版)	978-7-301-24633-7	林祖宏	35.00	2014.8	PPT
23	建筑材料与检测(第二版)	978-7-301-26550-5	王　辉	40.00	2016.1	PPT
24	建筑材料与检测试验指导(第二版)	978-7-301-28471-1	王　辉	23.00	2017.7	PPT
25	建筑材料选择与应用	978-7-301-21948-5	申淑荣等	39.00	2013.3	PPT
26	建筑材料检测实训	978-7-301-22317-8	申淑荣等	24.00	2013.4	
27	建筑材料	978-7-301-24208-7	任晓菲	40.00	2014.7	PPT/答案
28	建筑材料检测试验指导	978-7-301-24782-2	陈东佐等	20.00	2014.9	PPT
29	◎地基与基础(第二版)	978-7-301-23304-7	肖明和等	42.00	2013.11	PPT/答案
30	地基与基础实训	978-7-301-23174-6	肖明和等	25.00	2013.10	PPT
31	土力学与基础工程	978-7-301-23590-4	宁培淋等	32.00	2014.1	PPT
32	土力学与地基基础	978-7-301-25525-4	陈东佐	45.00	2015.2	PPT/答案
33	建筑施工组织与进度控制	978-7-301-21223-3	张廷瑞	36.00	2012.9	PPT
34	建筑施工组织项目式教程	978-7-301-19901-5	杨红玉	44.00	2012.1	PPT/答案
35	钢筋混凝土工程施工与组织	978-7-301-19587-1	高　雁	32.00	2012.5	PPT
36	建筑施工工艺	978-7-301-24687-0	李源清等	49.50	2015.1	PPT/答案
	工 程 管 理 类					
1	建筑工程经济	978-7-301-24346-6	刘晓丽等	38.00	2014.7	PPT/答案
2	建筑工程项目管理(第二版)	978-7-301-26944-2	范红岩等	42.00	2016.3	PPT
3	建设工程项目管理(第二版)	978-7-301-28235-9	冯松山等	45.00	2017.6	PPT
4	建筑施工组织与管理(第二版)	978-7-301-22149-5	翟丽旻等	43.00	2013.4	PPT/答案
5	建设工程合同管理	978-7-301-22612-4	刘庭江	46.00	2013.6	PPT/答案
6	建筑工程招投标与合同管理	978-7-301-16802-8	程超胜	30.00	2012.9	PPT
7	工程招投标与合同管理实务	978-7-301-19035-7	杨甲奇等	48.00	2011.8	ppt
8	工程招投标与合同管理实务	978-7-301-19290-0	郑文新等	43.00	2011.8	ppt
9	建设工程招投标与合同管理实务	978-7-301-20404-7	杨云会等	42.00	2012.4	PPT/答案/习题
10	工程招投标与合同管理	978-7-301-17455-5	文新平	37.00	2012.9	PPT
11	建筑工程安全管理(第2版)	978-7-301-25480-6	宋　健等	43.00	2015.8	PPT/答案
12	施工项目质量与安全管理	978-7-301-21275-2	钟汉华	45.00	2012.10	PPT/答案
13	工程造价控制(第2版)	978-7-301-24594-1	斯　庆	32.00	2014.8	PPT/答案
14	工程造价管理(第二版)	978-7-301-27050-9	徐锡权等	44.00	2016.5	PPT
15	建筑工程造价管理	978-7-301-20360-6	柴　琦等	27.00	2012.3	PPT
16	工程造价管理(第2版)	978-7-301-28269-4	曾　浩等	38.00	2017.5	PPT/答案
17	工程造价案例分析	978-7-301-22985-9	甄　凤	30.00	2013.8	PPT
18	◎建筑工程造价	978-7-301-21892-1	孙咏梅	40.00	2013.2	PPT
19	建筑工程计量与计价	978-7-301-26570-3	杨建林	46.00	2016.1	PPT
20	建筑工程计量与计价综合实训	978-7-301-23568-3	龚小兰	28.00	2014.1	
21	建筑工程估价	978-7-301-22802-9	张　英	43.00	2013.8	PPT
22	安装工程计量与计价综合实训	978-7-301-23294-1	成春燕	49.00	2013.10	素材
23	建筑安装工程计量与计价	978-7-301-26004-3	景巧玲等	56.00	2016.1	PPT
24	建筑安装工程计量与计价实训(第二版)	978-7-301-25683-1	景巧玲等	36.00	2015.7	
25	建筑与装饰装修工程工程量清单(第二版)	978-7-301-25753-1	翟丽旻等	36.00	2015.5	PPT
26	建筑工程清单编制	978-7-301-19387-7	叶晓容	24.00	2011.8	PPT
27	建设项目评估(第二版)	978-7-301-28708-8	高志云等	38.00	2017.9	PPT
28	钢筋工程清单编制	978-7-301-20114-5	贾莲英	36.00	2012.2	PPT
29	建筑装饰工程预算(第二版)	978-7-301-25801-9	范菊雨	44.00	2015.7	PPT

序号	书 名	书 号	编著者	定价	出版时间	配套情况
30	建筑装饰工程计量与计价	978-7-301-20055-1	李茂英	42.00	2012.2	PPT
31	建筑工程安全技术与管理实务	978-7-301-21187-8	沈万岳	48.00	2012.9	PPT
建筑设计类						
1	建筑装饰CAD项目教程	978-7-301-20950-9	郭 慧	35.00	2013.1	PPT/素材
2	建筑设计基础	978-7-301-25961-0	周圆圆	42.00	2015.7	
3	室内设计基础	978-7-301-15613-1	李书青	32.00	2009.8	PPT
4	建筑装饰材料(第二版)	978-7-301-22356-7	焦 涛等	34.00	2013.5	PPT
5	设计构成	978-7-301-15504-2	戴碧锋	30.00	2009.8	PPT
6	设计色彩	978-7-301-21211-0	龙黎黎	46.00	2012.9	PPT
7	设计素描	978-7-301-22391-8	司马金桃	29.00	2013.4	PPT
8	建筑素描表现与创意	978-7-301-15541-7	于修国	25.00	2009.8	
9	3ds Max 效果图制作	978-7-301-22870-8	刘 晗等	45.00	2013.7	PPT
10	Photoshop 效果图后期制作	978-7-301-16073-2	脱忠伟等	52.00	2011.1	素材
11	3ds Max & V-Ray 建筑设计表现案例教程	978-7-301-25093-8	郑恩峰	40.00	2014.12	PPT
12	建筑表现技法	978-7-301-19216-0	张 峰	32.00	2011.8	PPT
13	装饰施工读图与识图	978-7-301-19991-6	杨丽君	33.00	2012.5	PPT
14	构成设计	978-7-301-24130-1	耿雪莉	49.00	2014.6	PPT
15	装饰材料与施工(第2版)	978-7-301-25049-5	宋志春	41.00	2015.6	PPT
规划园林类						
1	居住区景观设计	978-7-301-20587-7	张群成	47.00	2012.5	PPT
2	园林植物识别与应用	978-7-301-17485-2	潘 利等	34.00	2012.9	PPT
3	园林工程施工组织管理	978-7-301-22364-2	潘 利等	35.00	2013.4	PPT
4	园林景观计算机辅助设计	978-7-301-24500-2	于化强等	48.00	2014.8	PPT
5	建筑·园林·装饰设计初步	978-7-301-24575-0	王金贵	38.00	2014.10	PPT
房地产类						
1	房地产开发与经营(第2版)	978-7-301-23084-8	张建中等	33.00	2013.9	PPT/答案
2	房地产估价(第2版)	978-7-301-22945-3	张 勇等	35.00	2013.9	PPT/答案
3	房地产估价理论与实务	978-7-301-19327-3	褚菁晶	35.00	2011.8	PPT/答案
4	物业管理理论与实务	978-7-301-19354-9	裴艳慧	52.00	2011.9	PPT
5	房地产营销与策划	978-7-301-18731-9	应佐萍	42.00	2012.8	PPT
6	房地产投资分析与实务	978-7-301-24832-4	高志云	35.00	2014.9	PPT
7	物业管理实务	978-7-301-27163-6	胡大见	44.00	2016.6	
市政与路桥						
1	市政工程施工图案例图集	978-7-301-24824-9	陈亿琳	43.00	2015.3	PDF
2	市政工程计价	978-7-301-22117-4	彭以舟等	39.00	2013.3	PPT
3	市政桥梁工程	978-7-301-16688-8	刘 江等	42.00	2010.8	PPT/素材
4	市政工程材料	978-7-301-22452-6	郑晓国	37.00	2013.5	PPT
5	路基路面工程	978-7-301-19299-3	偶昌宝等	34.00	2011.8	PPT/素材
6	道路工程技术	978-7-301-19363-1	刘 雨等	33.00	2011.12	PPT
7	城市道路设计与施工	978-7-301-21947-8	吴颖峰	39.00	2013.1	PPT
8	建筑给排水工程技术	978-7-301-25224-6	刘 芳等	46.00	2014.12	PPT
9	建筑给水排水工程	978-7-301-20047-6	叶巧云	38.00	2012.2	PPT
10	数字测图技术	978-7-301-22656-8	赵 红	36.00	2013.6	PPT
11	数字测图技术实训指导	978-7-301-22679-7	赵 红	27.00	2013.6	PPT
12	道路工程测量(含技能训练手册)	978-7-301-21967-6	田树涛等	45.00	2013.2	PPT
13	道路工程识图与 AutoCAD	978-7-301-26210-8	王容玲等	35.00	2016.1	
交通运输类						
1	桥梁施工与维护	978-7-301-23834-9	梁 斌	50.00	2014.2	PPT
2	铁路轨道施工与维护	978-7-301-23524-9	梁 斌	36.00	2014.1	PPT
3	铁路轨道构造	978-7-301-23153-1	梁 斌	32.00	2013.10	PPT
4	城市公共交通运营管理	978-7-301-24108-0	张洪满	40.00	2014.5	PPT
5	城市轨道交通车站行车工作	978-7-301-24210-0	操 杰	31.00	2014.7	PPT
6	公路运输计划与调度实训教程	978-7-301-24503-3	高福军	31.00	2014.7	PPT/答案
建筑设备类						
1	水泵与水泵站技术	978-7-301-22510-3	刘振华	40.00	2013.5	PPT
2	智能建筑环境设备自动化	978-7-301-21090-1	余志强	40.00	2012.8	PPT
3	流体力学及泵与风机	978-7-301-25279-6	王 宁等	35.00	2015.1	PPT/答案

注：▨为"互联网+"创新规划教材；★为"十二五"职业教育国家规划教材；◎为国家级、省级精品课程配套教材，省重点教材。如需相关教学资源如电子课件、习题答案、样书等可联系我们获取。联系方式：010-62756290，010-62750667，pup_6@163.com，欢迎来电咨询。